U0286787

图 9-7　颜色修改之前与之后的对比效果

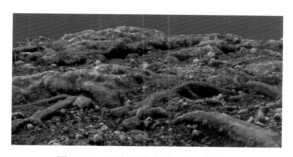

图 9-12　固定函数的曲面细分效果

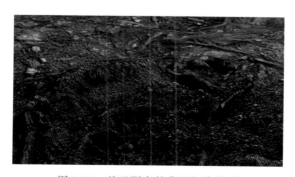

图 9-16　基于距离的曲面细分效果

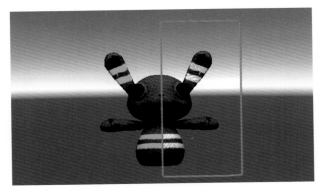

图 10-1　GrabPass 的最终渲染效果

图 13-8　武器流光的最终渲染效果

图 13-13　最终描边渲染效果

图 13-19　遮挡半透的最终渲染效果

图 13-32　Tri-Planar 最终渲染效果

图 13-37　使用不同 MatCap 贴图的渲染效果

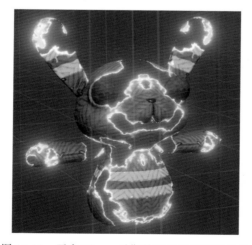

图 14-12　开启 Bloom 后期处理之后的消融效果

图 14-25　动态液体的最终渲染效果

图 14-62　漫反射效果＋边缘高光效果＝卡通风格效果

图 14-73　夜视仪后期处理的最终渲染效果

Unity ShaderLab
新手宝典

Beginner's Guide About Unity ShaderLab

唐福幸 ◎ 编著
Tang Fuxing

清华大学出版社

北京

内 容 简 介

本书是一部系统讲解 Unity ShaderLab 语言与编程方法的入门教程(包含纸质图书、Unity 美术资源、Shader 源代码)。

全书共分 14 章,第 1、2 章,主要为了给读者普及 3D 数学相关的基础知识以及 GPU 渲染流水线的基本概念,为本书后面的内容提供基础知识的储备。第 3～11 章,主要讲解 Shader 的语法结构、两种不同的编写方式(Vertex Fragment Shader 和 Surface Shader)、光照模型、后期处理、自定义材质设置面板。这一部分内容是本书的主要部分,读者朋友们一定要认真阅读。第 12 章,主要讲解 Unity Shader 可视化编辑插件——Amplify Shader Editor,方便读者在编写 Shader 之前梳理逻辑或者前期验证效果时使用。第 13、14 章,通过对不同经典案例的分析和讲解,使读者进一步加深对 Unity Shader 的理解,并且能够更加高效地编写出可以应用于真实项目的 Shader 效果。

本书主要以 3D 美术人员的视角进行效果描述和逻辑讲解,因此非常适合毫无程序编写经验的 3D 美术人员作为 Unity Shader 的入门之选,也适合各大培训机构、高等院校作为 Unity Shader 课程教材。当然,从事 Unity 程序开发的朋友也适合阅读本书,从 3D 美术人员的视角开始切入,或许可以帮助你更好地理解 Unity Shader,毕竟 Shader 也是一种视觉效果的设计。

图书在版编目(CIP)数据

Unity ShaderLab 新手宝典/唐福幸编著. —北京:清华大学出版社,2021.2 (2023.1重印)
ISBN 978-7-302-57157-5

Ⅰ. ①U… Ⅱ. ①唐… Ⅲ. ①游戏程序－程序设计 Ⅳ. ①TP317.6

中国版本图书馆 CIP 数据核字(2020)第 259380 号

责任编辑:赵　凯
封面设计:刘　键
责任校对:胡伟民
责任印制:宋　林

出版发行:清华大学出版社
   网　　　址:http://www.tup.com.cn,http://www.wqbook.com
   地　　　址:北京清华大学学研大厦 A 座   邮　　编:100084
   社 总 机:010-83470000   邮　　购:010-62786544
   投稿与读者服务:010-62776969,c-service@tup.tsinghua.edu.cn
   质量反馈:010-62772015,zhiliang@tup.tsinghua.edu.cn
   课件下载:http://www.tup.com.cn,010-83470236
印 装 者:三河市龙大印装有限公司
经　　销:全国新华书店
开　　本:186mm×240mm 印　张:22.5 插　页:2 字　　数:555 千字
版　　次:2021 年 3 月第 1 版   印　　次:2023 年 1 月第 4 次印刷
印　　数:3901～5100
定　　价:89.00 元

产品编号:089462-01

前言
PREFACE

本书的写作背景

相信很多人在玩游戏的过程中,在体验游戏剧情的同时,也会被游戏中精美的画面所吸引。因此我猜想,肯定会有很多人跟我一样,有一种想要制作一款画质精美的游戏的冲动。然而想要实现精美画质的视觉效果,往往需要编写多种多样的 Shader。但对于一些毫无编程经验的人来说,想要入门 Unity Shader 比较困难。这是因为,一方面国内关于 Unity Shader 的书少之又少,而目前市面仅有的几本也是针对 Unity 5 版本编写的,并不完全适用于 Unity 2019 版;另一方面网上关于 Unity Shader 的教程,很多都是一上来直接讲代码,很少有真正从基础开始讲解的。于是笔者萌生了一个念头:写一本面向零基础 Unity Shader 爱好者的入门指南。

本书的独特之处

本书采用由易到难、层层深入的讲解方法,带领毫无 Shader 编程基础的读者逐渐掌握这门技术。对于一些理论性的知识和使用方法,本书不会灌入式地硬性讲解,而是会从内在逻辑开始讲起,从而使读者彻底理解。

为了方便读者理解 Shader 效果实现的内在逻辑,本书插入了大量流程图、汇总表格等。对于一些专有名词或者语法关键词,本书在编写的过程中使用了"中文+英文"的方式,方便读者理解以及后期查找或者阅读其他资料。

笔者一直认为,Shader 的学习达到一定程度之后,其实就是在学习数学算法。Shader 的程序代码本身并不重要,重要的是里边的逻辑和算法。很多人总是会好奇"这段代码为什么能够实现这样的效果",相信这是学习 Shader 的人最想弄清楚的。而涉及逻辑类的数学思想有时候很难用文字表达出来,所以本人在案例讲解部分会借助可视化 Shader 编辑器"Amplify Shader Editor"来帮助读者理解其中的内在逻辑。

需要提前掌握的知识

作为一本计算机图形专业书籍,建议读者在阅读本书之前掌握如下知识:

(1) Unity 的基本操作,比如导入资源、创建对象、添加组件等。

(2) 平面数学。

(3) 空间几何基础。

(4) 三角函数。

（5）基础编程知识，比如理解变量、函数、运算操作等。

本书的源文件

为了方便读者编写测试，本书会附赠课程所涉及的所有 Shader 文件以及项目资源，读者将 Package 文件导入 Unity 项目之后，在 Assets/ Unity ShaderLab Tutorial 路径下即可看到所有的资源。

特别鸣谢

在这里我要特别感谢我的未婚妻，正是在她的鼓励下，我才有了编写本书的动力。记得在正式开始撰写本书之前，当我一直在为后续的出版事宜发愁时，她告诉我："先迈出第一步，后面自然会有路。"因此我把出版问题全部抛掷脑后，专心写完了这本书。同时，本书从编写到出版的整个过程也让我深刻认识到：万事开头难，但只要克服恐惧，勇敢地迈出第一步并持之以恒，一切皆会水到渠成。后来，每当我遇到事情犹豫不前的时候，我总会想起这句话："先迈出第一步，后面自然会有路。"

本书大部分配图是使用 Edraw 制作而成的，这款软件使得我在配图制作方面节省了大量的时间，因此本人对这款图例制作软件表示郑重的感谢。

本书能够顺利出版，还要感谢清华大学出版社，在该出版社相关编辑的帮助下，本书得以顺利面世。

最后，本书若有疏漏和不足之处，恳请读者批评指正。

于广州

2020 年 7 月

目录

CONTENTS

第1章

3D数学基础

可能读者会好奇,这本书不是要讲 Unity Shader 的吗? 怎么讲起数学来了? 这是因为 Shader 是 3D 几何在计算机图形学领域中的应用,而 3D 几何的根基正是 3D 数学。所谓磨刀不误砍柴工,只有先学会了 3D 数学,才能更好地理解 Shader 中的数学算法,从而达到事半功倍的效果。因此,本书第 1 章首先讲解 Shader 入门阶段必备的 3D 数学基础知识。

本章的主要内容有:不同坐标系的区别、向量的性质和运算、矩阵的性质和运算、变换矩阵、矩阵的高级特性。这些大部分都是《线性代数》中的知识,因此数学专业和计算机专业的读者可以直接跳过本章。

1.1 坐标与坐标系

1.1.1 坐标及坐标系的概念

出门在外大家经常会用到手机导航,为了能够精确计算出自己当前所在的位置以及到达目的地的路线,导航系统中会使用一种叫作"坐标"的信息进行定位,这个"坐标"信息就是地理中的经度和纬度。

地球上的任何一个位置都可以通过经度和维度进行表示,经纬度是以赤道和本初子午线相交的位置作为参照点,参照点以东为东经,参照点以西为西经,参照点以北为北纬,参照点以南为南纬,而参照点的位置就是(0,0)。例如:北京用经纬度可以表示为(东经 116.46,北纬 39.92),广州用经纬度可以表示为(东经 113.27,北纬 23.13)。

而在 3D 的世界中,为了能够确定不同物体甚至是不同顶点所在的位置,同样也需要使用坐标表示,而坐标的数值也是基于一个固定的参照点进行定位的,这个点就是坐标原点。

并且正常情况下,原点的坐标一般都是(0,0)。

如果把所有的坐标都汇集在一起管理,那就需要用到坐标系了。一个完整的坐标系会包含原点、方向和坐标,世界地图就是地球的平面坐标系。

1.1.2　3D中的坐标系

3D中涉及各种各样的坐标系,从维度进行区分,所有坐标系可分为平面直角坐标系和空间直角坐标系。

平面直角坐标系,顾名思义就是在一个平面上定位的坐标系,坐标系由互相垂直的横、纵坐标轴组成,如图1-1所示。平面直角坐标系中的坐标通常表示为(x,y),模型 UV、屏幕空间都是二维坐标系。

空间直角坐标系在平面直角坐标系的基础上又添加了一个维度——深度,于是坐标从二维变成了三维。空间直角坐标系由互相垂直的三个坐标轴组成,如图1-2所示。空间直角坐标系中的坐标通常表示为(x,y,z),模型空间、世界空间、裁切空间等都是空间直角坐标系。

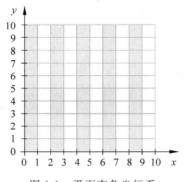

图1-1　平面直角坐标系

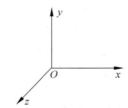

图1-2　空间直角坐标系

1.1.3　左右手坐标系

在空间坐标系中,根据坐标方向的不同又可以划分为左手坐标系和右手坐标系。坐标系之所以跟手有关系,是因为通过双手可以很简单地将这两种坐标系进行区分。

(1)左手坐标系:伸出左手,让大拇指和食指摆成"L"形,也就是手语中的"八",然后将中指指向垂直于大拇指和食指所在的平面。

(2)右手坐标系:同样让大拇指和食指摆成"L"形,然后将中指指向垂直于大拇指和食指所在的平面。

若将大拇指设定为 x 轴,食指设定为 y 轴,中指设定为 z 轴,左右手坐标系如图1-3所示。

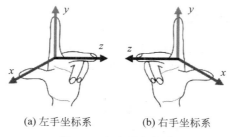

(a) 左手坐标系　　　(b) 右手坐标系

图 1-3　左右手坐标系

两种不同的坐标系没有优劣之分,开发者会根据不同的领域或者使用场景选择适合的坐标系。例如 Unity 就是典型的左手坐标系,除此之外还有 Unreal、3D Max 等,而右手坐标的代表软件有 Maya。

1.2　向量

在数学中,坐标属于标量,也就是说只表示大小,不表示方向。还有一种与标量相对的数据,称之为向量(Vector),或者也可以叫作"矢量",它同时具备长度和方向信息,顶点的法线向量、切线向量等都是向量。

1.2.1　向量的几种表示方法

方法 1:

向量可以使用小写字母表示,比如 a、b。本书中的所有向量都会优先以这种方式表示。

方法 2:

在几何中,向量可以在空间直角坐标系中通过带有箭头的线段形象地表示出来。如图 1-4 所示,向量从起点开始绘制,指向向量的终点。线段的长度就是向量的长度,而箭头所指的方向就是向量的方向。本书在进行向量示例的时候会以这种方式表示。

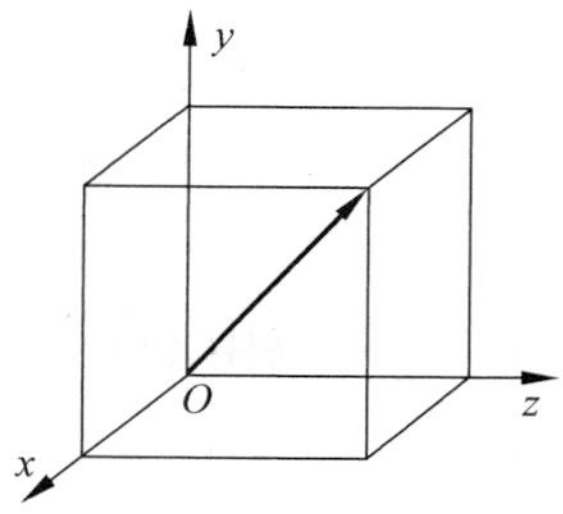

方法 3:

图 1-4　空间坐标系中的向量

在程序中,向量可以通过数对的方式表示,例如二维向量 (x,y)、三维向量 (x,y,z),括号中的数值分别为向量的 x 分量、y 分量和 z 分量。这种表示方法可以解释为:沿着每个轴进行一系列的平移。举个例子,三维向量 $(1,2,3)$,可以解释为沿着 x 轴正方向移动 1 个单位,沿着 y 轴正方向移动 2 个单位,沿着 z 轴正方向移动 3 个单位。

虽然通过数对表示的向量在外观上与坐标一模一样,但是代表的含义却完全不同,读者们一定要将这两种数据区分开。

1.2.2 向量的计算方法

如果要确定一个向量,首先要确定该向量的起点和终点。假设二维向量 a 的起点为 A,终点为 B,使用 B 的坐标减去 A 的坐标即可计算出这个向量 a。因此二维向量 a 的计算公式如下所示:

$$a = B - A = (B_x - A_x, B_y - A_y)$$

举个例子,在平面坐标系中,向量 a 的起点坐标为 $A(5,3)$,终点坐标为 $B(8,6)$,如图 1-5 所示,套用上述公式可得出向量 $a = (3,3)$。

若将公式推广到三维空间,假设三维向量 a 的起点为 A,终点为 B,于是三维向量 a 的计算如下所示:

$$a = (B_x - A_x, B_y - A_y, B_z - A_z)$$

因为向量本身是不包含位置信息的,因此可以将向量移动到坐标系的任何位置,最终得到的向量与之前的向量是完全相等的。平移上述向量 $(3,3)$,使起点与坐标原点重合,如图 1-6 所示,可以看到向量终点的坐标就是向量本身。因此,为了方便理解,可以将所有向量的起点都设定成坐标原点,而终点的坐标就是向量本身。

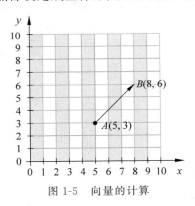

图 1-5 向量的计算

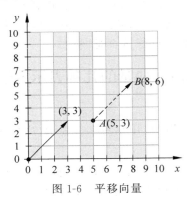

图 1-6 平移向量

1.2.3 相反向量

如果两个向量的长度相等但方向相反,则这两个向量互为相反向量。特别的,零向量的相反向量是它本身。

从几何的角度来讲,将一个向量的起点作为终点,而原本的终点作为起点,最终得到的向量就是原向量的相反向量。假设向量 a 的起点为 A,终点为 B,a 的相反向量 b 如下所示:

$$b = A - B = -(B - A) = -a$$

因此,向量 a 的相反向量为 $-a$,也就是乘以 -1。

1.2.4 向量的模

向量包含长度和方向,向量的长度被称为向量的模,通过在向量前后各加一条竖线进行

表示,例如:向量 a 的模可以表示为 $|a|$。

向量 a 的模的推导:首先从二维向量切入,假设二维向量 $a=(x,y)$,如图 1-7 所示。通过勾股定理可以很容易地得出 $|a|^2=x^2+y^2$,等号两边同时开根号,可得出二维向量 a 的模长计算公式为:

$$|a|=\sqrt{x^2+y^2}$$

通过公式可以看出,向量的模一定是非负数,而零向量的模为 0。

将向量从二维扩展到三维,假设三维向量 $a=(x,y,z)$,为便于观察,可在空间坐标系中添加几条辅助线,如图 1-8 所示。在 x 和 z 为直角边的三角形中,通过勾股定理得到斜边的长度为 $\sqrt{x^2+z^2}$,然后将这条边再与边 y 组成直角三角形,三角形的斜边就是向量 a 的模。

继续使用勾股定理可得到 $|a|^2=x^2+y^2+z^2$,等号两边同时开根号,最终得到三维向量 a 模的计算公式为:

$$|a|=\sqrt{x^2+y^2+z^2}$$

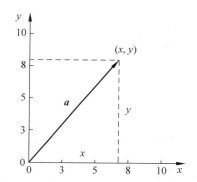
图 1-7　直角坐标系计算向量的模长

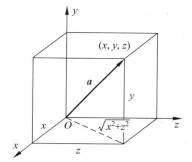
图 1-8　空间坐标系向量的模长

举个例子,假设向量 $a=(5,4,7)$,计算过程如下所示:

$$|a|=\sqrt{5^2+4^2+7^2}$$
$$=\sqrt{25+16+49}$$
$$=\sqrt{90}\approx 9.487$$

1.2.5　标准化向量

"单位向量"是指模长为 1 的向量。因此,在判断一个向量是否为单位向量时,只需要判断所有分量的平方和是否等于 1 即可,即

$$x^2+y^2+z^2=1?$$

在很多情况下向量的方向比向量的长度更值得关注,例如灯光的照射方向、摄像机的查看方向等。为了计算方便,可将这种向量转变为单位向量,这个转变的过程称为向量的标准

化（Normalize）。

那么如何将一个向量标准化呢？从代数的角度来讲，一个非零向量除以自身的长度，即可将自身的长度缩放到 1。零向量的长度为 0，在数学中 0 作为被除数是没有意义的。因此，推导出非零向量 a 的标准化向量为：

$$\frac{a}{|a|} = \frac{a}{\sqrt{x^2 + y^2 + z^2}}$$

单位向量与原向量相比，只是长度发生了改变，方向保持不变。

举个例子，向量 $a = (5,4,7)$，标准化向量的计算方式为：

$$\frac{a}{|a|} = \frac{(5,4,7)}{\sqrt{90}} \approx (0.527, 0.422, 0.738)$$

1.3　向量运算

1.3.1　向量的加法运算

从几何的角度来讲，向量的加法运算满足三角形法则。假设向量 a 和 b，平移向量使 b 的起点与 a 的终点重合，如图 1-9 所示。向量 a 与 b 相加之后得到向量 c，向量 c 的起点为 A，终点为 C，长度为点 A、C 之间的距离。

向量的加法运算可以推广到多个数量相加，最终结果是从第一个向量的起点指向最后一个向量的终点，长度为起点与终点之间的距离。

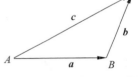

图 1-9　向量的加法运算

从代数的角度来讲，向量的加法运算就是将相同的分量进行相加，假设向量 $a = (x_1, y_1, z_1)$，向量 $b = (x_2, y_2, z_2)$，向量相加的计算公式如下：

$$a + b = (x_1, y_1, z_1) + (x_2, y_2, z_2) = (x_1 + x_2, y_1 + y_2, z_1 + z_2)$$

举个例子，向量 $a = (1,2,3)$，向量 $b = (4,5,6)$，这两个向量的加法计算公式如下：

$$a + b = (1,2,3) + (4,5,6)$$
$$= (1+4, 2+5, 3+6)$$
$$= (5,7,9)$$

1.3.2　向量的减法运算

向量的减法运算可以理解为一向量与另一向量的相反向量做加法运算，结果同样满足三角形法则。假设向量 a 和 b，平移向量使它们的起点完全重合，如图 1-10 所示，向量 a 和 b 的减法运算转变为与相反向量的加法运算：

$$a - b = a + (-b) = c$$

最终可得出以下结论：相同起点的两个向量相减，得到的向量为第二个向量的终点指向第一个向量的终点,长度为两终点之间的距离。

从代数的角度来讲,向量的减法运算就是将相同的分量相减,假设向量 $a=(x_1,y_1,z_1)$,向量 $b=(x_2,y_2,z_2)$,计算公式如下:

$$a-b=(x_1,y_1,z_1)-(x_2,y_2,z_2)$$
$$=(x_1-x_2,y_1-y_2,z_1-z_2)$$

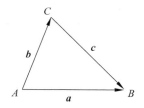

图 1-10 向量的减法运算

举个例子,还是 1.3.1 节中的示例,向量 $a=(1,2,3)$,向量 $b=(4,5,6)$

$$a-b=(1,2,3)-(4,5,6)$$
$$=(1-4,2-5,3-6)$$
$$=(-3,-3,-3)$$

1.3.3 向量的缩放

将向量乘以或者除以一个数值,可产生向量缩放的效果,缩放效果如图 1-11 所示。假设向量 $a=(x,y,z)$,向量缩放 k 倍的公式为:

$$ka=k(x,y,z)=(kx,ky,kz)$$

这其实就是标量与向量的乘法运算,向量乘以一个负值会得到反方向缩放向量,乘以 0 会得到零向量,乘以正值会在原方向的基础上缩放向量。计算标准化向量的时候也是使用的这一运算法则。

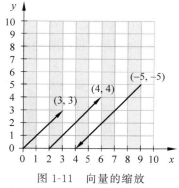

图 1-11 向量的缩放

举个例子,向量 $a=(5,4,7)$,缩放 2 倍之后的向量为:

$$2a=2\times(5,4,7)=(10,8,14)$$

1.3.4 向量的点积运算

向量 a 和 b 的点积写作 $a \cdot b$。在代数中,点积又叫作内积,两个向量点积的结果就是对应所有分量相乘之后的和。假设向量 $a=(x_1,y_1,z_1)$,$b=(x_2,y_2,z_2)$,点积的计算公式为:

$$a \cdot b=x_1 x_2+y_1 y_2+z_1 z_2$$

举个例子,假设向量 $a=(3,-2,7)$,向量 $b=(0,4,-1)$,计算过程如下所示:

$$a \cdot b=3\times0+(-2)\times4+7\times(-1)=-15$$

在几何中,两个向量点积的结果就是一个向量在另外一个向量上的投影长度与这个向量长度的积。假设向量 a 和 b,向量之间的夹角为 θ,如图 1-12 所示。向量 b 在 a 上的投影长度为 $|b|\cos\theta$,于是点积的计算公式为:

$$a \cdot b=|a||b|\cos\theta$$

从上述公式可以看出,点积的结果是一个数值。由于向量的模都是非负数,因此数值的

正负是由 $\cos\theta$ 决定的。观察图 1-13 所示的余弦函数的曲线,可得出以下规律:当向量之间的夹角小于 90°(图中 $\pi/2$ 之前的曲线),点积的结果为正;当夹角等于 90°(图中 $\pi/2$ 位置),点积的结果等于零;当夹角大于 90°(图中 $\pi/2$ 之后的曲线),点积的结果为负。

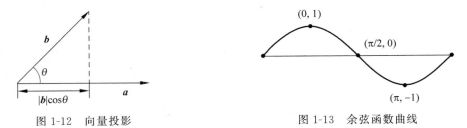

图 1-12　向量投影　　　　　　　　　　图 1-13　余弦函数曲线

因此,点积运算的几何意义就是判断两个向量的相似程度,两个向量越相似,点积的结果越大,当两个向量的方向完全一致的时候,点积的结果是最大的。因此,可以根据点积结果的正负号大致判断这两个向量的方向是否一致。

1.3.5　向量的叉积运算

向量的叉积又称外积,与点积不同,叉积的结果不再是数值,而是向量。向量 a 和 b 的叉积写作 $a \times b$。假设向量 $a = (x_1, y_1, z_1)$,$b = (x_2, y_2, z_2)$,叉积的数学计算公式为:

$$a \times b = (y_1 z_2 - z_1 y_2, z_1 x_2 - x_1 z_2, x_1 y_2 - y_1 x_2)$$

举个例子,假设向量 $a = (1, 3, 4)$,向量 $b = (2, 5, 8)$,

$$a \times b = [3 \times 8 - 4 \times (-5), 4 \times 2 - 1 \times 8, 1 \times (-5) - 3 \times 2]$$
$$= (24 + 20, 8 - 8, -5 - 6)$$
$$= (44, 0, -11)$$

在几何中,叉积得到的向量与 a 和 b 所在的平面垂直,长度等于向量 a 和 b 组成的平行四边形的面积,该向量被称为法向量。假设向量 a 和 b,向量之间的夹角为 θ,如图 1-14 所示,向量 a 与 b 所在的平面同时存在两个完全相反方向的法向量,此时就需要通过右手定则来判断哪个法向量是 a 与 b 叉乘所得到的向量。

首先伸出右手,并竖起大拇指,并将其余的四个手指握紧,摆成如图 1-15 所示的手势。然后,以最小角度旋转向量 a(旋转角度为 θ),使其与向量 b 的方向一致,向量 a 的旋转方向如图 1-15 箭头所示。接着将四个手指的朝向放置成与图中曲线箭头一样的方向,大拇指所指的方向就是法向量的方向了。

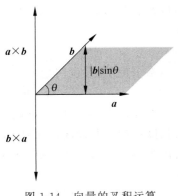

得到法向量的方向后,继续计算法向量的长度,也就是平行四边形的面积。平行四边形的面积等于底乘以高,上图平行四边形的底为向量 a 的模长,高为向量 b 的模长乘以 $\sin\theta$,因此法向量的模长计算公式为:

图 1-14　向量的叉积运算

$$| \boldsymbol{a} \times \boldsymbol{b} | = | \boldsymbol{a} | | \boldsymbol{b} | \sin\theta$$

假设将叉乘的两个向量颠倒顺序，$\boldsymbol{b}$ 与 $\boldsymbol{a}$ 叉乘所得向量的方向将会朝下，继续使用右手定则验证法向量的方向，示意图如图 1-16 所示。

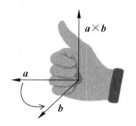

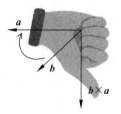

图 1-15　通过右手定则确定向量方向　　　　图 1-16　交换向量顺序之后的右手定则

由于交叉乘顺序所得到的两个法向量长度相等、方向相反，因此这两个法向量互为相反向量，于是可以得出叉积的逆交换律：

$$\boldsymbol{a} \times \boldsymbol{b} = -(\boldsymbol{b} \times \boldsymbol{a})$$

1.3.6　向量的运算法则

本节列举了一些常用的向量运算法则，如表 1-1 所示。

表 1-1　向量的运算法则

公　　式	描　　述
$\boldsymbol{a}+\boldsymbol{b}=\boldsymbol{b}+\boldsymbol{a}$	向量加法的交换律
$\boldsymbol{a}+\boldsymbol{b}+\boldsymbol{c}=\boldsymbol{a}+(\boldsymbol{b}+\boldsymbol{c})$	向量加法的结合律
$\boldsymbol{a}-\boldsymbol{b}=\boldsymbol{a}+(-\boldsymbol{b})$	减去某个向量，等于加上这个向量的相反向量
$k(l\boldsymbol{a})=(kl)\boldsymbol{a}$	标量乘法的结合律
$k(\boldsymbol{a}+\boldsymbol{b})=k\boldsymbol{a}+k\boldsymbol{b}$	标量乘法对向量加法的分配律
$\boldsymbol{a}\cdot\boldsymbol{b}=\boldsymbol{b}\cdot\boldsymbol{a}$	点积的交换律
$|\boldsymbol{a}|=\sqrt{\boldsymbol{a}\cdot\boldsymbol{a}}$	通过点积运算计算向量的模长
$k(\boldsymbol{a}\cdot\boldsymbol{b})=(k\boldsymbol{a})\cdot\boldsymbol{b}=\boldsymbol{a}\cdot(k\boldsymbol{b})$	标量乘法对于点积的结合律
$\boldsymbol{a}\cdot(\boldsymbol{b}+\boldsymbol{c})=\boldsymbol{a}\cdot\boldsymbol{b}+\boldsymbol{a}\cdot\boldsymbol{c}$	点积运算对于向量加法的分配律
$\boldsymbol{a}\times\boldsymbol{a}=0$	向量与自身向量叉乘，结果为零向量
$\boldsymbol{a}\times\boldsymbol{b}=-(\boldsymbol{b}\times\boldsymbol{a})$	叉积的逆交换律
$\boldsymbol{a}\times\boldsymbol{b}=(-\boldsymbol{a})\times(-\boldsymbol{b})$	两个向量叉积的结果与相反向量叉积的结果相等
$k(\boldsymbol{a}\times\boldsymbol{b})=(k\boldsymbol{a})\times\boldsymbol{b}=\boldsymbol{a}\times(k\boldsymbol{b})$	标量乘法对于叉积的结合律
$\boldsymbol{a}\times(\boldsymbol{b}+\boldsymbol{c})=\boldsymbol{a}\times\boldsymbol{b}+\boldsymbol{a}\times\boldsymbol{c}$	叉积对于向量加法的分配律

1.4　矩阵

本书前几节讲解了向量相关的知识，向量可以使用横向排列的数组表示，假设在纵向上继续排列相同维度的数组，最后组成的块状数组就是本书接下来要讲解的内容——矩阵（Matrix）。

1.4.1　矩阵的表示方法

向量的维度表示该向量所包含数的个数,同样的,矩阵的维度表示了该矩阵所包含的行和列的数量。通常使用 r(raw 的首字母缩写)表示行数,使用 c(column 的首字母缩写)表示列数,而矩阵本身则使用黑斜体大写字母表示,例如 $\boldsymbol{M}$。

表示 $\boldsymbol{M}$ 矩阵有 r 行 c 列,可以这样描述:"$r \times c$ 的矩阵 $\boldsymbol{M}$"。注意,行数和列数中间的符号是乘号,读作乘。

如果想要具体指明矩阵中的某个分量,可以使用小写的矩阵名称并将其行号和列号以下标的形式进行表示,例如 m_{ij},表示 $\boldsymbol{M}$ 矩阵第 i 行 j 列的分量。一个 3×3 的矩阵 $\boldsymbol{M}$ 以及所对应的所有分量可以如下表示:

$$\boldsymbol{M} = \begin{bmatrix} m_{11} & m_{12} & m_{13} \\ m_{21} & m_{22} & m_{23} \\ m_{31} & m_{32} & m_{33} \end{bmatrix}$$

1.4.2　方阵和单位矩阵

行数和列数相等的矩阵称为方阵,Shader 中主要使用的是 3×3 和 4×4 的方阵。

方阵中行号和列号相等的分量称为对角元素,例如 3×3 的矩阵 $\boldsymbol{M}$ 的对角元素为 m_{11}、m_{22} 和 m_{33},而其他分量称为非对角元素。非对角元素全为 0 的矩阵称为对角矩阵,例如:

$$\begin{bmatrix} 3 & 0 & 0 \\ 0 & 1 & 0 \\ 0 & 0 & -5 \end{bmatrix}$$

在对角矩阵中,对角元素全为 1 的矩阵叫作单位矩阵,$n \times n$ 的单位矩阵可以表示为 $\boldsymbol{I}_n$。例如,3×3 的单位矩阵如下所示:

$$\boldsymbol{I}_3 = \begin{bmatrix} 1 & 0 & 0 \\ 0 & 1 & 0 \\ 0 & 0 & 1 \end{bmatrix}$$

任何矩阵乘以单位矩阵(矩阵的乘法运算见本书 1.5.2 节),最终得到的结果与原矩阵相同。单位矩阵对于矩阵的作用就像 1 对于标量的作用一样。

1.4.3　转置矩阵

假设将一个 $r \times c$ 的矩阵 $\boldsymbol{M}$ 沿着对角线翻转,得到的新矩阵称为矩阵 $\boldsymbol{M}$ 的转置矩阵(Transpose Matrix),可以表示为 $\boldsymbol{M}^\mathrm{T}$。转置之后的矩阵行会变为列,列会变为行。下面举个简单的例子:

$$\begin{bmatrix} 1 & 2 & 3 \\ 4 & 5 & 6 \\ 7 & 8 & 9 \end{bmatrix}^\mathrm{T} = \begin{bmatrix} 1 & 4 & 7 \\ 2 & 5 & 8 \\ 3 & 6 & 9 \end{bmatrix}, \quad \begin{bmatrix} a & b & c \\ d & e & f \\ g & h & j \end{bmatrix}^\mathrm{T} = \begin{bmatrix} a & d & g \\ b & e & h \\ c & f & j \end{bmatrix}$$

转置矩阵有一条重要的法则,将一个矩阵转置之后再进行转置,得到的矩阵与原矩阵相同,公式如下:

$$(\boldsymbol{M}^{\mathrm{T}})^{\mathrm{T}} = \boldsymbol{M}$$

这条法则看似没有任何价值,但若进一步推广,可得出以下结论:将一个矩阵转置偶数次后,得到的矩阵与原矩阵相同。该结论正是此法则的价值所在。

另外,所有对角矩阵的转置矩阵都是原矩阵,单位矩阵也属于对角矩阵,因此单位矩阵也符合这条法则。

1.5　矩阵运算

1.5.1　标量与矩阵相乘

跟向量类似,矩阵也可以与标量相乘,中间不需要写运算符号,相乘之后的结果与原矩阵维数相同,然后将每个分量乘上这个标量。假设标量 k 乘以矩阵 $\boldsymbol{M}$,公式如下所示:

$$k\boldsymbol{M} = k\begin{bmatrix} m_{11} & m_{12} & m_{13} \\ m_{21} & m_{22} & m_{23} \\ m_{31} & m_{32} & m_{33} \end{bmatrix} = \begin{bmatrix} km_{11} & km_{12} & km_{13} \\ km_{21} & km_{22} & km_{23} \\ km_{31} & km_{32} & km_{33} \end{bmatrix}$$

1.5.2　矩阵之间的乘法

在某些特定的情况下,矩阵与矩阵之间也可以进行乘法运算,并且结果仍然是矩阵。这种特殊情况有一个近乎苛刻的前提条件,那就是只有当第一个矩阵的列数等于第二个矩阵的行数,这两个矩阵才可以相乘,得到矩阵的行数等于第一个矩阵的行数,列数等于第二个矩阵的列数。

例如,3×2 的矩阵 $\boldsymbol{A}$ 和 2×3 的矩阵 $\boldsymbol{B}$,这两个矩阵相乘之后的结果是一个 3×3 的矩阵。

$$\begin{bmatrix} ? & ? \\ ? & ? \\ ? & ? \end{bmatrix}\begin{bmatrix} ? & ? & ? \\ ? & ? & ? \end{bmatrix} = \begin{bmatrix} ? & ? & ? \\ ? & ? & ? \\ ? & ? & ? \end{bmatrix}$$

假设有 $r \times n$ 的矩阵 $\boldsymbol{A}$ 和 $n \times c$ 的矩阵 $\boldsymbol{B}$,相乘之后得到 $r \times c$ 的矩阵 $\boldsymbol{C}$,$\boldsymbol{C}$ 的任意分量 $\boldsymbol{C}_{ij}$ 等于 $\boldsymbol{A}$ 的第 i 行向量点乘 $\boldsymbol{B}$ 的第 j 列向量,公式如下:

$$\boldsymbol{C}_{ij} = \sum_{k=1}^{n} a_{ik}b_{kj}$$

对于上方公式,读者对此可能存在疑问,之所以进行求和而非点积运算的原因是,点积运算其实就是向量对应分量乘积的和。下面通过一个例子来展示计算思路。

$$\begin{bmatrix} a_{11} & a_{12} \\ a_{21} & a_{22} \\ a_{31} & a_{32} \end{bmatrix}\begin{bmatrix} b_{11} & b_{12} & b_{13} \\ b_{21} & b_{22} & b_{23} \end{bmatrix} = \begin{bmatrix} c_{11} & c_{12} & c_{13} \\ c_{21} & c_{22} & c_{23} \\ c_{31} & c_{32} & c_{33} \end{bmatrix}$$

假设计算 c_{12} 的数值,它的数值就是矩阵 A 的第 1 行向量点乘矩阵 B 的第 2 列向量的结果,计算如下:

$$c_{12} = (a_{11}, a_{12}) \cdot (b_{12}, b_{22})$$
$$= a_{11}b_{12} + a_{12}b_{22}$$

1.5.3 矩阵与向量相乘

在 Shader 中,向量也可以与矩阵相乘,相乘的时候可以把向量看作行数为 1 或者列数为 1 的矩阵。例如,向量 (x, y, z) 可以横向写成 $1×3$ 的矩阵,被称为行向量,如下所示:

$$\begin{bmatrix} x & y & z \end{bmatrix}$$

也可写成 $3×1$ 的矩阵,被称为列向量,如下所示:

$$\begin{bmatrix} x \\ y \\ z \end{bmatrix}$$

向量与矩阵相乘的几何意义是实现向量的空间变换,本书会在本章第 6 节中详细讲解。与矩阵相乘的时候是采用行向量还是列向量得到的结果是完全不同的,并且向量左乘矩阵还是右乘矩阵得到的结果也是截然不同的。下面用一个三维向量与 $3×3$ 的矩阵相乘分别计算行向量、列向量、左乘、右乘的不同结果。

(1)行向量左乘矩阵:

$$\begin{bmatrix} x & y & z \end{bmatrix} \begin{bmatrix} m_{11} & m_{12} & m_{13} \\ m_{21} & m_{22} & m_{23} \\ m_{31} & m_{32} & m_{33} \end{bmatrix}$$
$$= \begin{bmatrix} xm_{11} + ym_{21} + zm_{31} & xm_{12} + ym_{22} + zm_{32} & xm_{13} + ym_{23} + zm_{33} \end{bmatrix}$$

(2)行向量右乘矩阵:

$$\begin{bmatrix} m_{11} & m_{12} & m_{13} \\ m_{21} & m_{22} & m_{23} \\ m_{31} & m_{32} & m_{33} \end{bmatrix} \begin{bmatrix} x & y & z \end{bmatrix}$$

没有意义。

(3)列向量左乘矩阵:

$$\begin{bmatrix} x \\ y \\ z \end{bmatrix} \begin{bmatrix} m_{11} & m_{12} & m_{13} \\ m_{21} & m_{22} & m_{23} \\ m_{31} & m_{32} & m_{33} \end{bmatrix}$$

没有意义。

(4)列向量右乘矩阵:

$$\begin{bmatrix} m_{11} & m_{12} & m_{13} \\ m_{21} & m_{22} & m_{23} \\ m_{31} & m_{32} & m_{33} \end{bmatrix} \begin{bmatrix} x \\ y \\ z \end{bmatrix}$$

$$= \begin{bmatrix} xm_{11} + ym_{12} + zm_{13} \\ xm_{21} + ym_{22} + zm_{23} \\ xm_{31} + ym_{32} + zm_{33} \end{bmatrix}$$

从不同情况的计算结果中可以看出只有行向量左乘和列向量右乘,结果才会有意义,并且两种情况所得到的结果完全不同。行向量左乘矩阵,所得结果依然是行向量;列向量右乘矩阵,所得结果依然是列向量。

1.5.4 矩阵的运算法则

本节列举了一些常用矩阵的运算法则,如表1-2所示,读者在计算时可按需选用。

表 1-2 矩阵的运算法则

公 式	描 述
$C_{ij} = \sum_{k=1}^{n} a_{ik}b_{kj}$	矩阵之间的乘法运算
$AB \neq BA$	矩阵之间的乘法不满足交换律
$MI = IM = M$	单位矩阵左乘和右乘矩阵,得到的结果都与原矩阵相等
$(AB)C = A(BC)$	矩阵之间的乘法满足结合律,前提是矩阵 A、B、C 使乘法有意义
$(kA)B = k(AB) = A(kB)$	矩阵满足与标量乘法的结合律
$(vA)B = v(AB)$	矩阵满足与向量乘法的结合律
$(v_1 + v_2)M = v_1 M + v_2 M$	向量与矩阵的乘法满足向量加法的分配律
$(M^T)^T = M$	一个矩阵转置之后再转置,得到的结果与原矩阵相同
$(D)^T = D$	对角矩阵的转置矩阵与原矩阵相同
$(M_1 M_2 \cdots M_{n-1} M_n)^T = M_n^T M_{n-1}^T \cdots M_2^T M_1^T$	矩阵乘积的转置,等于转置矩阵相反顺序的乘积

1.6 使用矩阵进行变换

在3D中,所有的变换都是通过矩阵完成的,这其中就包括常用的平移、旋转、缩放,除此之外,还有坐标空间之间的变换也是通过矩阵完成的,本节的主要内容是讲解如何实现这些变换。

1.6.1 矩阵变换向量的原理

回顾本书1.3.1节——向量的加法运算,可以把向量理解为沿着每个轴进行一系列的平移。向量(1,2,3)可以理解为先平移(1,0,0),再平移(0,2,0),最后平移(0,0,3),这一系

列平移可以表示成向量的加法运算,为了方便查看,以列向量的形式来表示,如下所示:

$$\begin{bmatrix} 1 \\ 2 \\ 3 \end{bmatrix} = \begin{bmatrix} 1 \\ 0 \\ 0 \end{bmatrix} + \begin{bmatrix} 0 \\ 2 \\ 0 \end{bmatrix} + \begin{bmatrix} 0 \\ 0 \\ 3 \end{bmatrix}$$

将这种表示方式推广到所有的向量,假设向量$v=(x,y,z)$,可以表示为:

$$v = \begin{bmatrix} x \\ y \\ z \end{bmatrix} = \begin{bmatrix} x \\ 0 \\ 0 \end{bmatrix} + \begin{bmatrix} 0 \\ y \\ 0 \end{bmatrix} + \begin{bmatrix} 0 \\ 0 \\ z \end{bmatrix}$$

然后将每个向量写成数值与单位向量相乘的形式:

$$v = \begin{bmatrix} x \\ y \\ z \end{bmatrix} = x \begin{bmatrix} 1 \\ 0 \\ 0 \end{bmatrix} + y \begin{bmatrix} 0 \\ 1 \\ 0 \end{bmatrix} + z \begin{bmatrix} 0 \\ 0 \\ 1 \end{bmatrix}$$

观察以上列向量可知,每个单位向量其实表示的就是x、y、z轴的正方向。为了书写方便,假设$+x$、$+y$、$+z$轴的单位向量分别为p、q、r,于是上述公式可以简写为:

$$v = xp + yq + zr$$

上述公式可以理解为:用向量p、q、r将向量v进行了变换,向量p、q、r被称为基向量。下面,将这3个基向量打包成一个基向量集合,以一个3×3的矩阵进行表示:

$$\begin{bmatrix} p \\ q \\ r \end{bmatrix} = \begin{bmatrix} p_x & p_y & p_z \\ q_x & q_y & q_z \\ r_x & r_y & r_z \end{bmatrix}$$

将任意向量(x,y,z)左乘以上述矩阵,计算如下:

$$\begin{bmatrix} x & y & z \end{bmatrix} \begin{bmatrix} p_x & p_y & p_z \\ q_x & q_y & q_z \\ r_x & r_y & r_z \end{bmatrix}$$

$$= \begin{bmatrix} xp_x + yq_x + zr_x & xp_y + yq_y + zr_y & xp_z + yq_z + zr_z \end{bmatrix}$$

上述的计算结果其实就是向量的加法运算,将相加的三个向量分离开:

$$\begin{bmatrix} xp_x + xp_y + xp_z \end{bmatrix} + \begin{bmatrix} yq_x + yq_y + yq_z \end{bmatrix} + \begin{bmatrix} zr_x + zr_y + zr_z \end{bmatrix}$$

$$= x \begin{bmatrix} p_x + p_y + p_z \end{bmatrix} + y \begin{bmatrix} q_x + q_y + q_z \end{bmatrix} + z \begin{bmatrix} r_x + r_y + r_z \end{bmatrix}$$

$$= xp + yq + zr$$

不知读者们是否注意到,上面使用向量与矩阵相乘得到的结果与向量v变换之后的结果相同,因此可以这样理解:矩阵对向量的变换等价于向量乘以矩阵。假设$aM=b$,则可以说矩阵M把向量a变换为向量b。

1.6.2 旋转矩阵

1. 平面坐标系中的旋转矩阵

明白了矩阵变换向量的原理,接下来讲解旋转矩阵变换向量的问题。为了方便理解,先从 2D 旋转矩阵开始入手。假设平面坐标系的两个坐标向量分别为 $\boldsymbol{p}=(1,0),\boldsymbol{q}=(0,1)$，绕原点逆时针旋转角度 θ 之后如图 1-17 所示。

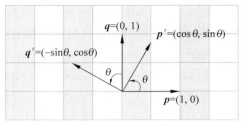

图 1-17　将平面坐标系逆时针旋转

假设在平面坐标系中逆时针旋转表示正方向（通常情况下都是这样），通过三角函数可以很轻松地计算出旋转之后的基向量分别为 $\boldsymbol{p}'=(\cos\theta,\sin\theta),\boldsymbol{q}'=(-\sin\theta,\cos\theta)$。按照本章 1.6.1 节的方法，将基向量构建成矩阵，于是实现旋转角度 θ 的矩阵 $\boldsymbol{R}(\theta)$ 为：

$$\boldsymbol{R}(\theta)=\begin{bmatrix}p'\\q'\end{bmatrix}=\begin{bmatrix}\cos\theta & -\sin\theta\\\sin\theta & \cos\theta\end{bmatrix}$$

2. 左右手坐标系的旋转方向

先回顾一遍 1.1.3 节——左右手坐标系的内容：

（1）左手坐标系可以通过左手进行判断，遵循左手定则。

（2）右手坐标系可以通过右手判定，遵循右手定则。

由于在不同坐标系中的旋转方向完全不同，因此在进行旋转变换的时候一定要考虑旋转方向。两种坐标系中旋转方向的判断方法：先伸出与坐标系对应的那只手，握住旋转轴并且保持大拇指的朝向与旋转轴的正方向一致，其余四指的朝向即为旋转的正方向。如图 1-18 所示，弧线箭头所表示的方向即为右手坐标系的旋转正方向。

图 1-18　右手坐标系旋转正方向

下面通过表 1-3 和表 1-4 分别将左、右手两种坐标系所对应的旋转方向进行归纳总结。

表 1-3　右手坐标系旋转方向

观察方向	旋转方向	
	顺时针	逆时针
从正方向朝负方向观察	负方向	正方向
从负方向朝正方向观察	正方向	负方向

表 1-4　左手坐标系旋转方向

观察方向	旋转方向	
	顺时针	逆时针
从正方向朝负方向观察	正方向	负方向
从负方向朝正方向观察	负方向	正方向

3. 空间坐标系绕 *x* 轴的旋转矩阵

作为 3D 数学的入门课程，本书只讲解绕坐标轴旋转的情况。

理解了平面坐标系的旋转矩阵之后，再学习空间坐标系的旋转矩阵就比较简单了。因为当坐标系绕某个坐标轴旋转的时候，被围绕旋转的轴所对应的坐标分量肯定不会改变，利用这一点就可以将空间坐标投射到平面中。

例如，将空间坐标系绕 *x* 轴旋转，空间坐标系中的旋转方向如图 1-19 所示。

x 轴上的所有坐标都不会发生改变，从 *x* 轴正方向朝负方向观察坐标系，*y* 轴和 *z* 轴的旋转情况完全跟平面坐标系的旋转状况一样，如图 1-20 所示。

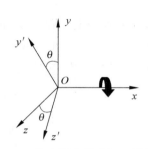

图 1-19　将空间坐标系绕 *x* 轴旋转

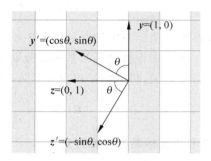

图 1-20　*x* 方向的平面坐标系

按照平面坐标系的计算方式，通过三角函数分别计算出旋转之后的两个基向量分别为 $\boldsymbol{y}'=(0,\cos\theta,\sin\theta)$，$\boldsymbol{z}'=(0,-\sin\theta,\cos\theta)$。由于 *x* 轴旋转之后的基向量不变，因此基向量 $\boldsymbol{x}'=\boldsymbol{x}=(1,0,0)$。若将这三个基向量构建成矩阵，最终绕 *x* 轴旋转角度 θ 的变换矩阵为：

$$\begin{bmatrix} 1 & 0 & 0 \\ 0 & \cos\theta & -\sin\theta \\ 0 & \sin\theta & \cos\theta \end{bmatrix}$$

4. 空间坐标系绕 *y* 轴旋转矩阵

空间坐标系绕 *y* 轴旋转的旋转方向如图 1-21 所示。

从 *y* 轴正方向朝负方向观察坐标系，*x* 轴和 *z* 轴的旋转情况如图 1-22 所示。

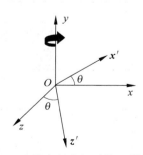

图 1-21　将空间坐标系绕 *y* 轴旋转

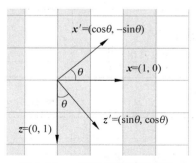

图 1-22　*y* 方向的平面坐标系

计算出旋转之后的两个基向量分别为 $\boldsymbol{x}'=(\cos\theta,0,\sin\theta)$，$\boldsymbol{z}'=(\sin\theta,0,\cos\theta)$。由于 y 轴旋转之后的基向量不变，因此基向量 $\boldsymbol{y}'=\boldsymbol{y}=(0,1,0)$。若将这三个基向量构建成矩阵，最终绕 y 轴旋转角度 θ 的变换矩阵为：

$$\begin{bmatrix} \cos\theta & 0 & -\sin\theta \\ 0 & 1 & 0 \\ \sin\theta & 0 & \cos\theta \end{bmatrix}$$

5．空间坐标系绕 z 轴旋转矩阵

空间坐标系绕 z 轴旋转的旋转方向如图 1-23 所示。

从 z 轴正方向朝负方向观察坐标系，x 轴和 y 轴的旋转情况如图 1-24 所示。

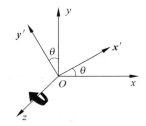

图 1-23　将空间坐标系绕 z 轴旋转

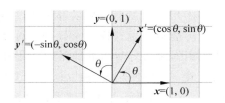

图 1-24　z 方向的平面坐标系

计算出旋转之后的两个基向量分别为 $\boldsymbol{x}'=(\cos\theta,0,\sin\theta,0)$，$\boldsymbol{z}'=(-\sin\theta,0,\cos\theta,0)$。由于 y 轴旋转之后的基向量不变，因此基向量 $\boldsymbol{y}'=\boldsymbol{y}=(0,0,1)$。若将这三个基向量构建成矩阵，最终绕 z 轴旋转角度 θ 的变换矩阵为：

$$\begin{bmatrix} \cos\theta & \sin\theta & 0 \\ -\sin\theta & \cos\theta & 0 \\ 0 & 0 & 1 \end{bmatrix}$$

1.6.3　缩放矩阵

假设向量 $\boldsymbol{v}_1=(x,y,z)$，沿着 x、y、z 轴分别缩放 k_x、k_y、k_z，缩放之后的向量为 $\boldsymbol{v}_2$，也就是将 $\boldsymbol{v}_1$ 的每个分量分别乘以对应的缩放系数，因此 $\boldsymbol{v}_2=(k_x x,k_y y,k_z z)$。

但是在 3D 中，考虑到矩阵变换统一性，最终并不是直接使用标量与向量的乘法运算，而是使用矩阵进行变换。下面以矩阵的思维进行分析，沿着每个坐标轴缩放之后，$\boldsymbol{x}'$、$\boldsymbol{y}'$、$\boldsymbol{z}'$ 三个基向量分别为：

$$\boldsymbol{x}'=k_x(1,0,0)=(k_x,0,0)$$
$$\boldsymbol{y}'=k_y(0,1,0)=(0,k_y,0)$$
$$\boldsymbol{z}'=k_z(0,0,1)=(0,0,k_z)$$

将缩放之后的基向量纵向排列构建成一个 3×3 的矩阵，这个矩阵即为缩放矩阵：

$$\begin{bmatrix} x' \\ y' \\ z' \end{bmatrix} = \begin{bmatrix} k_x & 0 & 0 \\ 0 & k_y & 0 \\ 0 & 0 & k_z \end{bmatrix}$$

1.6.4　平移矩阵

假设点 $P_1 = (x_1, y_1, z_1)$，将其向 x 方向移动 d_x 距离，然后向 y 方向移动 d_y 距离，最后向 z 方向移动了 d_z 距离，于是得到点 P_2，通过加法运算可以很轻松地计算出 P_2 坐标，计算公式如下：

$$\begin{aligned} P_2 &= P_1 + (d_x, d_y, d_z) \\ &= (x_1, y_1, z_1) + (d_x, d_y, d_z) \\ &= (x_1 + d_x, y_1 + d_y, z_1 + d_z) \end{aligned}$$

但是在 3D 中，所有的变换都是通过矩阵完成的，平移属于变换，自然也不例外。此处，部分读者可能会产生这样一个疑问：通过简单的坐标加法运算就可以完成的工作，为什么非要使用矩阵这么复杂的工具呢？这是因为通过矩阵可以将常用的平移、旋转、缩放这三种变换合并成一个变换矩阵，乘以这一个变换矩阵即可完成平移、旋转、缩放这三种变换。

由于 3×3 的矩阵无法实现平移变换，因此需要将矩阵的行数和列数再扩展一维，变成一个 4×4 的齐次矩阵。在三维单位矩阵 $\boldsymbol{I}_3$ 的基础上进行扩展，对角元素保持为 1，然后将三个轴向的平移距离写在扩展出来的第四行上，并将第四列剩余的元素填充为 0，最终的平移矩阵为：

$$\begin{bmatrix} 1 & 0 & 0 & 0 \\ 0 & 1 & 0 & 0 \\ 0 & 0 & 1 & 0 \\ d_x & d_y & d_z & 1 \end{bmatrix}$$

既然将变换矩阵扩展成了齐次矩阵，顶点坐标自然也需要增加一维才可以与矩阵相乘。于是顶点坐标最后增加一个分量 w，将其扩展成齐次坐标。这里会产生一个分歧，扩展出来的 w 分量是按照平移矩阵的对角元素那样补上 1，还是按照第四列元素那样补上 0 呢？下面对这两种情况分别进行尝试。

先计算 w 分量等于 1 的情况，将顶点坐标写成矩阵的形式，左乘平移矩阵，计算过程如下：

$$P_2 = \begin{bmatrix} x_1 & y_1 & z_1 & 1 \end{bmatrix} \begin{bmatrix} 1 & 0 & 0 & 0 \\ 0 & 1 & 0 & 0 \\ 0 & 0 & 1 & 0 \\ d_x & d_y & d_z & 1 \end{bmatrix}$$

$$= (x_1 + d_x, y_1 + d_y, z_1 + d_z, 1)$$

由此可知，相乘之后得到的结果与最开始使用加法运算得到的结果一样。因此，将 w

分量填充为 1 可以得到平移变换后正确的顶点坐标,并且变换之后的 w 分量依然为 1。

那么将 w 分量填充为 0 结果会怎样呢?下面继续尝试,计算过程如下:

$$P_2 = \begin{bmatrix} x_1 & y_1 & z_1 & 0 \end{bmatrix} \begin{bmatrix} 1 & 0 & 0 & 0 \\ 0 & 1 & 0 & 0 \\ 0 & 0 & 1 & 0 \\ d_x & d_y & d_z & 1 \end{bmatrix}$$

$$= (x_1, y_1, z_1, 0)$$

由此可知,相乘之后的结果与原顶点的坐标一样,并且 w 分量依然为 0。因此,将 w 分量填充为 0 无法起到平移变换的作用。

以上是通过运算推导出的结论,下面从理论角度进行解释:顶点是有位置信息的,而向量是没有位置信息的,因此顶点可以进行平移操作,而向量无论怎么平移,得到的结果都是与原向量相同。因此,当 w 分量填充为 0 的时候,它其实是被当作了向量,而向量无论怎么平移都不会发生改变,因此乘以平移矩阵之后还是原向量。

1.7　矩阵的深入讲解

本节将对矩阵知识进行更加深入地讲解,主要会涉及行列式、余子式、代数余子式、逆矩阵等方面知识。

1.7.1　矩阵的行列式

在任意方阵中都存在一个标量,这个标量就是该方阵的行列式。方阵 $\boldsymbol{M}$ 的行列式可以写为 $|\boldsymbol{M}|$,注意,只有方阵才会存在行列式,非方阵是没有行列式的。

行列式的计算方法非常简单:"将主对角线、反对角线上的元素各自相乘,然后将主对角线上的元素积的和减去反对角线积的和",但是真正计算起来就会发现非常麻烦。并且随着矩阵行列数的增多,计算难度呈指数增加。

先从最简单的 2×2 的矩阵开始:

$$|\boldsymbol{M}| = \begin{vmatrix} m_{11} & m_{12} \\ m_{21} & m_{22} \end{vmatrix} = m_{11} m_{22} - m_{12} m_{21}$$

为了方便记忆公式,《3D 数学基础:图形与游戏开发》一书中提到了行列式的对角线记忆法,如图 1-25 所示。

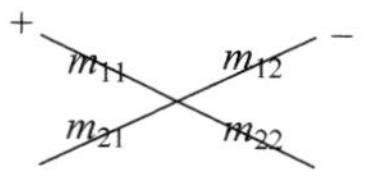

下面举个例子:

图 1-25　2 阶矩阵行列式对角线

$$\begin{vmatrix} -3 & 4 \\ 2 & 5 \end{vmatrix}$$

$$= (-3 \times 5) - (4 \times 2)$$

$$= -15 - 8$$

$$= -23$$

理解了 2×2 矩阵的行列式，下面讲解 3×3 矩阵 M 的行列式：

$$\mid M \mid = \begin{vmatrix} m_{11} & m_{12} & m_{13} \\ m_{21} & m_{22} & m_{23} \\ m_{31} & m_{32} & m_{33} \end{vmatrix}$$

$$= m_{11}m_{22}m_{33} + m_{12}m_{23}m_{31} + m_{13}m_{21}m_{32} -$$

$$m_{13}m_{22}m_{31} - m_{12}m_{21}m_{33} - m_{11}m_{23}m_{32}$$

《3D 数学基础：图形与游戏开发》一书中也给出了一个 3×3 矩阵行列式的对角线记忆法，如图 1-26 所示。

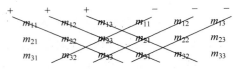

图 1-26　3 阶矩阵行列式对角线

再举个例子：

$$\begin{vmatrix} 3 & -2 & 0 \\ 1 & 4 & -3 \\ -1 & 0 & 2 \end{vmatrix}$$

$$= 3 \times 4 \times 2 + (-2) \times (-3)(-1) + 0 \times 1 \times 0 -$$

$$0 \times 4 \times (-1) - (-2) \times 1 \times 2 - 3 \times (-3) \times 0$$

$$= 24 - 6 + 4$$

$$= 22$$

关于 4×4 矩阵的行列式也是同样的计算方式，此处不再赘述，感兴趣的读者可自行尝试。本书将在 1.7.3 节中讲解一个计算高阶矩阵行列式更简单的方法。

1.7.2　余子式和代数余子式

假设矩阵 M 有 r 行 c 列，如果从矩阵中去除掉第 i 行和第 j 列，剩下的 $r-1$ 行 $c-1$ 列矩阵称为矩阵 M 的余子式，记作 $M^{\{ij\}}$。

举个例子，3×3 阶矩阵 M 如下所示：

$$M = \begin{bmatrix} -4 & -3 & 3 \\ 0 & 2 & -2 \\ 1 & 4 & -1 \end{bmatrix}$$

余子式 $M^{\{12\}}$ 是一个 2×2 阶矩阵，是矩阵 M 去除第 1 行和第 2 列之后剩下的结果，如图 1-27 所示。

$$M^{\{12\}} = \begin{bmatrix} 0 & -2 \\ 1 & -1 \end{bmatrix}$$

对于方阵 M，给定行、列元素的代数余子式等于相应余子式　图 1-27　3 阶矩阵的余子式

的有符号行列式,计算公式如下所示:

$$C_{ij} = (-1)^{i+j} \mid M^{(ij)} \mid$$

在上述公式中,C_{ij} 表示矩阵 M 第 i 行 j 列元素的代数余子式。需要注意的是,余子式是一个矩阵,而代数余子式是有符号的行列式,因此是一个标量。

继续举出上面的例子,3×3 阶矩阵 M 如下所示:

$$M = \begin{bmatrix} -4 & -3 & 3 \\ 0 & 2 & -2 \\ 1 & 4 & -1 \end{bmatrix}$$

M_{12} 的代数余子 C_{12} 的计算过程如下所示:

$$\begin{aligned} C_{12} &= (-1)^{1+2} \mid M^{(12)} \mid \\ &= (-1)^3 \begin{vmatrix} 0 & -2 \\ 1 & -1 \end{vmatrix} \\ &= -0 \times (-1) - (-2) \times 1 \\ &= 2 \end{aligned}$$

1.7.3　通过代数余子式计算行列式

本书1.7.1节结尾处曾提到过"计算高阶矩阵行列式还有一个更简单的方法",那就是通过代数余子式计算,本小节来讲解具体如何计算。

从矩阵中选择任意一行或者一列,对该行或者该列的每个元素都乘以该元素对应的代数余子式,这些乘积的和就是该矩阵的行列式。

用这种方法重新计算 3×3 矩阵的行列式,假设 $M = \begin{bmatrix} m_{11} & m_{12} & m_{13} \\ m_{21} & m_{22} & m_{23} \\ m_{31} & m_{32} & m_{33} \end{bmatrix}$,直接选取第一行元素进行举例计算:

$$\begin{aligned} & \begin{vmatrix} m_{11} & m_{12} & m_{13} \\ m_{21} & m_{22} & m_{23} \\ m_{31} & m_{32} & m_{33} \end{vmatrix} \\ &= m_{11} C_{11} + m_{12} C_{12} + m_{13} C_{13} \\ &= m_{11} (-1)^{1+1} \mid M^{(11)} \mid + m_{12} (-1)^{1+2} \mid M^{(12)} \mid + m_{13} (-1)^{1+3} \mid M^{(13)} \mid \\ &= m_{11} \begin{vmatrix} m_{22} & m_{23} \\ m_{32} & m_{33} \end{vmatrix} - m_{12} \begin{vmatrix} m_{21} & m_{23} \\ m_{31} & m_{33} \end{vmatrix} + m_{13} \begin{vmatrix} m_{21} & m_{22} \\ m_{31} & m_{32} \end{vmatrix} \\ &= m_{11}(m_{22}m_{33} - m_{23}m_{32}) - m_{12}(m_{21}m_{33} - m_{23}m_{31}) + m_{13}(m_{21}m_{32} - m_{22}m_{31}) \\ &= m_{11}m_{22}m_{33} + m_{12}m_{23}m_{31} + m_{13}m_{21}m_{32} - m_{13}m_{22}m_{31} - m_{12}m_{21}m_{33} - m_{11}m_{23}m_{32} \end{aligned}$$

经过对比不难发现:通过代数余子式计算出来的 3×3 矩阵的行列式与之前小节的计算结果是一致的。

下面用代数余子式的方式来计算 4×4 矩阵的行列式，选择第一列元素进行举例计算：

$$\begin{vmatrix} m_{11} & m_{12} & m_{13} & m_{14} \\ m_{21} & m_{22} & m_{23} & m_{24} \\ m_{31} & m_{32} & m_{33} & m_{34} \\ m_{41} & m_{42} & m_{43} & m_{44} \end{vmatrix}$$

$$= m_{11}\boldsymbol{C}_{11} + m_{21}\boldsymbol{C}_{21} + m_{31}\boldsymbol{C}_{31} + m_{41}\boldsymbol{C}_{41}$$

$$= m_{11}(-1)^{1+1} \mid \boldsymbol{M}^{\{11\}} \mid + m_{21}(-1)^{2+1} \mid \boldsymbol{M}^{\{21\}} \mid + m_{31}(-1)^{3+1} \mid \boldsymbol{M}^{\{31\}} \mid +$$

$$m_{41}(-1)4+1 \mid \boldsymbol{M}^{\{41\}} \mid$$

$$= m_{11}\begin{vmatrix} m_{22} & m_{23} & m_{24} \\ m_{32} & m_{33} & m_{34} \\ m_{42} & m_{43} & m_{44} \end{vmatrix} - m_{21}\begin{vmatrix} m_{12} & m_{13} & m_{14} \\ m_{32} & m_{33} & m_{34} \\ m_{42} & m_{43} & m_{44} \end{vmatrix} + m_{31}\begin{vmatrix} m_{12} & m_{13} & m_{14} \\ m_{22} & m_{23} & m_{24} \\ m_{42} & m_{43} & m_{44} \end{vmatrix} +$$

$$m_{41}\begin{vmatrix} m_{12} & m_{13} & m_{14} \\ m_{22} & m_{23} & m_{24} \\ m_{24} & m_{33} & m_{34} \end{vmatrix}$$

此处不再罗列详细的计算过程，感兴趣的可以自行计算并进行对比验证，下面直接给出最后的计算结果。4×4 矩阵行列式为：

$$m_{11}[m_{22}(m_{33}m_{33} - m_{34}m_{43})] - m_{23}(m_{34}m_{42} - m_{32}m_{44}) + m_{24}(m_{32}m_{43} - m_{33}m_{42}) -$$

$$m_{21}[m_{12}(m_{33}m_{44} - m_{34}m_{43})] - m_{23}(m_{34}m_{41} + m_{31}m_{44}) + m_{24}(m_{31}m_{43} - m_{33}m_{41}) +$$

$$m_{31}[m_{21}(m_{32}m_{44} - m_{34}m_{42})] - m_{22}(m_{34}m_{41} + m_{31}m_{44}) + m_{42}(m_{13}m_{24} - m_{14}m_{23}) -$$

$$m_{41}[m_{12}(m_{23}m_{34} - m_{24}m_{33})] - m_{22}(m_{13}m_{34} + m_{14}m_{33}) + m_{32}(m_{13}m_{24} - m_{14}m_{23})$$

1.7.4 逆矩阵

本书前几节中讲过了矩阵的变换，而通过矩阵将向量进行变换之后，如何将这个变换"撤销"呢？这就引出了逆矩阵的概念了。逆矩阵的计算只能用于方阵，假如一个矩阵与另一个矩阵相乘，结果为单位矩阵，则这两个矩阵互为逆矩阵。矩阵 $\boldsymbol{M}$ 的逆可以使用 $\boldsymbol{M}^{-1}$ 表示，验证两个矩阵是否互为逆矩阵的计算公式为：

$$\boldsymbol{M}\boldsymbol{M}^{-1} = \boldsymbol{M}^{-1}\boldsymbol{M} = \boldsymbol{I}$$

用这个公式推导一遍矩阵变换之后的撤销操作，推导过程如下：

$$(\boldsymbol{v}\boldsymbol{M})\boldsymbol{M}^{-1} = \boldsymbol{v}(\boldsymbol{M}\boldsymbol{M}^{-1})$$

$$= \boldsymbol{v}\boldsymbol{I}$$

$$= \boldsymbol{v}$$

并非所有的矩阵都有逆，如果一个矩阵有逆矩阵，则称这个矩阵是可逆的或者非奇异矩阵；如果一个矩阵没有逆矩阵，则称这个矩阵是不可逆的或者奇异矩阵。奇异矩阵的行列式为 0，非奇异矩阵的行列式不为 0。因此检测一个矩阵是否有逆矩阵可以通过检测其行列式是否为 0。

那么如何计算一个矩阵的逆矩阵呢？在此之前还需要引进一个新的专有名词——标准伴随矩阵。矩阵 M 的标准伴随矩阵可以表示为"adj$M$"，它是 M 代数余子式矩阵的转置矩阵。更直白地讲，就是：计算出矩阵 M 每个元素的代数余子式，然后将这些数值构建成一个新的矩阵，这个矩阵的转置矩阵就是 adj$M$。

下面通过一个例子加深理解，3×3 阶矩阵 M 如下所示：

$$M = \begin{bmatrix} -4 & -3 & 3 \\ 0 & 2 & -2 \\ 1 & 4 & -1 \end{bmatrix}$$

计算每个元素的代数余子式：

$$C_{11} = + \begin{vmatrix} 2 & -2 \\ 4 & -1 \end{vmatrix} = 6$$

$$C_{12} = - \begin{vmatrix} 0 & -2 \\ 1 & -1 \end{vmatrix} = -2$$

$$C_{13} = + \begin{vmatrix} 0 & 2 \\ 1 & 4 \end{vmatrix} = -2$$

$$C_{21} = - \begin{vmatrix} -3 & 3 \\ 4 & -1 \end{vmatrix} = 9$$

$$C_{22} = + \begin{vmatrix} -4 & 3 \\ 1 & -1 \end{vmatrix} = 1$$

$$C_{23} = - \begin{vmatrix} -4 & -3 \\ 1 & 4 \end{vmatrix} = 13$$

$$C_{31} = + \begin{vmatrix} -3 & 3 \\ 2 & -2 \end{vmatrix} = 0$$

$$C_{32} = - \begin{vmatrix} -4 & 3 \\ 0 & -2 \end{vmatrix} = -8$$

$$C_{33} = + \begin{vmatrix} -4 & -3 \\ 0 & 2 \end{vmatrix} = -8$$

得到每个元素的代数余子式之后，可进一步计算矩阵 M 的标准伴随矩阵为：

$$\begin{aligned} \text{adj}M &= \begin{bmatrix} C_{11} & C_{12} & C_{13} \\ C_{21} & C_{22} & C_{23} \\ C_{31} & C_{32} & C_{33} \end{bmatrix}^{\mathrm{T}} \\ &= \begin{bmatrix} 6 & -2 & -2 \\ 9 & 1 & 13 \\ 0 & -8 & -8 \end{bmatrix}^{\mathrm{T}} \\ &= \begin{bmatrix} 6 & 9 & 0 \\ -2 & 1 & -8 \\ -2 & 13 & -8 \end{bmatrix} \end{aligned}$$

得到了标准伴随矩阵之后,除以矩阵 $\boldsymbol{M}$ 的行列式就可以得到矩阵 $\boldsymbol{M}$ 的逆矩阵了,计算公式如下所示:

$$\boldsymbol{M}^{-1} = \frac{\mathrm{adj}\boldsymbol{M}}{|\boldsymbol{M}|}$$

由于行列式的计算过程不是本节的终端,此处跳过矩阵 $\boldsymbol{M}$ 的行列式的计算过程,直接写出计算结果 $|\boldsymbol{M}| = -24$。继续下面的计算:

$$\boldsymbol{M}^{-1} = \frac{\begin{bmatrix} 6 & 9 & 0 \\ -2 & 1 & -8 \\ -2 & 13 & -8 \end{bmatrix}}{-24} = \begin{bmatrix} -\dfrac{1}{4} & -\dfrac{3}{8} & 0 \\ \dfrac{1}{12} & -\dfrac{1}{24} & \dfrac{1}{3} \\ \dfrac{1}{12} & -\dfrac{13}{24} & \dfrac{1}{3} \end{bmatrix}$$

经过大量的计算之后,可得出矩阵 $\boldsymbol{M}$ 的逆矩阵,下面通过逆矩阵的定义"互为逆矩阵的两个矩阵相乘结果为单位矩阵"来验证结果的准确性,计算过程如下:

$$\boldsymbol{MM}^{-1} = \begin{bmatrix} -4 & -3 & 3 \\ 0 & 2 & -2 \\ 1 & 4 & -1 \end{bmatrix} \begin{bmatrix} -\dfrac{1}{4} & -\dfrac{3}{8} & 0 \\ \dfrac{1}{12} & -\dfrac{1}{24} & \dfrac{1}{3} \\ \dfrac{1}{12} & -\dfrac{13}{24} & \dfrac{1}{3} \end{bmatrix}$$

两个 3×3 阶的矩阵相乘,得到的结果也是 3×3 阶矩阵,计算结果矩阵每个元素的数值:

$$\boldsymbol{I}_{11} = (-4) \times \left(-\frac{1}{4}\right) + (-3) \times \left(\frac{1}{12}\right) + 3 \times \frac{1}{12} = 1$$

$$\boldsymbol{I}_{12} = (-4) \times \left(-\frac{3}{8}\right) + (-3) \times \left(-\frac{1}{24}\right) + 3 \times \left(-\frac{13}{24}\right) = 0$$

$$\boldsymbol{I}_{13} = (-4) \times 0 + (-3) \times \left(\frac{1}{3}\right) + 3 \times \frac{1}{3} = 0$$

$$\boldsymbol{I}_{21} = 0 \times \left(-\frac{1}{4}\right) + 2 \times \left(\frac{1}{12}\right) + (-2) \times \frac{1}{12} = 0$$

$$\boldsymbol{I}_{22} = 0 \times \left(-\frac{3}{8}\right) + 2 \times \left(-\frac{1}{24}\right) + (-2) \times \left(-\frac{13}{24}\right) = 1$$

$$\boldsymbol{I}_{23} = 0 \times 0 + 2 \times \left(\frac{1}{3}\right) + (-2) \times \frac{1}{3} = 0$$

$$\boldsymbol{I}_{31} = 1 \times \left(-\frac{1}{4}\right) + 4 \times \left(\frac{1}{12}\right) + (-1) \times \frac{1}{12} = 0$$

$$\boldsymbol{I}_{32} = 1 \times \left(-\frac{3}{8}\right) + 4 \times \left(-\frac{1}{24}\right) + (-1) \times \left(-\frac{13}{24}\right) = 0$$

$$I_{33} = 1 \times 0 + 4 \times \left(\frac{1}{3}\right) + (-1) \times \frac{1}{3} = 1$$

矩阵相乘的最终结果为：

$$MM^{-1} = \begin{bmatrix} I_{11} & I_{12} & I_{13} \\ I_{21} & I_{22} & I_{23} \\ I_{31} & I_{32} & I_{33} \end{bmatrix}$$

$$= \begin{bmatrix} 1 & 0 & 0 \\ 0 & 1 & 0 \\ 0 & 0 & 1 \end{bmatrix}$$

$$= I$$

经过验证，这两个矩阵相乘得到的矩阵为单位矩阵，因此通过标准伴随矩阵计算出的逆矩阵是正确的。

1.7.5　正交矩阵

本章第1.4.2节——方阵和单位矩阵中讲过，行数等于列数的一类矩阵叫作方阵，对角矩阵和单位矩阵都属于比较特殊的方阵。这一小节中，再引入一类特殊的方阵——正交矩阵。

如果方阵 M 是正交矩阵，则 M 与它的转置矩阵 M^T 的乘积为单位矩阵，公式如下所示：

$$MM^T = I$$

回顾本章1.7.4节——逆矩阵中讲过的性质，互为逆矩阵的两个矩阵的乘积为单位矩阵，公式如下所示：

$$MM^{-1} = I$$

通过这两个计算公式，不难得出这样一个结论，正交矩阵的转置矩阵等于它的逆矩阵，即

$$M^T = M^{-1}$$

这是一条非常实用的结论，因为逆矩阵的计算过程非常烦琐，上一节就花费了很长篇幅计算一个 3×3 阶矩阵的逆矩阵。假如在计算逆矩阵之前知道了这个矩阵为正交矩阵，就可以直接使用转置矩阵作为逆矩阵了。而转置矩阵的计算量相对于逆矩阵而言要小得太多，于是一个比较投机取巧的计算过程应该是这样的，流程图如图1-28所示。在计算一个矩阵的逆矩阵之前，先计算这个矩阵的转置矩阵，然后将原矩阵与转置矩阵相乘，如果结果为单位矩阵，则转置矩阵即为逆矩阵；如果结果为非单位矩阵，则需要计算矩阵的逆矩阵。

上述逻辑看似天衣无缝，实则暗含了一个潜在问题，那就是：假如某个矩阵不是正交矩阵，此种方法非但不能减少计算量，反而还增加了转置矩阵、矩阵与转置矩阵乘积的计算量，也就是图1-28中虚线框内的部分。

那么有没有其他更为简单的方式可以判断矩阵是否正交呢？现在再来深入探索正交矩阵的判定公式：

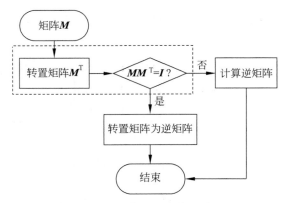

图 1-28　求逆矩阵流程图

$$\boldsymbol{M}\boldsymbol{M}^{\mathrm{T}} = \boldsymbol{I}$$

$$\begin{bmatrix} m_{11} & m_{12} & m_{13} \\ m_{21} & m_{22} & m_{23} \\ m_{31} & m_{32} & m_{33} \end{bmatrix} \begin{bmatrix} m_{11} & m_{21} & m_{31} \\ m_{12} & m_{22} & m_{32} \\ m_{13} & m_{23} & m_{33} \end{bmatrix} = \begin{bmatrix} 1 & 0 & 0 \\ 0 & 1 & 0 \\ 0 & 0 & 1 \end{bmatrix}$$

通过矩阵的乘法运算，可以得到以下 9 个等式：

$$m_{11}m_{11} + m_{12}m_{12} + m_{13}m_{13} = 1$$
$$m_{11}m_{21} + m_{12}m_{22} + m_{13}m_{23} = 0$$
$$m_{11}m_{31} + m_{12}m_{32} + m_{13}m_{33} = 0$$
$$m_{21}m_{11} + m_{22}m_{12} + m_{23}m_{13} = 0$$
$$m_{21}m_{21} + m_{22}m_{22} + m_{23}m_{23} = 1$$
$$m_{21}m_{31} + m_{22}m_{32} + m_{23}m_{33} = 0$$
$$m_{31}m_{11} + m_{32}m_{12} + m_{33}m_{13} = 0$$
$$m_{31}m_{21} + m_{32}m_{22} + m_{33}m_{23} = 0$$
$$m_{31}m_{31} + m_{32}m_{32} + m_{33}m_{33} = 1$$

假设矩阵 $\boldsymbol{M}$ 的行分别为向量 $\boldsymbol{r}_1, \boldsymbol{r}_2, \boldsymbol{r}_3$：

$$\boldsymbol{r}_1 = \begin{bmatrix} m_{11} & m_{12} & m_{13} \end{bmatrix}$$
$$\boldsymbol{r}_2 = \begin{bmatrix} m_{21} & m_{22} & m_{23} \end{bmatrix}$$
$$\boldsymbol{r}_3 = \begin{bmatrix} m_{31} & m_{32} & m_{33} \end{bmatrix}$$

于是上述的 9 个等式可以转换为向量的点乘运算：

$$\boldsymbol{r}_1 \cdot \boldsymbol{r}_1 = 1$$
$$\boldsymbol{r}_1 \cdot \boldsymbol{r}_2 = 0$$
$$\boldsymbol{r}_1 \cdot \boldsymbol{r}_3 = 0$$
$$\boldsymbol{r}_2 \cdot \boldsymbol{r}_1 = 0$$
$$\boldsymbol{r}_2 \cdot \boldsymbol{r}_2 = 1$$

$$r_2 \cdot r_3 = 0$$
$$r_3 \cdot r_1 = 0$$
$$r_3 \cdot r_2 = 0$$
$$r_3 \cdot r_3 = 1$$

进一步分析上述的 9 个等式：

（1）因为只有单位向量自身的点积结果为 1，所以只有当向量 r_1、r_2、r_3 为单位向量的时候，第 1、5、9 个等式才会成立。

（2）因为只有当两个向量互相垂直的时候，这两个向量的点积才为零，因此只有当向量 r_1、r_2、r_3 相互垂直时，其他等式才会成立。

综上所述，假如一个矩阵是正交矩阵，它一定满足以下条件：

（1）矩阵的每一行向量都是单位矩阵。

（2）矩阵的每一行向量互相垂直。

因此，在计算逆矩阵之前先通过上述条件进行判断，可以省去大量不必要的计算。

1.7.6　逆矩阵的运算法则

通过本章第 1.7.5 节的内容，想必读者已经掌握了矩阵的另一个运算——逆运算，为了方便记忆，本小节将逆矩阵相关的运算法则整理成表格，如表 1-5 所示。

表 1-5　逆矩阵相关的运算法则

公　式	描　述
$(M^{-1})^{-1} = M$	非奇异矩阵 M，其逆矩阵的逆矩阵与原矩阵相同
$I^{-1} = I$	单位矩阵的逆矩阵与原矩阵相同
$(M^T)^{-1} = (M^{-1})^T$	矩阵转置的逆等于逆矩阵的转置
$(M_1 M_2 \cdots M_{n-1} M_n)^{-1} = M_n^{-1} M_{n-1}^{-1} \cdots M_2^{-1} M_1^{-1}$	矩阵乘积的逆等于逆矩阵相反顺序的乘积

## 第2章

渲染流水线与Shader概念

使用 Unity 时,把模型添加到场景中,调节好材质和灯光之后,便可以在屏幕上查看效果。此时,只需要根据屏幕上实时显示的效果调节各种参数,即可实现最终满意的效果。

因此,使用者在很多时候可能并不需要关心整个处理过程到底是怎样的,因为这些复杂的事情 Unity 已经全部做完了。然而肯定会有好奇的读者产生这样的疑问:我的模型到底是怎样渲染到屏幕上的? 这就是本章要详细讲解的内容。

本章的主要内容有:图形渲染流水线、顶点在不同空间内的变换、GPU 渲染流水线、Shader 的概念和工作原理。

2.1 渲染流水线概念

模型从 3D 到渲染成 2D 图像,中间需要一系列的处理过程,这个过程就像是一个"魔术盒",如图 2-1 所示。3D 数据(模型的顶点坐标、法线信息、UV 等)放进这个盒子里,经过一系列的操作处理之后,最终就可以在屏幕上呈现出漂亮的渲染效果。而盒子中所经过的一系列操作处理被称为渲染流水线(Render Pipeline)。

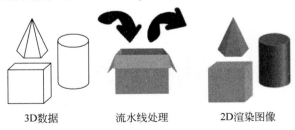

3D数据　　　　流水线处理　　　　2D渲染图像

图 2-1　渲染流水线黑盒子

一个完整的渲染流水线包含很多个操作步骤,一般情况下,只需要按照 Unity 预先定义好的步骤操作就可以,但是如果想要实现某些特殊的效果,例如:动态材质效果、后期处理等,就需要修改渲染流水线中的某些操作步骤了。

在整个渲染流水线中,有一些操作步骤是允许重新定义的,想要实现特定的渲染效果,可选择在此步骤中进行修改。除此之外,还有一些操作步骤是完全禁止人为修改的。因此,如果想要修改某些操作步骤以实现特定的效果,首先需要了解渲染流水线中每个操作步骤的作用,这也是本书将这一章内容放在最前面的原因。

2.2 3D 图形渲染完整流水线

本节先简单描述一个现代图形渲染流水线的流程步骤。当然,不同平台的渲染流水线并不是完全一样的,不同的游戏引擎也会有自己独特的渲染技巧和优化方法,因此在实际应用阶段会为了性能优化而合并执行某几个步骤,又或者将某些步骤颠倒顺序执行。但是绝大多数的游戏引擎具有普遍的共性。

在《3D 数学基础:图形与游戏开发》一书中列举了一个通用渲染流水线中数据的整体流向,从图 2-2 中可以看到整个渲染流程。

(1)建立场景:在真正开始渲染之前,需要对整个场景进行预先设置,例如:摄像机视角、灯光设置以及雾化设置等。

(2)可见性检测:有了摄像机,就可以基于摄像机视角检测场景中所有物体的可见性。这一步在实时渲染中极为重要,因为可以避免把时间和性能浪费在渲染一些视角之外的物体上。

(3)设置渲染状态:一旦检测到某个物体是可见的,接下来就需要把它绘制出来了。但是由于不同物体的渲染状态可能不同(如何进行深度测试、如何与背景图像进行混合等),因此在开始渲染该物体之前首先需要设置该物体的渲染状态。

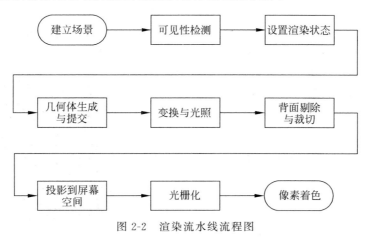

图 2-2 渲染流水线流程图

（4）几何体生成与提交：接着，就需要向渲染 API 提交几何体数据了，一般所提交的数据为三角形的顶点数据。例如：顶点坐标、法线向量、UV 等。

（5）变换与光照：当渲染 API 获取到三角形顶点数据之后，就需要将顶点坐标从模型空间变换到摄像机空间，并且同时进行顶点光照计算。

（6）背面剔除与裁切：变换到摄像机空间之后，那些背对着摄像机的三角形会被剔除，然后再被变换到裁切空间中，将视锥体之外的部分裁切掉。

（7）投影到屏幕空间：在裁切空间中经过裁切之后的多边形会通过投影从三维变为平面，输出到屏幕空间中。

（8）光栅化：屏幕空间的几何体还需要经过光栅化处理才能转变为 2D 的像素信息。

（9）像素着色：最后，计算每个像素的颜色，并把这些颜色信息输出到屏幕上。

2.3　空间变换

在整个渲染流水线中，顶点在不同空间之间进行变换（Space Transform）是非常复杂又不可或缺的一个步骤，并且在实际应用过程中，很多特殊的效果都是在不同的空间中进行计算的，因此本书用一节的内容进行详细讲解。

2.3.1　模型空间与世界空间

物体的顶点数据最开始是以模型空间（Model Space）作为参照进行描述的，顶点数据一般包含顶点的位置坐标、法线向量、UV（纹理坐标）等。在其他文档资料中，模型空间还会被称为物体空间（Object Space）或本地空间（Local Space）。

如果描述的是不同物体之间的相对位置，则需要使用一个共同的坐标空间，这个共同的坐标空间被称为世界空间（World Space）。而把顶点坐标从模型空间转变到世界空间的过程称为模型变换，需要使用模型变换矩阵。

下面以 Maya（Autodesk 旗下一款 3D 创作软件）举例：

模型空间的坐标轴是模型的枢轴（Pivot），如图 2-3 中右上角的坐标轴，模型上所有顶点的坐标都是依照这个坐标轴作为中心点。而图中地面网格的中心位置即为世界空间的中心点，模型枢轴相对于世界中心点的位置就是这个物体在世界空间中的坐标。

当物体进行光照计算的时候，需要将顶点和灯光变换到同一个坐标空间中。有两种坐标空间可供选择：

（1）将灯光坐标变换到每个物体的模型空间中分别进行计算。

（2）将灯光和所有物体统一变换到世界空间中整体进行计算。

通常情况下，第二种方法的使用更为普遍。

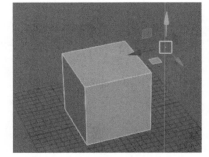

图 2-3　Maya 中的模型枢轴

2.3.2　摄像机空间

引擎在进行渲染的时候是以摄像机作为观察视角的,这就像是人的眼睛。因此需要将世界空间中的物体转换到摄像机空间(Camera Space)中,这个转换的过程称作视变换,需要使用视变换矩阵。在其他文档资料中,摄像机空间还被称为观察空间(View Space)。

下面通过一张示意图简单了解一下摄像机空间中的坐标系,如图 2-4 所示,摄像机空间以摄像机所在位置作为坐标原点。由于 Unity 的摄像机空间为左手坐标系,因此摄像机朝所朝方向为$+Z$轴,摄像机右侧方向为$+X$轴,摄像机上方为$+Y$轴。

图 2-4　Unity 摄像机坐标轴

2.3.3　裁切空间

当顶点转换到摄像机空间后,接下来就需要对几何体进行裁切了。所谓的裁切,其实就是在摄像机视锥体(Frustum)的边界上对几何体进行切割,然后将视锥体范围外的几何体丢弃的过程。

摄像机的视锥体决定了摄像机可以看到的区域,如图 2-5 所示(图片来源于 Modern OpenGL),不管是透视投影(Perspective Projection)摄像机还是正交投影(Orthographic Projection)摄像机,视锥体都是由 Top、Bottom、Right、Left 以及 Near 和 Far 共六个平面组成。

因为视锥体范围之外的几何体是不会被看到的,因此不需要对其进行渲染,例如图 2-5 中摄像机视锥体外的球体。但是如果直接使用摄像机的视锥体进行裁剪,计算视锥体与几何体的求交过程太过复杂,所以需要将顶点坐标变换到裁剪空间(Clip Space)再进行裁切,这个变换的过程叫作投影变换,需要使用裁切矩阵,也被称为投影矩阵。需要注意的是,这个过程虽然被称为投影变换,但是几何体在裁切空间中其实并没有进行投影,该操作只是为接下来的投影操作提前做好准备。

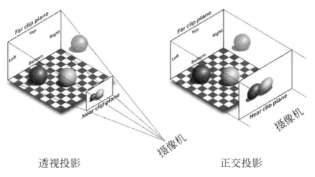

透视投影　　　　　　　正交投影

图 2-5　透视投影与正交投影

顶点在裁剪空间中主要做了以下事情：

（1）计算顶点坐标的 w 分量，用于接下来的透视除法。

（2）对摄像机的视锥体进行不均等缩放，使视锥体的梯形结构变为正方体。

缩放后的视锥体被称为标准化视锥体，在裁切空间中，只有视锥体范围之内的几何体才会保留下来，超出视锥体的几何体会被裁切掉。

2.3.4　屏幕空间

一直到目前阶段，顶点坐标都还是 3D 数据。但是如果想要在屏幕上呈现出最终的效果，就需要通过投影的方式将顶点坐标从 3D 转变为 2D。因此，当视锥体完成了几何体裁切之后就可以进行这一步操作了。

首先将顶点的 x、y、z 坐标分别除以 w 分量，得到标准化的设备坐标（Normalized Device Coordinate，NDC）。w 分量已经在裁切空间中准备好了，因此无须再重新计算。然后将标准化的设备坐标在屏幕像素上进行映射，就会得到屏幕空间（Screen Space）下的像素坐标。

虽然像素作为平面显示并不需要 z 分量，但仍然需要将 z 分量保存下来，以便在后续深度测试（Depth Test）阶段进行深度值比较和其他处理。

2.3.5　多个坐标空间存在的意义

为了方便读者系统地理解和记忆，本书在图 2-6 中整理了顶点在渲染流水线中所执行的所有操作以及所进行的所有变换。

讲解完空间变换之后，想必读者可能产生如下疑问：为何不从开始时就统一使用一个坐标空间，以避免在渲染过程中空间的频繁变换？

试想：假如一开始就设定一个统一的坐标空间，那么这个坐标空间肯定是 3D 空间，但是光栅化和像素着色的过程需要在 2D 空间中进行，因此一个坐标空间明显不能解决这样的问题。

那么，是否可以把模型空间、世界空间和摄像机空间这三个 3D 空间的坐标空间统一成一个呢？确实，这三个空间从逻辑上来讲完全可以统一成一个坐标空间，统一的好处是可以减少两次空间变换的计算量，但是弊端是不利于 3D 美术人员直观地掌握模型的空间坐标。下面，通过两个假设的场景深入探讨这个问题。

假设一：读者现在正坐在书房的书桌前，在读者的面前放着一台笔记本。若此时有人问笔记本的位置，想必读者给出的回答应该是："笔记本在我面前的桌子

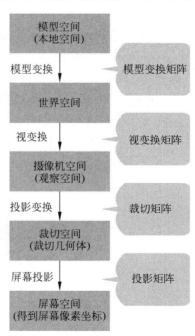

图 2-6　空间变换流程图与变换矩阵

上"。这时,大家在无形之中就建立了一个以自己所在位置为中心原点的坐标空间,周围的所有物品的位置都是以自己的位置作为参照的,这类似于"模型空间",而"读者面前的桌子上"其实就是笔记本的坐标。

如果这样回答:"笔记本在房间靠近门一侧墙边的书桌上"。该回答其实建立了一个以房间门所在位置为中心原点的坐标空间,这类似于"世界空间"。别人听了该回答后肯定会说:"笔记本就在你面前,你非要绕一大圈描述它的位置,是不是舍近求远?"

之所以出现这种情况是因为在描述物体位置的时候没有选择合适的坐标系,虽然在其他坐标系下也能定位到物体,但是对于寻找这个物体的人来说却极不方便。

假设二:读者此时仍然坐在书房的书桌前,若此时有人问客厅中沙发和茶几的位置,回答:"沙发在书房门对面的位置,茶几就在沙发的前面"。该回答同样是以房间作为空间坐标,而这次回答者选择了一个合适的坐标空间,然后通过两个物体之间的相对关系对第二个物体进行了定位。别人只需要按照回答者的描述先找到沙发,然后就可以找到茶几了。假如读者继续使用"读者坐在书房的书桌前"这一位置为原点的坐标空间,对于上述问题就非常难以描述了。

通过以上例子不难看出多个坐标系的存在意义。在实际应用过程中,选择一个合适的坐标空间对物体进行位置描述有利于简化空间计算。

2.4　现代 GPU 渲染流水线

通过本章 2.1~2.3 节的内容,可以得知图形渲染流水线的完整流程需要 CPU、内存、GPU 等硬件的共同参与才能完成,其中 GPU 在整个渲染流水线中起到非常重要的作用。并且 Shader 也是在 GPU 上运行的,下面以 OpenGL 为例,深入讲解 GPU 中图形渲染流水线的详细流程,图 2-7 为 Glumpy(Glumpy 是一个用于科学可视化的 python 库)在 Modern OpenGL 文档中总结的流程图。

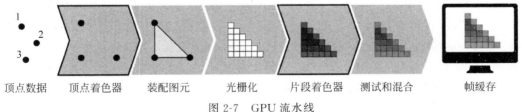

顶点数据　　顶点着色器　　装配图元　　光栅化　　片段着色器　　测试和混合　　帧缓存

图 2-7　GPU 流水线

首先,图形渲染流水线以顶点数据作为开始,当 GPU 获取到 CPU 传递的顶点数据之后,整个图形渲染流水线正式开始运作。

图形渲染流水线的第一个"站点"是顶点着色器(Vertex Shader),它允许使用者通过程序进行配置。在顶点着色器中,顶点坐标会从模型空间变换到裁切空间,这部分内容在 2.3 节中已详细讲解过。除此之外,这个阶段还可以通过 Shader 程序对顶点进行处理,以实现一些特殊的效果。

装配图元（Primitive Assembly）阶段将顶点着色器输出的顶点数据装配成指定的几何图元，基本图元包括：点、线、面。

光栅化（Rasterization）是将几何图元转变为片段（Fragment）的过程。屏幕上显示的图像都是由像素组成，而 3D 物体是由点、线、面这些基本图元组成的，要让几何图元能在屏幕上显示为像素就需要经过光栅化处理。该阶段包含两部分的工作：

（1）确定屏幕坐标中的哪些整型栅格区域被基本图元占用。

（2）分配颜色值和深度值到各个区域。

图 2-8 为 OpenGPU 社区提供的漫画图，图中直观地描述了光栅化在图形渲染流水线中的地位：光栅化就像是一个设计师，将甲方（几何图元）的需求设计为具体可执行的图纸然后交给片段着色器（OpenGL 中称之为 Pixel Shader，也就是像素着色器），片段着色器拿到这些设计图纸之后就可以按照图纸的要求开始建造（给像素着色）了。

图 2-8　光栅化阶段

片段在经过视锥体裁切之后就会被传递到片段着色器（Fragment Shader），它的最主要目的是计算每一个像素的颜色，这个阶段也可以通过 Shader 程序进行配置。在这个阶段中，片段着色器会计算光照、阴影、纹理等所有的颜色数据，最终计算出像素的颜色。

当所有像素的颜色都确定下来之后，最后会进入测试（Test）和混合（Blending）阶段。在这个阶段会检测所有像素的深度值，将当前片段的深度值与深度缓存中的数值对比，从而判断这个像素的前面是否有物体对它进行遮挡，进而决定这个像素是否应该被丢弃。

通过测试的像素会与已经绘制好的图像进行混合，从而得到最终的颜色。图 2-9 表示的是两个半透的物体经过混合之后，最终呈现出来的效果。

接下来要绘制的图像　　　　已经绘制好的图像　　　　混合后的图像

图 2-9　图像混合

帧缓存(Frame Buffer)是图形渲染流水线的最后一个"站点",帧缓存中存储着用于渲染到屏幕上的像素,等待下一步输出到屏幕上。

2.5　Shader 概念

在 2.4 节中讲解了现代 GPU 的完整渲染流水线,流水线中有两个阶段开放给用户自定义配置,以实现各种不同的效果,而自定义配置的方式就是通过 Shader 程序,这一节来讲解 Shader 到底是什么。

2.5.1　什么是 Shader

Shader 中文名称叫"着色器",字面意思是"给物体上色的机器"。它也是通过编写代码实现的,因此本质上也是程序。只不过 Shader 程序跟普通程序不一样,它并不是运行在 CPU 上,而是运行在 GPU 上,其目的是为了告诉 GPU 如何计算和输出图像。

Shader 所处的阶段只是渲染流水线中的一部分,它主要由顶点着色器(Vertex Shader)和片段着色器(Fragment Shader)组成。

编写 Shader 的语言主要有两种:

(1) 基于 Direct3D 的 HLSL,全称 High Level Shading Language,由微软开发,在自家的 Windows 平台上兼容性非常好,因此成为游戏开发的首选。

(2) 基于 OpenGL 的 GLSL,全称 OpenGL Shading Language,具有良好移植性,可以在不同平台使用。

NIVIDIA 希望显卡的程序开发独立于 DX 和 GL 的图形软件库,于是联合微软共同开发了 CG 语言(C for Graphics)。因为它是在 HLSL 的基础上进行开发的,所以其语法跟 HLSL 非常相似。并且,使用 CG 编写的 Shader 拥有跨平台性,因此 CG 语言是编写 Unity Shader 的首选语言,同样也是本书中要学习的 Shader 语言。

2.5.2　Shader 和材质的关系与区别

Shader 实际上就是一段程序,它负责把输入的顶点数据按照代码里指定的方式进行处理,并对输入的颜色或者贴图等进行计算,然后输出数据。图像绘制单元获取到输出的数据便可将图像绘制出来,最终呈现在屏幕上。

Shader 程序代码,再加上开放的参数设置以及关联的贴图等资源,为实现某种效果而打包存储在一起,最终得到的就是材质(Material)。材质是 Shader 的实例化资源,一个 Shader 可以实例化为多个材质,并且调节为不同的材质效果。最后把材质指定给某个模型就可以渲染出对应的效果了。

第3章

ShaderLab语法基础

在 Unity 中，所有的 Shader 程序都是使用名为"ShaderLab"的声明性语言进行编写的。在 Shader 文件中，ShaderLab 通过嵌套花括号的方式声明着色器的各部分内容。例如：哪些属性需要在材质面板上显示；使用哪种混合模式进行颜色混合；如果运行失败，回退到哪个着色器等，ShaderLab 语法不区分大小写。而真正意义上的 Shader 代码则是在 CGPROGRAM 代码块中编写的。

本章要讲解的是 ShaderLab 语法的基础部分，主要的内容有：Shader 的组织结构、如何开放属性参数、SubShader 中可以使用的标签、Pass 中可以设置的渲染状态、FallBack 功能，为第 4 章正式编写 Unity Shader 奠定基础。

3.1 Shader 的组织结构

无论选择何种语言编写 Shader，无论编写的 Shader 是何种类型，Unity Shader 总是通过 ShaderLab 语言进行包装并组织结构。通常情况下，Shader 的大致结构如下所示：

```
Shader "Name"
{
    Properties
    {
        //开放到材质面板的属性
    }
    SubShader
    {
        //顶点-片段着色器
        //或者表面着色器
        //或者固定函数着色器
```

```
    }
    SubShader
    {
        //更加精简的版本
        //为了在旧的图形设备上运行
    }
    ...
    Fallback "Name"
}
```

首先最开始定义的是 Shader 的名称,然后定义开放出来的所有属性,接下来是真正的 Shader 代码。Shader 中可以编写多个子着色器(SubShader),但至少需要一个。在应用程序运行过程中,GPU 会先检测第一个子着色器能否正常运行,如果不能正常运行就会再检测第二个,以此类推。假如当前 GPU 的硬件版本太旧,以至于所有的子着色器都无法正常运行时,则执行最后的回退(Fallback)命令,运行指定的一个基础着色器。

如果感觉伪代码不是很直观,下面以结构图的方式对 Shader 的整体结构进行梳理,见图 3-1。

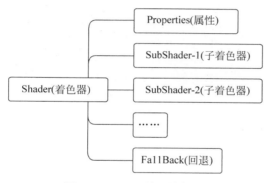

图 3-1　Shader 的组成部分

如果编写的是顶点-片段着色器(Vertex-Fragment Shader),每个子着色器中还会包含一个甚至多个 Pass。在运行的过程中,如果某个子着色器能够在当前 GPU 上运行,那么该子着色器内的所有 Pass 会依次执行,每个 Pass 的输出的结果会以指定的方式与上一步的结果进行混合,最终输出。

如果编写的是表面着色器(Surface Shader),着色器的代码也是包含在子着色器中,但是与顶点-片段着色器不同的是,表面着色器不会再嵌套 Pass。系统在编译表面着色器的时候会自动生成多个对应的 Pass,最终编译出来的 Shader 本质上就是顶点-片段着色器。

3.2　Shader 的名称

Shader 程序的第一行代码用来声明该 Shader 的名称以及所在路径。名称就是指该 Shader 在选择使用的时候所显示的名称,而路径则是指 Shader 在材质面板上 Shader 下拉列表里的保存路径。

举个例子：

Shader "Custom/Simple Shader"

这一行代码的意思是：这个 Shader 位于 Custom 路径里，名称为 Simple Shader。最终在材质设置面板中选择 Shader 的下拉菜单，如图 3-2 所示。

图 3-2　Shader 选择面板

当然也可以多加几级路径，例如：

Shader "Custom/Path_1/Path_2/Simple Shader"

最终在 Custom 里的 Path_1 里的 Path_2 路径里可以找到名为 Simple Shader 的 Shader。不过，在实际编写过程中，为了方便查找和使用，通常会放在第一级路径中。

3.3　Properties

Shader 在编写过程中会经常用到不同类型的变量或贴图等资源，为了增加可调节性，有些变量不会直接写死在程序中，而是将这些变量开放为属性，等后续使用的时候再在材质面板里继续调节。这些开放出来的属性就是通过 Properties 代码块定义的，后续被当作输入变量提供给所有的子着色器使用。

使用 Unity 默认 Shader 的时候会在材质面板看到很多可以调节的材质属性，如图 3-3 所示，这些属性就是 Unity 开放出来让用户在使用的时候自行调节的。

Unity Shader 的属性主要分为三大类：数值、颜色和向量、纹理贴图，每一条属性都是按照以下语法进行定义的：

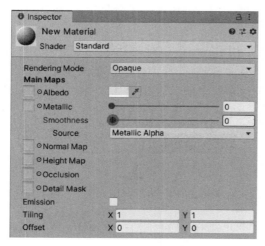

图 3-3　材质调节面板

```
_Name ("Display Name", type) = defaultValue [{options}]
```

（1）_Name：属性的名字。为了方便获取，通常在名字的最前加一个下画线，后续在整个 Shader 中都将使用这个名称来获取该属性。

（2）Display Name：在材质面板中显示出来的名称。

（3）type：属性的类型。

（4）defaultValue：将 Shader 指定给材质的时候初始化的默认值。

接下来将通过每一小节详细讲解每一类属性的使用方法。

3.3.1　数值类属性

Unity Shader 的数值类属性基本都是浮点型（Float）数据，虽然 Unity 提供了整数型（Int）数据，但是在编译的时候最终都会转化为浮点型数据。数值类型的属性有以下两种：

```
name ("display name", Float) = number
name ("display name", Range (min, max)) = number
```

Float 是任意数值的浮点型数据，在材质面板上作为数字输入框显示。

Range 是一个介于最大值和最小值之间的浮点型数据，在材质面板作为滑动条显示。

3.3.2　颜色和向量类属性

颜色属性的定义语法：

```
{
    name ("display name", Color) = (number,number,number,number)
    name ("display name", Vector) = (number1,number2,number3,number4)
}
```

Color 是颜色类型的数据,由 R、G、B、A 四个分量定义,在材质面板上显示为取色器(Color Picker)。

有一点需要注意的是:用 Photoshop 处理图片一般会使用 8 位深度图,每个通道的亮度最大值为 $2^8=256$,由于从 0 开始计算,因此数值范围是[0,255]。而在 Shader 中,每个分量的数值范围是[0,1],于是它们之间需要按照如图 3-4 所示的对应关系进行线性映射,当数值为 0,颜色为黑色,当数值为 1,颜色为白色,中间部分以线性关系对应。

图 3-4　颜色与材质的映射关系

Vector 是向量类型的属性,是一个四维数组,在材质面板上作显示为 4 个连续的数值输入框,分别为 X、Y、Z、W。

颜色和向量类型属性的默认值是由括号括住的 4 个浮点数组成,其中颜色属性每个分量的数值区间为[0,1],例如中度灰:(0.5,0.5,0.5,1),而向量属性没有范围限制。

3.3.3　纹理贴图类属性

```
{
    name ("display name", 2D) = "defaulttexture" {}
    name ("display name", Cube) = "defaulttexture" {}
    name ("display name", 3D) = "defaulttexture" {}
}
```

(1) 2D 属性是纹理类属性中最常使用的,漫反射贴图、法线贴图等都属于 2D 类型。

(2) Cube 全称 Cube map texture(立方体纹理),是由前、后、左、右、上、下 6 张有联系的 2D 贴图拼成的立方体,主要用作反射,例如 Skybox 和 Reflection Prob。

(3) 3D 纹理只能被脚本创建,由于在实际使用中很少使用,故本书对此不做讲解。

2D 类型的属性,默认值可以为空字符串,也可以是内置的表示颜色的字符串:"white"(RGBA:1,1,1,1)、"black"(RGBA:0,0,0,0)、"gray"(RGBA:0.5,0.5,0.5,0.5)、"bump"(RGBA:0.5,0.5,1,0.5)和"red"(RGBA:1,0,0,0)。其中"bump"通常用于法线体贴图的默认值。

至于非 2D 类型的属性(Cube,3D,2DArray),默认值为空字符串。当材质没有指定 Cubemap 或者 3D 或者 2DArray 纹理的时候,会默认使用 gray(RGBA:0.5,0.5,0.5,0.5)。

细心的读者会发现:所有纹理贴图类的属性最后都有一对空的花括号,这是为什么呢?

这是因为在 Unity 5.0 之前的版本,纹理属性可以在花括号内添加选项,用于控制固定函数纹理坐标的生成。但是该功能在 Unity 5.0 及以后的版本中已经被移除,所以无须考虑这个问题,直接加上一对空的花括号即可。

3.3.4　所有类型属性汇总

为了方便读者记忆,本书把所有类型的属性进行了罗列并编写了一个空 Shader,代码如下所示:

```
Shader "Custom/Properties"
{
    Properties
    {
        _MyFloat ("Float Property", Float) = 1                //浮点类型
        _MyRange ("Range Property", Range(0, 1)) = 0.1        //范围类型
        _MyColor ("Color Property", Color) = (1, 1, 1, 1)     //颜色类型
        _MyVector ("Vector Property", Vector) = (0, 1, 0, 0)  //向量类型
        _MyTex ("Texture Property", 2D) = "white" {}          //2D 贴图类型
        _MyCube ("Cube Property", Cube) = "" {}               //立方体贴图类型
        _My3D ("3D Property", 3D) = "" {}                     //3D 贴图类型
    }
    SubShader
    {
        Pass
        {
            // pass 中的代码
        }
    }
    Fallback "Diffuse"
}
```

可以看出,上面的代码是完全按照 Shader 的组织结构进行编写的。编译成功之后,将这个 Shader 指定给一个材质,然后选择这个材质,最终材质面板上会显示如图 3-5 所示的属性设置列表。

图 3-5　不同属性类型的显示样式

虽然 Properties 在参数调节过程中提供了便利,但是这一部分代码在 Shader 中并不是必须的。如果在实际编写过程中没有开放参数的必要,完全可以在 Shader 中省略 Properties 这一部分的代码。

3.4　SubShader

在 Unity 中,每一个 Shader 都会包含至少一个 SubShader。当 Unity 想要显示一个物体的时候,它就会去检测这些 SubShader,然后选择第一个能够在当前显卡运行的 SubShader。

通常情况下,SubShader 的大致结构如下所示:

```
SubShader
{
    //标签
    Tags { "TagName1" = "Value1" "TagName2" = "Value2" ...}

    //渲染状态
    Cull Back
    ...

    Pass
    {
        //第一个 Pass
    }
    Pass
    {
        //第二个 Pass
    }
    ...
}
```

每个 SubShader 都可以设置一个或者多个标签(Tags)和渲染状态(States),然后定义至少一个 Pass。在 SubShader 中设置的渲染状态会影响到该 SubShader 中所有的 Pass,如果想要某些状态不影响其他 Pass,可以针对某个 Pass 单独设置渲染状态。但是需要注意的是,部分渲染状态在 Pass 中并不支持。关于这一部分的相关内容会在 3.4.2 节中详细讲解。

当 Unity 选择了某个 SubShader 来渲染某个物体的时候,SubShader 中每定义一个 Pass 都会使这个物体执行一次渲染,当物体受到灯光影响的时候,渲染次数还会增加。所以考虑到性能方面的影响,应该尽可能地减少 Pass 的数量。当然,如果某些效果无法通过单个 Pass 来实现,那么只能使用多个 Pass,但是这样的情况一定要少出现。

为了方便读者理解,下面再补充一张更为直观的结构框架图,如图 3-6 所示,下面的小节将会详细讲解结构框架图中每一部分的使用方法。

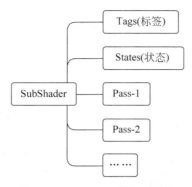

图 3-6 SubShader 的组成结构

3.4.1 SubShader 的标签

SubShader 通过标签来确定什么时候以及如何对物体进行渲染,标签的语法如下所示:

```
Tags { "TagName1" = "Value1" "TagName2" = "Value2" }
```

标签通过键值对的形式进行声明,并且没有使用数量的限制。如果有需要,可以使用任意多个标签。

1. 渲染队列

在 SubShader 中可以使用 Queue(队列)标签确定物体的渲染顺序,Unity 预先定义了五种渲染队列,如表 3-1 所示。

表 3-1 可以使用的渲染队列

队 列 名 称	描 述	队列号
Background	最先执行渲染,一般用来渲染天空盒(Skybox)或者背景	1000
Geometry	非透明的几何体通常使用这个队列,当没有声明渲染队列的时候,Unity 会默认使用这个队列	2000
AlphaTest	Alpha 测试的几何体会使用这个队列,之所以从 Geometry 队列单独拆分出来,是因为当所有实体都绘制完之后再绘制 Alpha 测试会更高效	2450
Transparent	在这个队列的几何体按由远及近的顺序进行绘制,所有进行 Alpha 混合的几何体都应该使用这个队列,例如玻璃材质、粒子特效等	3000
Overlay	用来叠加渲染的效果,例如镜头光晕等,放在最后渲染	4000

除了使用 Unity 预定义的渲染队列,使用者也可以自己指定一个队列,例如:

```
Tags { "Queue" = "Geometry + 1" }
```

这个队列的队列号其实就是 2001,表示在所有的非透明几何体绘制完成之后再进行绘制。使用自定义的渲染队列在某些情况下非常有用,例如:透明的水应该在所有不透明几何体之后,透明几何体之前被绘制,所以透明水的渲染队列一般会使用" Queue" =

"Transparent-1"。

除了在 Subshader 中指定渲染队列，也可以在材质面板中进行设置，如图 3-7 所示，可以选择使用 Shader 中指定的渲染队列，也可以选择一个 Unity 预设的队列，还可以自己在输入框输入一个队列号。

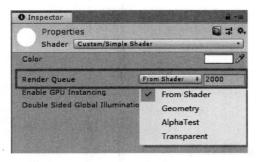

图 3-7　材质设置面板中的渲染队列

2. 渲染类型

RenderType(渲染类型)标签可以将 Shader 划分为不同的类别，用于后期进行 Shader 替换或者产生摄像机的深度纹理，表 3-2 将所有可以使用的渲染类型进行了归纳整理。

表 3-2　可以设置的渲染类型

类 型 名 称	描　　　述
Opaque	用于普通 Shader，例如：不透明、自发光、反射、地形 Shader
Transparent	用于半透明 Shader，例如：透明、粒子
TransparentCutout	用于透明测试 Shader，例如：植物叶子
Background	用于 Skybox Shader
Overlay	用于 GUI 纹理、Halo、Flare Shader
TreeOpaque	用于地形系统中的树干
TreeTransparentCutout	用于地形系统中的树叶
TreeBillboard	用于地形系统中的 Billboarded 树
Grass	用于地形系统中的草
GrassBillboard	用于地形系统中的 Billboarded 草

3. 禁用批处理

当使用批处理(Batching)的时候，几何体会被变换到世界空间，模型空间会被丢弃。这会导致某些使用模型空间顶点数据的 Shader 最终无法实现所希望的效果。而开启 DisableBatching(禁用批处理)可以解决这个问题。

禁用批处理标签有三个数值可以使用：

（1）"DisableBatching"＝"True"：总是禁用批处理。

（2）"DisableBatching"＝"False"：不禁用批处理，这是默认数值。

（3）"DisableBatching"="LODFading"：当 LOD 效果激活的时候才会禁用批处理，主要用于地形系统上的树。

4. 禁止阴影投射

在游戏中，有很多特效类的物体并不需要对其他物体产生投影，这个时候可以使用"ForceNoShadowCasting"（禁止阴影投射）标签来达到需要实现的效果。只要将这个标签的数值设置为 true，那么使用这个 Shader 的物体就不会对其他物体产生投射阴影了。

5. 忽略 Projector

如果不希望物体受到 Projector（投影机）的投射，可以在 Shader 中添加 IgnoreProjector 标签。它有两个数值可以使用："True"和"False"，分别为忽略投射机和不忽略投射机。一般半透明的 Shader 都会开启这个标签。

6. 其他标签

除了以上详细讲解的标签之外，Unity 还提供了很多不常用的标签，例如 CanUseSpriteAtlas、PreviewType。由于在实际使用中很少会用到这些标签，感兴趣的读者，可以阅读 Unity 官方文档中关于 SubShader 标签这一部分的内容。

3.4.2 Pass 的渲染状态

本节开始的时候讲到，如果想某些 Pass 的渲染状态不影响到其他的 Pass，可以在该 Pass 中单独设置渲染状态。本小节对一些常用的渲染状态进行了整理汇总，如表 3-3 所示。并且这些渲染状态在 SubShader 中同样被允许使用，需要特别注意的是，在 SubShader 中使用会影响到该 SubShader 中的所有 Pass。

表 3-3 可以设置的渲染状态

渲 染 状 态	数　　　值	作　　　用
Cull	Cull Back|Front|Off	设置多边形的剔除方式，有背面剔除、正面剔除、不剔除、默认为 Back
ZTest	ZTest (Less|Greater|LEqual|GEqual|Equal|NotEqual|Always)	设置深度测试的对比方式，默认为 LEqual
ZWrite	ZWrite On|Off	设置是否写入深度缓存，默认为 On
Blend	Blend sourceBlendMode destBlendMode	设置渲染图像的混合方式
ColorMask	ColorMask RGB|A|0 或者 R、G、B、A 的任意组合	设置颜色通道的写入蒙版，默认蒙版为 RGBA，当设置为 0 时，则无法写入任何颜色

上述表格中只是列举了一些使用频次很高的渲染状态，关于这些渲染状态在什么情况下使用，以及该如何使用，本书在正式编写 Shader 效果的时候详细讲解。

除此之外，Unity 还提供了其他可以设置的渲染状态，这些状态在实际使用中较少用到，感兴趣的读者，可以直接阅读 Unity 官方文档里关于 Pass 的渲染状态这一部分内容。

3.5　Fallback

Fallback 在所有 SubShader 之后进行定义。当所有的 SubShader 都不能在当前显卡上运行的时候,就会运行 Fallback 定义的 Shader。它的语法如下:

```
Fallback "name"
```

最常用于 Fallback 的 Shader 为 Unity 内置的 Diffuse。

如果觉得某些 Shader 肯定可以在目标显卡上运行,没有指定 Fallback 的必要,可以使用 Fallback Off 关闭 Fallback 功能,或者直接什么都不写。

第4章

顶点-片段着色器基础

本书前三章都是在讲解 Unity Shader 的理论知识,从本章开始正式进入 Shader 编写内容的讲解。Unity 为使用者提供了几种不同的 Shader 编写方式,作为入门知识的讲解,本章将从最基础的顶点-片段着色器(Vertex-Fragment Shader)开始讲起。

4.1　Shader 编码工具

所谓"工欲善其事,必先利其器"。有一个好的代码编写工具不仅可以减少很多编码错误(尤其对于新手来说),甚至还会让你从此爱上敲代码。

关于适合 Unity Shader 的代码编写软件,网上有很多推荐,但是本书强烈推荐读者使用 Visual Studio。首先,这是微软开发的产品,历经长达二十多年的更新与升级,足以满足读者的代码编写需求。其次,Visual Studio 与 Unity 做了很好的整合,在安装 Unity 的时候,可以选择将 Visual Studio 一并安装上,不需要安装第三方的插件即可实现 ShaderLab 的关键词输入和语法高亮。并且最重要的一点就是:微软提供的 Community 版本对学生和个体开发者永久免费使用。

如果觉得 Visual Studio 的功能过于复杂,这里再推荐一款轻量级的软件:VS Code,同样也是微软开发的一款代码编写软件。再搭配 ShaderlabVSCode 扩展,同样可以实现关键词输入和语法高亮,并且启动速度相比 Visual Studio 来说更快。唯一遗憾的一点就是官方没有提供汉化版,但是英文版丝毫不会影响它的使用。

引擎方面,本人所使用的 Unity 是目前最新版本 2020.1.0f1c1,运行环境为 Windows 10。在本书编写期间,涉及的所有 Shader 和脚本都可以在这个版本环境下正常运行。读者今后如果使用了新的 Unity 版本,理论上也能正常使用。

4.2 创建和使用 Shader

在 Unity 中,Shader 就是一个包含了 CG/HLSL 和 ShaderLab 的文本文件。如图 4-1 所示,通过依次点击菜单 Assets > Create > Shader > Unlit Shader,就可以在当前资源路径下创建出一个顶点-片段着色器文件。

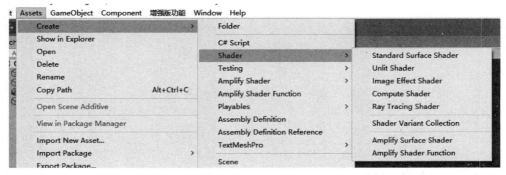

图 4-1　创建 Shader 文件

实际上,无论是创建 Standard Surface Shader 还是 Image Effect Shader,都可以把它编写成想要的 Shader。不同之处在于:Unity 会在不同类型的 Shader 里预先插入一部分代码,从而便于最开始的编写。

在 Unity 里 Shader 一般有两种用途:

(1)指定给材质,用于物体渲染,这也是最常使用的,本书大部分内容都是围绕这一用途讲解的。

(2)指定给脚本,用于图像处理,例如:后期处理(Post Processing),本书第 10 章会讲解这方面的内容。

4.3 Shader 的编写方式

Unity 渲染管线中的 Shader 可以通过以下方式编写:

(1)顶点-片段着色器(Vertex and Fragment Shader)。

(2)表面着色器(Surface Shader)。

(3)固定函数着色器(Fixed Function Shader)。

其中,固定函数着色器主要用于在老的图形设备上运行,目前已经逐渐被抛弃,所以本书不再花费篇幅对其进行讲解。

顶点-片段着色器正是本章和接下来几章的主要内容,而关于表面着色器相关的内容,会在第 8 章和第 9 章中做详细讲解。

4.4 CG 语法基础

在 Unity Shader 中,ShaderLab 语言只是起到组织代码结构的作用,而真正实现渲染效果的部分是用 CG 语言编写的。本节将主要讲解 CG 语言的语法结构。

4.4.1 编译指令

CG 程序片段通过指令嵌入在 Pass 中,夹在指令 CGPROGRAM 和 ENDCG 之间,通常看起来是这样的:

```
Pass
{
    // ...设置渲染状态...

    CGPROGRAM
    //编译指令
    #pragma vertex vert
    #pragma fragment frag

    // CG 代码

    ENDCG
}
```

在 CG 程序片段之前,通常需要先使用 #pragma 声明编译指令,表 4-1 中对一些常用的编译指令进行了归纳总结。

表 4-1　CG 中常用的编译指令

编 译 指 令	作　　用
#pragma vertex name	定义顶点着色器的名称,通常会使用 vert
#pragma fragment name	定义片段着色器的名称,通常会使用 frag
#pragma target name	定义 Shader 要编译的目标级别,默认 2.5

1. 编译目标等级

当编写完 Shader 程序之后,其中的 CG 代码可以被编译到不同的 Shader Models(简称 SM)中,为了能够使用更高级的 GPU 功能,需要对应使用更高等级的编译目标。但是有一点需要注意的是,高等级的编译目标可能会导致 Shader 无法在旧的 GPU 上运行,因此编译目标等级并不是越高越好。

声明编译目标的级别可以使用 #pragma target name 指令,或者也可以使用 #pragma require feature 指令直接声明某个特定的功能,例如:

```
♯pragma target 3.5                            //目标等级 3.5
♯pragma require geometry tessellation         //需要几何体细分功能
```

至于编辑目标不同级别所包含的功能,以及♯pragma require feature 指令可以使用的功能,读者可以详细阅读 Unity 官方文档中关于编译目标这一部分的内容。

2. 渲染平台

Unity 具有跨平台的特性,它支持很多的渲染 API,例如 Direct3D 11、OpenGL。默认情况下,Unity 会为所有支持的平台编译一份 Shader 程序,不过可以通过编译指令♯pragma only_renderers PlatformName 或者♯pragma exclude_renderers PlatformName 指定编译某些平台或不编译某些平台。在表 4-2 中,本书将 Unity 支持的所有渲染平台进行了整理。

表 4-2　Unity 支持的渲染平台

名　　称	渲 染 平 台
d3d11	Direct3D 11/12
glcore	OpenGL 3. x/4. x
gles	OpenGL ES 2. 0
gles3	OpenGL ES 3. x
metal	iOS/Mac Metal
vulkan	Vulkan
d3d11_9x	Direct3D 11 9. x 所支持的级别,通常在 WSA 平台使用
xboxone	Xbox One
ps4	PlayStation 4
n3ds	任天堂 3DS
wiiu	任天堂 Wii U

在使用的时候,代码可能如下所示:

```
♯pragma only_renderers d3d11            // 目标只编译 Direct3D 11/12 平台
♯pragma exclude_renderers glcore        // 不编译 OpenGL 3. x/4. x
```

4.4.2　着色器函数

在开始讲解之前,先看一个最简单的 Shader,代码如下:

```
Shader "Custom/Simplest Shader"
{
    SubShader
    {
        Pass
        {
            CGPROGRAM
```

```
#pragma vertex vert
#pragma fragment frag

void vert (in float4 vertex : POSITION,
          out float4 position : SV_POSITION)
{
    position = UnityObjectToClipPos(vertex);
}

void frag (in float4 vertex : SV_POSITION,
          out fixed4 color : SV_TARGET)
{
    color = fixed4(1, 0, 0, 1);
}
ENDCG
            }
        }
}
```

这是一个典型的顶点-片段着色器，名称为 Simple Shader。在这个 Shader 中只包含一个 Subshader，而 Subshader 中又只包含一个 Pass，最核心的 CG 程序嵌套在 CGPROGRAM 和 ENDCG 之间。

前两行编译指令分别定义了顶点着色器的名称为 vert，片段着色器的名称为 frag。通常情况下，为了代码的可读性和易用性考虑，一般都会使用 ver 和 frag 来命名。

在 Shader 中，顶点-片段着色器主要是通过顶点函数和片段函数来实现的。学过数学的读者对函数应该不是很陌生。通俗来讲，函数就是把输入的参数经过一些计算之后再进行输出，例如：$f(x)=2x$、$y=x^2$ 等都是函数。

1. 无返回值的函数

函数分为有返回值和无返回值。无返回值的顾名思义就是函数不会返回任何变量，而是通过 out 关键词将变量输出，上述 Simple Shader 中的顶点函数和片段函数使用的就是无返回值的函数。这一小节先来讲解这一类函数。

无返回值函数的语法结构如下所示：

```
void name (in参数, out 参数)
{
    //函数体
}
```

关键词解释：

（1）void：函数以 void 开头，表示返回值为空。

（2）name：定义函数的名称，后续可以通过这个名称调用函数。

（3）in：输入参数，语法为：in＋数据类型＋名称，一个函数可以有多个输入，关键词 in

可以省略。

（4）out：输出参数，语法为：out＋数据类型＋名称，一个函数可以有多个输出。

将函数语法套用到 4.4.2 节最开始的 Simple Shader 中进行分析。在这个 Shader 中两个无返回值的函数，分别为 vert() 和 frag()，对应编译指令里声明的顶点着色器和片段着色器。

再来看一遍顶点函数的代码：

```
void vert (in float4 vertex : POSITION, out float4 position : SV_POSITION)
{
    position = UnityObjectToClipPos(vertex);
}
```

顶点着色器输入一个 float4 类型的数据，名称为 vertex，经过 Unity 内置空间变换函数 UnityObjectToClipPos 把模型空间坐标转换到了裁切空间坐标，然后输出为 float4 类型的 position。

再来看一遍片段函数的代码：

```
void frag (in float4 vertex : SV_POSITION, out fixed4 color : SV_TARGET)
{
    color = fixed4(1, 0, 0, 1);
}
```

顶点函数输出的顶点坐标输入到片段函数之后，最终输出 fixed4 类型的数据，名称为 color。在函数内 color 变量被赋值为（1，0，0，1），也就是红色，最终 Shader 效果显示为红色。

2. 有返回值的函数

既然有无返回值的函数，那么反过来肯定会存在有返回值的函数。有返回值的函数不再使用 out 关键词输出参数，而是会在最后通过 return 关键词返回一个变量，语法结构如下所示：

```
type name(in 参数)
{
    //函数体
    return 返回值;
}
```

表 4-3 将顶点函数和片段函数中支持的数据类型进行了汇总。

表 4-3　顶点函数和片段函数中支持的数据类型

数 据 类 型	描　　述
fixed，fixed2，fixed3，fixed4	低精度浮点值，使用 11 位精度进行存储，数值区间为[−2.0,2.0]，用于存储颜色、标准化后的向量等

数 据 类 型	描　　述
half,half2,half3,half4	中精度浮点值,使用 16 位精度进行存储,数值区间为[－60000,60000]
float,float2,float3,float4	高精度浮点值,使用 32 位精度进行存储,用于存储顶点坐标、未标准化的向量、纹理坐标等
struct	结构体,可以将多个变量整体进行打包

了解了有返回值函数的语法结构,那么把 Simplest Shader 中无返回值的函数改写为有返回值的函数,改写之后的代码如下所示:

```
Shader "Custom/return value"
{
    SubShader
    {
        Pass
        {
            CGPROGRAM
            #pragma vertex vert
            #pragma fragment frag

            float4 vert (in float4 vertex : POSITION) : SV_POSITION
            {
                //返回裁切空间顶点坐标
                return UnityObjectToClipPos(vertex);
            }

            fixed4 frag (in float4 vertex : SV_POSITION) : SV_TARGET
            {
                //返回颜色值
                return fixed4(1, 0, 0, 1);
            }
            ENDCG
        }
    }
}
```

改写完之后可以在 Unity 中进行效果对比,可以肯定的是这两个 Shader 的最终显示效果是一样的。

4.4.3　语义

细心的读者朋友可能会发现,不管是顶点着色器还是片段着色器,输入和输出的参数后都会有一个冒号,然后跟着一个全为大写的关键词,这到底有什么作用呢?别急,这一小节就来讲解这部分内容。

当使用 CG 语言编写着色器函数的时候,函数的输入参数和输出参数都需要填充一个语义(Semantic)来表示它们要传递的数据信息。语义可以执行大量烦琐的操作,使用户能够避免直接与 GPU 底层进行交流。参数后被冒号隔开并且全部大写的关键词就是语义。

1. 顶点着色器的输入语义

在顶点着色器中,顶点数据是以输入参数的方式传递给顶点函数的,每一个输入的参数都需要填充一个语义,用于表示所传递的数据。例如:POSITION 代表顶点的坐标信息,NORMAL 代表顶点的法线信息。

表 4-4 中将顶点着色器中常用的输入语义进行了汇总。

表 4-4　顶点着色器输入语义

语　　义	描　　述
POSITION	顶点的坐标信息,通常为 float3 或 float4 类型
NORMAL	顶点的法线信息,通常为 float3 类型
TEXCOORD0	模型的第一套 UV 坐标,通常为 float2、float3 或 float4 类型,TEXCOORD0 到 TEXCOORD3 分别对应为第一到第四套 UV 坐标
TANGENT	顶点的切向量,通常为 float4 类型
COLOR	顶点的颜色信息,通常为 float4 类型

当顶点信息包含的元素少于顶点着色器输入所需要的元素时,缺少的部分会被 0 填充,而 w 分量会被 1 填充。例如:顶点的 UV 坐标通常是二维向量,只包含 x 和 y 元素。如果输入的语义 TEXCOORD0 被声明为 float4 类型,那么顶点着色器最终获取到的数据将变成 $(x, y, 0, 1)$。

2. 顶点着色器输出和片段着色器输入语义

在整个渲染流水线中,顶点着色器最重要的一项任务就是需要输出顶点在裁切空间中的坐标,这样 GPU 就可以知道顶点在屏幕上的栅格化位置以及深度值。在顶点函数中,这个输出参数需要使用 float4 类型的 SV_POSITION 语义进行填充。

顶点着色器产生的输出值将会在三角形遍历阶段经过插值计算,最终作为像素值输入到片段着色器。换句话说,顶点着色器的输入即为片段着色器的输入。

表 4-5 中将顶点着色器输出和片段着色器输入常用的语义进行汇总。

表 4-5　片段着色器输入语义

语　　义	描　　述
SV_POSITION	顶点在裁切空间中的坐标,float4 类型
TEXCOORD0、TEXCOORD1 等	用于声明任意高精度的数据,例如纹理坐标、向量等
COLOR0、COLO1 等	用于声明任意低精度的数据,例如顶点颜色、数值区间[0,1]的变量

片段着色器会自动获取顶点着色器输出的裁切空间顶点坐标,所以片段函数输入的 SV_POSITION 可以省略。这也解释了为什么有些 Shader 的片段函数中只有输出参数,但

是没有输入参数。

需要特别注意的是,与顶点函数的输入语义不同,TEXCOORDn 不再特指模型的 UV 坐标,COLORn 也不再特指顶点颜色。它们的使用范围更广,可以用于声明任何符合要求的数据,所以在使用过程中不要被语义的名称欺骗了。

3. 片段着色器输出语义

片段着色器通常只会输出一个 fixed4 类型的颜色信息,输出的值会存储到渲染目标(Render Target)中,输出参数使用 SV_TARGET 语义进行填充。

如果读者想要更加深入地了解着色器语义,可以阅读 Unity 官方文档中关于语义这一部分的内容,或者也可以阅读微软开发文档中关于 HLSL 语义的内容,CG 是基于 HLSL 的语言,所以大部分内容同样适用于 CG。

4.4.4 在 CG 中调用属性变量

还记得 4.4.2 节中展示的那个最简单的 Shader 吗?如果读者亲自在 Unity 里运行过,一定会发现这个 Shader 的最终显示效果是一个纯红色。假如想再次更改显示的颜色,目前的 Shader 只能手动改写代码,这确实很麻烦。

这时候,聪明的读者肯定会想起本书在 3.3 节——Properties 中讲过的内容,通过开放出一个颜色属性,然后在材质面板上随意更改颜色,进而控制物体的显示效果。如果你能想到这里,说明你的思路完全没有问题,但是 CG 代码块中如何调用 Properties 代码块中开放出来的属性呢?这就是本小节所要讲解的内容。

1. CG 中声明属性变量

Shader 通过 Properties 代码块声明开放出来的属性,如果想要在 Shader 程序中访问这些属性,则需要在 CG 代码块中再次进行声明,它的语法为:

```
type name;
```

type 为变量的类型,name 为属性变量的名称。

需要注意的是,必须在函数调用属性之前对其进行声明,否则编译会失败。下面把 3.3.4 节中列出的所有类型的属性在 CG 中全部声明一遍,代码如下所示:

```
Shader "Custom/CG Properties"
{
    Properties
    {
        _MyFloat ("Float Property", Float) = 1              //浮点类型
        _MyRange ("Range Property", Range(0, 1)) = 0.1      //范围类型
        _MyColor ("Color Property", Color) = (1, 1, 1, 1)   //颜色类型
        _MyVector ("Vector Property", Vector) = (0, 1, 0, 0) //向量类型
        _MyTex ("Texture Property", 2D) = "white" {}        //2D 贴图类型
        _MyCube ("Cube Property", Cube) = "" {}             //立方体贴图类型
```

```
        _My3D ("3D Property", 3D) = "" {}                    //3D 贴图类型
    }
    SubShader
    {
        Pass
        {
            CGPROGRAM
            #pragma vertex vert
            #pragma fragment frag

            //在 CG 中声明属性变量
            float _MyFloat;                                  //浮点类型
            float _MyRange;                                  //范围类型
            fixed4 _MyColor;                                 //颜色类型
            float4 _MyVector;                                //向量类型
            sampler2D _MyTex;                                //2D 贴图类型
            samplerCUBE _MyCube;                             //立方体贴图类型
            sampler3D _My3D;                                 //3D 贴图类型

            void vert ()
            {

            }

            void frag ()
            {

            }

            ENDCG
        }
    }
}
```

为了方便记忆,本小节在表 4-6 中将开放属性和 CG 中需要重新声明的变量类型进行了分类汇总。

表 4-6 开放属性与 CG 属性变量的对应关系

开放属性的类型	CG 中属性变量的类型
Float,Range	浮点和范围类型的属性,根据精度可以使用 float,half 或 fixed 声明
Color,Vector	颜色和向量类的属性,可以使用 float4,half4 或 fixed4 声明,其中颜色使用低精度的 fixed4 声明可以减少性能消耗
2D	2D 纹理贴图属性,使用 sampler2D 声明
Cube	立方体贴图属性,使用 samplerCube 声明
3D	3D 纹理贴图属性,使用 sampler3D 声明

2. 在 Shader 中使用颜色

学会在 CG 中重新声明属性变量后，下面将 4.4.2 节所展示的 Simplest Shader 进行修改，以实现随意更改颜色的功能。代码如下：

```
Shader "Custom/Color Property"
{
    Properties
    {
        //开放颜色属性_MainColor
        _MainColor ("MainColor", Color) = (1, 1, 1, 1)
    }
    SubShader
    {
        Pass
        {
            CGPROGRAM
            #pragma vertex vert
            #pragma fragment frag

            //声明属性变量_MainColor
            fixed4 _MainColor;

            void vert (in float4 vertex : POSITION,
                    out float4 position : SV_POSITION)
            {
                position = UnityObjectToClipPos(vertex);
            }

            void frag (out fixed4 color : SV_TARGET)
            {
                //调用颜色变量_MainColor
                color = _MainColor;
            }
            ENDCG
        }
    }
}
```

正如在代码中注释的那样，Properties 代码块中先开放了一个名称为_MainColor 的颜色属性，默认值为(1,1,1,1)，也就是纯白色。然后在 Pass 中的 CG 代码块中又以 fixed4 类型再次声明了一遍。最后在片段着色器中直接使用变量_MainColor 输出颜色。

3. 在 Shader 中使用贴图

实现了自由更改颜色的功能，好奇的读者肯定想知道如何在 Shader 中使用纹理贴图。纹理贴图作为 3D 制作中最常用的美术资源，在 Shader 中使用肯定是相当频繁的，那么本小节就来讲解这一部分内容。

虽然纹理贴图在 Properties 代码块中被定义之后,还需要在 CG 代码块中再次声明。但是与其他属性不同的是,CG 还需要额外声明一个变量用于存储贴图的其他信息。如图 4-2 所示,在使用贴图的时候经常会用到平铺(Tiling)和偏移(Offset)属性,额外声明的变量就是为了存储这些信息。

图 4-2　Tilling 和 Offset 属性

在 CG 中,声明一个纹理变量的 Tiling 和 Offset 的语法结构如下所示:

float4 {TextureName}_ST;

(1) TextureName:纹理属性的名称。

(2) ST:Scale 和 Transform 的首字母,表示 UV 的缩放和平移。

在 CG 所声明的变量为 float4 类型,其中 x 和 y 分量分别为 Tiling 的 X 值和 Y 值,z 和 w 分量分别为 Offset 的 X 值和 Y 值。

纹理坐标的计算公式为:

$$\text{texcoord} = uv \cdot \{TextureName\}.xy + \{TextureName\}.zw$$

需要特别注意的是,在计算纹理坐标的时候,一定要先乘以平铺值再加偏移值。如图 4-3 所示,下面通过一张简单的图例来分步骤展示纹理坐标的计算过程。

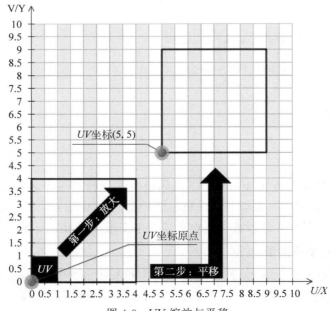

图 4-3　UV 缩放与平移

假设 UV 坐标的 x 轴和 y 轴都在范围$[0,1]$内,贴图的平铺值为$(4,4)$,偏移值为$(5,5)$。整个过程经过了以下两个步骤:

第一步,UV 以坐标原点$(0,0)$作为缩放原点向 x 轴和 y 轴的正方向放大 4 倍,这时候纹理坐标 x 轴和 y 轴的区间为$[0,4]$。

第二步,纹理坐标向 x 轴和 y 轴的正方向分别平移 5 个单位,最终纹理坐标 x 轴和 y 轴的区间为$[5,9]$。

如果颠倒计算顺序,先加上偏移值再乘以平铺值,结果会怎样呢?

第一步,UV 向 x 轴和 y 轴的正方向分别平移 5 个单位,这时候纹理坐标 x 轴和 y 轴的区间为$[5,6]$,这一步看似没有什么问题。

第二步,UV 以坐标原点$(0,0)$作为缩放原点放大 4 倍。这一步开始出现问题,因为 UV 会在放大的同时,沿着 x 轴和 y 轴正对角线的方向移动一段距离,最终纹理坐标 x 轴和 y 轴的最小值肯定不会是 5。

感兴趣的读者可以根据 2D 缩放矩阵计算一下放大后的坐标,这里直接给出最终的计算结果,纹理坐标 x 轴和 y 轴的区间为$[20,24]$,误差明显很大。所以在计算纹理坐标的时候如果颠倒了计算顺序会导致纹理坐标计算错误。

讲解完纹理资源的使用方法,下面将 Shader 进行修改,使其增加对纹理资源的支持。修改如下:

```
_MainTex ("MainTex", 2D) = "white" {}
```

Properties 代码块中开放了名称为_MainTex 的纹理属性,默认值为白色。

```
sampler2D _MainTex;
float4 _MainTex_ST;
```

在 CG 中重新声明了_MainTex 属性变量以及它的平铺偏移变量_MainTex_ST。

```
void vert (in float4 vertex : POSITION, in float2 uv : TEXCOORD0,
        out float4 position : SV_POSITION, out float2 texcoord : TEXCOORD0)
{
    position = UnityObjectToClipPos(vertex);

    //使用公式计算纹理坐标
    texcoord = uv * _MainTex_ST.xy + _MainTex_ST.zw;
}
```

在顶点函数中,添加了一个名称为 uv 的输入参数用于获取顶点的 UV 数据之后,又添加了一个名称为 texcoord 的输出参数用于保存在顶点函数中计算出的纹理坐标。

按照公式,把顶点的 UV 乘以平铺值然后加上偏移值得到了纹理坐标 texcoord,然后输出到片段着色器中。

```
void frag (in float4 position : SV_POSITION, in float2 texcoord : TEXCOORD0,
        out fixed4 color : SV_TARGET)
```

```
    {
        color = tex2D(_MainTex, texcoord) * _MainColor;
    }
```

在片段着色器中添加了一个名称为 texcoord 的输入参数用于接收从顶点着色器传递过来的纹理变量。然后调用 tex2D() 函数,使用纹理坐标 texcoord 对纹理 _MainTex 进行采样,最后将采样结果乘上 _MainColor 进行输出。

改写之后的完整代码如下所示:

```
Shader "Custom/Texture Property"
{
    Properties
    {
        _MainColor ("MainColor", Color) = (1, 1, 1, 1)

        //开放纹理属性
        _MainTex ("MainTex", 2D) = "white" {}
    }
    SubShader
    {
        Pass
        {
            CGPROGRAM
            #pragma vertex vert
            #pragma fragment frag

            fixed4 _MainColor;

            //声明纹理属性变量以及 ST 变量
            sampler2D _MainTex;
            float4 _MainTex_ST;

            void vert (in float4 vertex : POSITION,
                    in float2 uv : TEXCOORD0,
                    out float4 position : SV_POSITION,
                    out float2 texcoord : TEXCOORD0)
            {
                position = UnityObjectToClipPos(vertex);

                //使用公式计算纹理坐标
                texcoord = uv * _MainTex_ST.xy + _MainTex_ST.zw;
            }

            void frag (in float4 position : SV_POSITION,
                    in float2 texcoord : TEXCOORD0,
                    out fixed4 color : SV_TARGET)
```

```
        {
            color = tex2D(_MainTex, texcoord) * _MainColor;
        }
        ENDCG
    }
  }
}
```

通常情况下,纹理资源都需要按照这种流程进行使用,除非能够确定某个纹理资源永远不会用到 Tiling 和 Offset,则可以省略对该纹理资源 ST 变量的声明,同时不再计算其纹理坐标。于是顶点函数可以做如下删减:

```
void vert (in float4 vertex : POSITION, in float2 uv : TEXCOORD0,
        out float4 position : SV_POSITION, out float2 texcoord : TEXCOORD0)
{
    position = UnityObjectToClipPos(vertex);
    texcoord = uv;
}
```

UV 坐标输入到顶点函数之后无需计算直接输出,片段函数获取到 UV 坐标之后直接对纹理进行采样。

4. 在 Shader 中使用立方体贴图

在 Shader 中还有一个会经常用到的资源是立方体贴图(Cubemap),它是由前、后、左、右、上、下六个方向组成的立方体盒子,也可以在 Unity 中使用全景图(Panorama)转换得到,通常被用来作为环境的反射。

对于立方体贴图的采样所使用的函数为:

```
texCUBE(Cube,r);
```

函数中的 Cube 表示立方体贴图,r 表示视线方向在物体表面上的反射方向。Cube 可以直接在 CG 中声明这个属性变量,然后直接获取,但是 r 如何得到呢?下面来详细讲解反射向量的计算原理。

如图 4-4 所示,假设从摄像机指向顶点的方向为视线向量 v,从物体表面反射出去的方向为反射向量 r,物体表面的法线向量为 n,且这些向量都已经标准化处理过了。

从 v 的起始位置,到 r 的结束位置做一个辅助向量,辅助向量的中间位置被 n 截断为两个相等的向量 a。通过向量的加减法运算,可以列出公式1:

$$r = 2a - v \qquad (公式1)$$

v 可以通过顶点坐标减去摄像机坐标得

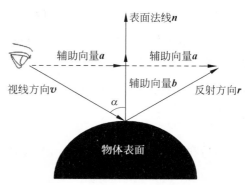

图 4-4 物体表面的反射向量

到,但是 a 如何求得呢?继续做辅助向量:视线向量 v 的反方向向量 $-v$,与表面法线 n 的夹角为 α,投影为辅助向量 b,再次使用向量的加减法运算得到公式 2:

$$a = v + b \qquad\qquad (公式\ 2)$$

那么辅助向量 b 又如何得到呢?本书在第 1 章中讲过,所有的向量能以长度乘以单位方向向量表示。可以在向量 a、b、v 组成的三角形中通过三角函数计算 b 的长度,而 b 的单位向量其实就是 n,于是得到公式 3:

$$b = |\,b\,| \cdot n$$
$$= |\,v\,|\cos\alpha \cdot n$$
$$= \cos\alpha \cdot n \qquad\qquad (公式\ 3)$$

由于 v 已经是标准化向量了,长度为 1,因此在乘法中可以省略。但是还不知道 α 的具体角度,怎么求它的余弦呢?其实,向量的点积运算中也包含余弦,因此可以从点积运算中切入,$-v$ 与 n 的点积运算公式如下:

$$(-v) \cdot n = |\,v\,| \cdot |\,n\,| \cos\alpha$$
$$= \cos\alpha$$

因为 $-v$ 和 n 都为标准化向量,长度为 1,因此点积结果其实就是 α 的余弦值。将这个结论代入到公式 3 中,就可以得到辅助向量 b:

$$b = [(-v) \cdot n]n$$

将 b 代入到之前的公式 2 中得到 a:

$$a = v + [(-v) \cdot n]n$$

再将 a 代入到最开始的公式 1 中计算反射向量 r:

$$r = 2\{v + [(-v) \cdot n]n\} - v$$
$$= 2[(-v) \cdot n]n + v$$

讲解完 Cubemap 的采样方法和反射向量的计算公式之后,下面继续修改代码,使 Shader 添加对于立方体贴图的支持。

```
//添加 Cubemap 属性和反射强度
_Cubemap ("Cubemap", Cube) = "" {}
_Reflection ("Reflection", Range(0, 1)) = 0
```

Properties 代码块中新开放了 Cubemap 属性,名称为_Cubemap,又开放了控制反射强度的属性,名称为_Reflection。

```
//声明 Cubemap 和反射属性变量
samplerCUBE _Cubemap;
fixed _Reflection;
```

然后在 CG 中分别使用 samplerCUBE 和 fixed 对新增加的属性变量再次声明。

```
void vert (in float4 vertex : POSITION, in float3 normal : NORMAL,
          in float4 uv : TEXCOORD0, out float4 position : SV_POSITION,
```

```
            out float4 worldPos : TEXCOORD0, out float3 worldNormal : TEXCOORD1,
            out float2 texcoord : TEXCOORD2)
{
    position = UnityObjectToClipPos(vertex);

    //将顶点坐标变换到世界空间
    worldPos = mul(unity_ObjectToWorld, vertex);

    //将法线向量变换到世界空间
    worldNormal = mul(normal, (float3x3)unity_WorldToObject);
    worldNormal = normalize(worldNormal);

    texcoord = uv * _MainTex_ST.xy + _MainTex_ST.zy;
}
```

在顶点函数的输入参数中,添加了模型的法线向量 normal 后,输出参数中添加了世界空间顶点坐标 worldPos 和世界空间法线向量 worldNormal。

在顶点函数中,使用 Unity 提供的变换矩阵 unity_ObjectToWorld 将顶点坐标从模型空间变换到世界空间。为了避免非统一缩放(例如,x、y、z 轴的 Scale 分别为 1,2,3)的物体法线方向偏移,使用法线向量右乘逆矩阵的方法对其进行空间变换。至于具体证明过程,如果读者感兴趣,可以自行在网上搜索研究,如果不在意证明过程,记住结论就可以了。并且 Unity 也提供了很多函数帮助处理类似的计算,本书第 5 章将做详细讲解。

```
void frag (in float4 position : SV_POSITION, in float4 worldPos : TEXCOORD0,
            in float3 worldNormal : TEXCOORD1, in float2 texcoord : TEXCOORD2,
            out fixed4 color : SV_Target)
{
    fixed4 main = tex2D(_MainTex, texcoord) * _MainColor;

    //计算世界空间中从摄像机指向顶点的方向向量
    float3 viewDir = worldPos.xyz - _WorldSpaceCameraPos;
    viewDir = normalize(viewDir);

    //套用公式计算反射向量
    float3 refDir = 2 * dot(-viewDir, worldNormal)
                    * worldNormal + viewDir;
    refDir = normalize(refDir);

    //对 Cubemap 采样
    fixed4 reflection = texCUBE(_Cubemap, refDir);

    //使用_Reflection 对颜色和反射进行线性插值计算
    color = lerp(main, reflection, _Reflection);
}
```

将世界空间顶点坐标 worldPos 和世界空间法向量 worldNormal 传入到片段函数之

后,使用顶点坐标 worldPos. xyz 减去摄像机坐标_WorldSpaceCameraPos(Unity 提供的可直接使用的变量)得到从摄像机指向顶点的方向向量 viewDir 并规范化。然后套用反射向量的公式计算反射向量 refDir,再使用 texCUBE()函数对其进行采样,得到反射颜色 reflection。

最后在 lerp()函数中使用_Reflection 属性对颜色和反射进行线性插值,当_Reflection 为 0 物体只显示原本颜色,为 1 则只显示反射颜色,中间值时按照比例进行显示。

修改完之后的完整 Shader 如下所示:

```
Shader "Custom/Cubemap Property"
{
    Properties
    {
        _MainTex ("MainTex", 2D) = "white" {}
        _MainColor ("MainColor", Color) = (1, 1, 1, 1)

        //添加 Cubemap 属性和反射强度
        _Cubemap ("Cubemap", Cube) = "" {}
        _Reflection ("Reflection", Range(0, 1)) = 0
    }
    SubShader
    {
        Pass
        {
            CGPROGRAM
            #pragma vertex vert
            #pragma fragment frag

            sampler _MainTex;
            float4 _MainTex_ST;
            fixed4 _MainColor;

            //声明 Cubemap 和反射属性变量
            samplerCUBE _Cubemap;
            fixed _Reflection;

            void vert (in float4 vertex : POSITION,
                        in float3 normal : NORMAL,
                        in float4 uv : TEXCOORD0,
                        out float4 position : SV_POSITION,
                        out float4 worldPos : TEXCOORD0,
                        out float3 worldNormal : TEXCOORD1,
                        out float2 texcoord : TEXCOORD2)
            {
                position = UnityObjectToClipPos(vertex);
```

```
        //将顶点坐标变换到世界空间
        worldPos = mul(unity_ObjectToWorld, vertex);

        //将法线向量变换到世界空间
        worldNormal = mul(normal, (float3x3)unity_WorldToObject);
        worldNormal = normalize(worldNormal);

        texcoord = uv * _MainTex_ST.xy + _MainTex_ST.zy;
    }

    void frag (in float4 position : SV_POSITION,
                in float4 worldPos : TEXCOORD0,
                in float3 worldNormal : TEXCOORD1,
                in float2 texcoord : TEXCOORD2,
                out fixed4 color : SV_Target)
    {
        fixed4 main = tex2D(_MainTex, texcoord) * _MainColor;

        //计算世界空间中从摄像机指向顶点的方向向量
        float3 viewDir = worldPos.xyz - _WorldSpaceCameraPos;
        viewDir = normalize(viewDir);

        //套用公式计算反射向量
        float3 refDir = 2 * dot(-viewDir, worldNormal)
                        * worldNormal + viewDir;
        refDir = normalize(refDir);

        //对 Cubemap 采样
        fixed4 reflection = texCUBE(_Cubemap, refDir);

        //使用_Reflection 对颜色和反射进行线性插值计算
        color = lerp(main, reflection, _Reflection);
    }
    ENDCG
        }
    }
}
```

编写完 Shader 之后,下面开始测试效果。在场景中添加一个 Unity 内置的球体并指定一个材质,然后使用上文编写的 Shader。

为了实现反射,此时还需要准备一张全景图。如图 4-5 所示,在贴图的属性面板中将 Texture Shape 从 2D 改为 Cube,确认之后即可转换为立方体贴图。

将纹理贴图和立方体贴图指定到材质中,然后调节材质面板上的 Reflection 属性,如图 4-6 所示,球体现在已经可以在显示主色的同时反射出立方体贴图了。

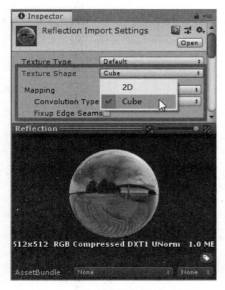

图 4-5 纹理贴图的设置面板

图 4-6 立方体贴图的反射效果

4.4.5 结构体

在实际编写过程中,着色器通常需要输入输出多个参数。例如上一小节中讲解的 Cubemap Property,需要同时将顶点坐标、法线向量和第一套 UV 传入到顶点着色器,然后再同时输出裁切空间的顶点坐标、世界空间顶点坐标、世界空间法线向量和纹理坐标到片段着色器。

由于函数有多个输入和输出,为了使代码编写更加方便,并且看起来更加美观,本小节引入一个新的数据类型——结构体(Structure)。

1. 结构体语法

结构体允许存储多个不同类型的变量,并将多个变量包装成为一个整体进行输入或者输出。结构体的语法如下:

```
struct Type
{
    //变量_1;
    //变量_2;
    //变量_3;
    //变量_n;
};
```

(1)struct:定义结构体的关键词。

(2)Type:给当前结构体定义一种类型,着色器函数定义输入和输出数据类型时会用到。结构体内包含的变量仍然需要定义数据类型和名称，然后填充对应的语义。最后通过［结构体名称］.［变量名称］的语法访问，例如：v. vertex，表示访问名称为 v 的结构体内的 vertex 变量。

大概了解了结构体的使用方法，接下来就把本章 4.4 节讲解的 Texture Property Shader 改写为以结构体作为输入和输出的 Shader，代码如下所示：

```
Shader "Custom/In Out Struct"
{
    Properties
    {
        _MainColor ("MainColor", Color) = (1, 1, 1, 1)
        _MainTex ("MainTex", 2D) = "white" {}
    }
    SubShader
    {
        Pass
        {
            CGPROGRAM
            #pragma vertex vert
            #pragma fragment frag

            //定义顶点着色器的输入结构体
            struct appdata
            {
                float4 vertex : POSITION;
                float2 uv : TEXCOORD0;
            };

            //定义顶点着色器的输出结构体
            struct v2f
            {
                float4 position : SV_POSITION;
                float2 texcoord : TEXCOORD0;
            };

            fixed4 _MainColor;
            sampler2D _MainTex;
            float4 _MainTex_ST;

            //使用结构体传入传出参数
            void vert (in appdata v, out v2f o)
            {
                o.position = UnityObjectToClipPos(v.vertex);
                o.texcoord = v.uv * _MainTex_ST.xy + _MainTex_ST.zw;
            }
```

```
        void frag (in v2f i, out fixed4 color : SV_TARGET)
        {
            color = tex2D(_MainTex, i.texcoord) * _MainColor;
        }
        ENDCG
    }
}
```

在上述代码中先定义了一个类型为 appdata 的结构体,并把之前顶点着色器的所有输入参数都写在结构体内。appdata 是 ApplicationData 的缩写,表示从 3D 应用获取到的数据。然后又定义了一个类型为 v2f 的结构体,并把之前顶点着色器的输出参数写在结构体内。v2f 是 vertex to fragment 的缩写,表示从顶点着色器传递到片段着色器的数据。

顶点着色器输入 appdata 类型的结构体,定义名称为 v(vertex 的首字母);输出 v2f 类型的结构体,定义名称为 o(out 的首字母)。

顶点着色器经过计算之后,将 v2f 结构体传递给片段着色器,于是 v2f 结构体再次成为片段着色器的输入结构体,并在片段函数中重新定义名称为 i(in 的首字母),经过片段着色器的计算之后最终输出 fixed4 类型的 color。

2. 返回结构体的函数

回顾本章 4.2 节,函数可以写成有返回和无返回的形式,这是否意味着函数也可以返回结构体呢? 答案是肯定的,下面就把上述无返回值的 Shader 改写成返回结构体的 Shader。

```
Shader "Custom/Return Struct"
{
    Properties
    {
        _MainColor ("MainColor", Color) = (1, 1, 1, 1)
        _MainTex ("MainTex", 2D) = "white" {}
    }
    SubShader
    {
        Pass
        {
            CGPROGRAM
            # pragma vertex vert
            # pragma fragment frag

            struct appdata
            {
                float4 vertex : POSITION;
                float2 uv : TEXCOORD0;
            };
```

```
        struct v2f
        {
            float4 position : SV_POSITION;
            float2 texcoord : TEXCOORD0;
        };

        fixed4 _MainColor;
        sampler2D _MainTex;
        float4 _MainTex_ST;

        v2f vert (appdata v)
        {
            //声明结构体名称
            v2f o;
            o.position = UnityObjectToClipPos(v.vertex);
            o.texcoord = v.uv * _MainTex_ST.xy + _MainTex_ST.zw;

            //返回结构体
            return o;
        }

        fixed4 frag (v2f i) : SV_TARGET
        {
            return tex2D(_MainTex, i.texcoord) * _MainColor;
        }
        ENDCG
    }
  }
}
```

上述 Shader 中定义了 appdata 和 v2f 这两个结构体。

顶点着色器定义了返回值的类型为 v2f 的结构体,然后输入 appdata 类型的结构体,名称为 v,在这里省略了输入关键词 in。在函数内声明 v2f 的名称为 o,经过顶点着色器的计算之后返回 o。

片段着色器定义了返回类型为 fixed4,输入类型为 v2f 的结构体,名称为 i,经过片段着色器的计算后返回结果。

在 Shader 中引入了结构体之后,不难看出代码更加整洁了。有兴趣的读者可以将之前讲过的所有 Shader 都改写为使用结构体存储变量的形式。

第5章

Unity的包含文件

在实际编写 Shader 的过程中,会频繁使用同一组数据作为顶点着色器的输入参数,例如:模型空间的顶点坐标和第一套 UV 坐标。为了提高代码的重复使用率以及 Shader 的编写速度,Unity 提供了一系列的包含文件,其中有预先定义的变量、各种辅助函数和空间变换矩阵等。

因此在本章中会主要讲解:包含文件的使用语法、常用的包含文件以及常用的辅助函数。

5.1 包含文件的使用语法

包含文件是以 cginc(cg include 的缩写)作为扩展名的文本文件。如果使用的是 Windows 系统,Unity 所有的包含文件存放在安装目录\Editor\Data\CGIncludes\路径下;如果使用的是 Mac 系统,包含文件则存放在 Applications\Unit\/Unity. app\Contents\CGIncludes\路径下。

在编写 Shader 时,只需要使用编译指令提前把对应的文件包含进 Shader,就可以直接使用了。与其他编译指令一样,包含文件的声明也要写在 CG 代码块内,它的语法结构如下所示:

```
{
    CGPROGRAM
    // ...
    # include "UnityCG.cginc"
    // ...
    ENDCG
}
```

通过 #include 关键词声明包含指令，引号内的名称即为要包含进 Shader 的文件，只要输入了正确的文件名称，Shader 在编译的时候就会自动在这个路径下查找对应的文件。

5.2　UnityCG. cginc

在阅读别人编写的 Shader 程序的时候，一定会发现，最频繁被使用的包含文件就是 5.1 节讲语法结构所使用的 UnityCG. cginc，它也是代码量最多、文件最大的包含文件了。Unity 在 UnityCG. cginc 中声明了很多内置的辅助函数和数据结构体，有助于避免大量的重复编码工作。

5.2.1　顶点着色器输入结构体

Unity 在包含文件中声明了大量的结构体，在编写 Shader 的时候可以直接使用。现在进入包含文件的所在路径，找到并打开 UnityCG. cginc 文件，查找包含文件中定义的结构体，代码如下所示：

```
// appdata 基础结构体
struct appdata_base
{
    float4 vertex : POSITION;
    float3 normal : NORMAL;
    float4 texcoord : TEXCOORD0;
    UNITY_VERTEX_INPUT_INSTANCE_ID
};

// appdata 切向量结构体
struct appdata_tan
{
    float4 vertex : POSITION;
    float4 tangent : TANGENT;
    float3 normal : NORMAL;
    float4 texcoord : TEXCOORD0;
    UNITY_VERTEX_INPUT_INSTANCE_ID
};

// appdata 完整结构体
struct appdata_full
{
    float4 vertex : POSITION;
    float4 tangent : TANGENT;
    float3 normal : NORMAL;
    float4 texcoord : TEXCOORD0;
```

```
        float4 texcoord1 : TEXCOORD1;
        float4 texcoord2 : TEXCOORD2;
        float4 texcoord3 : TEXCOORD3;
        fixed4 color : COLOR;
        UNITY_VERTEX_INPUT_INSTANCE_ID
};

// appdata 图像特效结构体
struct appdata_img
{
        float4 vertex : POSITION;
        half2 texcoord : TEXCOORD0;
        UNITY_VERTEX_INPUT_INSTANCE_ID
};

// v2f 图像特效结构体
struct v2f_img
{
        float4 pos : SV_POSITION;
        half2 uv : TEXCOORD0;
        UNITY_VERTEX_INPUT_INSTANCE_ID
        UNITY_VERTEX_OUTPUT_STEREO
};
```

每个结构体最后一行为宏，可以暂时不去理它。为了方便记忆，表 5-1 将所有结构体所包含的信息进行了归纳。

表 5-1　包含文件中可以使用的内置结构体

结　构　体	包　含　信　息
appdata_base	顶点坐标、顶点法线和第一套 UV 坐标
appdata_tan	顶点坐标、切向量、顶点法线和第一套 UV 坐标
appdata_full	顶点坐标、切向量、顶点法线、第一至四套 UV 坐标和顶点对应颜色
appdata_img	顶点坐标、第一套 UV 坐标
v2f_img	裁切空间顶点坐标、纹理坐标

5.2.2　顶点变换函数

在之前的 Shader 案例中频繁用到了 UnityObjectToClipPos（）函数，它在 UnityShaderUtilities.cginc 中被定义，实现的功能是将输入的 float3 或者 float4 类型的模型空间顶点坐标变换到齐次裁切空间。除此之外，UnityCG.cginc 中也定义了一些其他的顶点变换函数，表 5-2 对常用的顶点变换函数进行了汇总。

表 5-2　顶点变换相关的函数

函　　数	说　　明
float4　UnityObjectToClipPos（float3 pos）	将顶点从模型空间变换到齐次裁切空间,等同于 mul（UNITY_MATRIX_MVP,float4（pos,1.0））
float3 UnityObjectToViewPos（float3 pos）	将顶点从模型空间转换到摄像机空间,等同于 mul（UNITY_MATRIX_MV,float4（pos,1.0））. xyz。当输入为 float4 类型,Unity 会自动重载为 float3 类型
float3 UnityWorldToViewPos（float3 pos）	将顶点从世界空间变换到摄像机空间,等同于 mul（UNITY_MATRIX_V,float4（pos,1.0））. xyz
float4 UnityWorldToClipPos（float3 pos）	将顶点从世界空间变换到齐次裁切空间,等同于 mul（UNITY_MATRIX_VP,float4（pos,1.0））
float4　UnityViewToClipPos（float3 pos）	将顶点从摄像机空间变换到齐次裁切空间,等同于 mul（UNITY_MATRIX_P,float4（pos,1.0））

5.2.3　向量变换函数

UnityCG. cginc 中还定义了一些向量变换函数,表 5-3 对常用的函数进行了汇总。

表 5-3　向量变换相关的函数

函　　数	说　　明
float3 UnityObjectToWorldDir(float3 dir)	将向量从模型空间转换到世界空间,已经标准化处理
float3 UnityWorldToObjectDir(float3 dir)	将向量从世界空间变换到模型空间,已经标准化处理
float3 UnityObjectToWorldNormal(float3 norm)	将法线从模型空间变换到世界空间,已经标准化处理

5.2.4　灯光辅助函数

UnityCG. cginc 中还定义了一些计算顶点指向灯光的方向向量,表 5-4 对常用的函数进行了汇总。需要注意的是,以下函数仅适用于前向渲染路径（ForwardBase 或 ForwardAdd Pass 类型）。

表 5-4　灯光相关的函数

函　　数	说　　明
float3　WorldSpaceLightDir（in float4 localPos）	输入模型空间顶点坐标,返回世界空间中从顶点指向灯光的向量,没有被标准化(遗留的函数,不建议使用)
float3　UnityWorldSpaceLightDir（in float3 worldPos）	输入世界空间顶点坐标,返回世界空间从顶点指向灯光的向量,没有被标准化
float3　ObjSpaceLightDir(in float4 v)	输入模型空间顶点坐标,返回模型空间中从顶点指向灯光的向量,没有被标准化
float3 Shade4PointLights （…）	输入一系列所需变量,返回 4 个点光源的光照信息,在前向渲染中使用这个函数计算逐顶点的光照

5.2.5　视角向量函数

UnityCG.cginc中还定义了一些计算顶点指向摄像机的方向向量，也被称为视角向量。表5-5将常用的函数进行了汇总。

表 5-5　视角向量相关的函数

函　　　数	说　　　明
float3 WorldSpaceViewDir（float4 v）	输入模型空间顶点，返回世界空间中从顶点指向摄像机的向量，没有被标准化（遗留的函数，不建议使用）
float3 UnityWorldSpaceViewDir（float3 v）	输入世界空间中的顶点，返回世界空间中从顶点指向摄像机的向量，没有被标准化
float3 ObjSpaceViewDir（float4 v）	输入模型空间顶点，返回模型空间中从顶点指向摄像机的向量，没有被标准化

5.2.6　其他辅助函数和宏

UnityCG.cginc中还定义了一些其他类型的函数和宏，表5-6将一些比较常用的进行了汇总。

表 5-6　包含文件中的其他辅助函数和宏

函　　　数	说　　　明
TRANSFORM_TEX（tex,name）	宏定义，输入 UV 坐标和纹理名称，得到贴图的纹理坐标
fixed3 UnpackNormal（fixed4 packednormal）	将法线向量从[0,1]映射到[−1,1]
half Luminance（half3 rgb）	将颜色数据转变为灰度数据
float4 ComputeScreenPos（float4 pos）	输入裁切空间顶点坐标，得到屏幕空间纹理坐标，用于屏幕空间纹理映射
float4 ComputeGrabScreenPos（float4 pos）	输入裁切空间顶点坐标，得到采样 GrabPass 的纹理坐标

本书在之前的章节中已经讲解过函数的使用方法，但是对于宏还没有做任何讲解，下面进行详细讲解。

宏在使用之前需要先定义，通过一个标识符代替一个字符串。在使用的时候只需要输入识别符即可，编译的时候 Unity 会自动将识别符替换为字符串，因此可以将宏简单理解为字符串的替换。

宏定义的语法结构为：

#define name string;

（1）#define：表示宏定义的指令。

（2）name：宏名称，后续可以直接输入名称进行使用。

（3）string：编译的时候要把宏名称替换成的内容，可以是数字、表达式、函数等。

例如,表 5-6 中的 TRANSFORM_TEX(tex,name)宏,它在包含文件中的定义如下:

```
// Transforms 2D UV by scale/bias property
#define TRANSFORM_TEX(tex,name) (tex.xy * name##_ST.xy + name##_ST.zw)
```

TRANSFORM_TEX(tex,name)为宏名称,括号内是需要传入的两个变量,分别为模型的 UV 坐标和纹理名称。在宏定义的内容中,纹理名称后又补上了_ST,就是用来表示纹理平铺和偏移的变量。模型 UV 先乘以平铺值,再加上偏移值,整个计算纹理坐标的算法与本书 4.4.4 节 Texture Property Shader 中所使用的算法一样,后续可以直接使用宏进行纹理坐标的计算。

如果读者想知道这些包含文件到底做了什么,也可以打开 UnityCG.cginc 文件仔细阅读。根据上面讲解的知识,再结合文件中的注释,相信看懂应该不难。

5.3　UnityShaderVariables.cginc

在 UnityShaderVariables.cginc 文件中,Unity 提供了一些内置的全局变量,例如,变换矩阵、灯光参数、时间变量等,这些变量在 Shader 中可以直接使用,不需要再进行包含声明。

本书在接下来会总结一些比较常用的变量,至于其他变量,本书会在后续用到的时候再做讲解。如果读者想要了解更多内置的变量,可以直接打开相关的包含文件阅读源码。

5.3.1　空间变换矩阵

在 UnityShaderVariables.cginc 包含文件中,Unity 提供了很多空间变换矩阵,使用者可以直接使用 CG 函数 mul(Matrix,Vertex)将顶点在不同空间之间进行变换,表 5-7 将所有的变换矩阵进行了整理汇总。

表 5-7　空间变换矩阵

矩　　阵	说　　明
UNITY_MATRIX_MVP	模型-观察-投影矩阵,用于将顶点/向量从模型空间变换到裁剪空间
UNITY_MATRIX_MV	模型-观察矩阵,用于将顶点/向量从模型空间变换到摄像机空间
UNITY_MATRIX_V	观察矩阵,用于将顶点/向量从世界空间变换到摄像机空间
UNITY_MATRIX_P	投影矩阵,用于将顶点/向量从摄像机空间变换到裁剪空间
UNITY_MATRIX_VP	观察-投影矩阵,用于将顶点/向量从世界空间变换到裁剪空间
UNITY_MATRIX_T_MV	UNITY_MATRIX_MV 的转置矩阵
UNITY_MATRIX_IT_MV	UNITY_MATRIX_MV 的逆转置矩阵
unity_ObjectToWorld	模型矩阵,用于将顶点/向量从模型空间变换到世界空间
unity_WorldToObject	_Object2World 的逆矩阵,用于将顶点/向量从世界空间变换到模型空间

5.3.2　时间变量

在实现动态效果的时候经常会使用时间因子作为动态变量,表 5-8 中汇总了所有可以直接使用的时间变量,表中所有的变量都是 float4 类型。

表 5-8　时间变量

变　　量	说　　明
_Time	关卡从开始到现在所运行的时间,4 个分量分别为 $t/20,t,t*2,t*3$
_SinTime	将运行时间$(t/8,t/4,t/2,t)$输入到正弦函数
_CosTime	将运行时间$(t/8,t/4,t/2,t)$输入到余弦函数
unity_DeltaTime	每一帧的递增时间,4 个分量分别为 $dt,1/dt,smoothDt,1/smoothDt$

5.4　其他包含文件

除了最常用的 UnityCG.cginc 文件之外,Unity 还提供很多用于其他功能的包含文件,表 5-9 对其他可能会用到的包含文件进行汇总。

表 5-9　常用的包含文件

包 含 文 件	描　　述
AutoLight.cginc	包含灯光和阴影功能,Surface Shader 内部实现所使用的文件
HLSLSupport.cginc	包含有辅助宏和跨平台编译 Shader 的定义,编译的时候会自动包含进 Shader
Lighting.cginc	包含 Lambert 和 BlinnPhong 光照函数,编写表面着色器的时候会自动包含进来
Tessellation.cginc	包含曲面细分函数
UnityGlobalIllumination.cginc	包含计算全局光照的函数
UnityImageBasedLighting.cginc	包含计算 IBL(基于图像的光照)的函数
UnityShaderVariables.cginc	包含常用的全局变量,编译的时候会自动包含进 Shader
UnityLightingCommon.cginc	包含计算全局光照所需要的结构体
UnityPBSLighting.cginc	包含基于物理着色所需要的光照计算函数,用于表面着色器
UnityShaderUtilities.cginc	包含了顶点从模型空间变换到裁切空间的变换函数
UnityShadowLibrary.cginc	包含了计算阴影时所用到的宏和函数
UnityStandardBRDF.cginc	包含了标准着色器中用到的计算 BRDF(双向反射分布函数)所需的函数

5.5　使用包含文件简化 Shader

经过本章的讲解，想必读者已经学会使用包含文件了，接下来利用包含文件把第 4 章的 Texture Property Shader 进行优化，最终代码如下所示：

完整 Shader 代码：

```
Shader "Custom/cginc"
{
    Properties
    {
        _MainColor ("MainColor", Color) = (1, 1, 1, 1)
        _MainTex ("MainTex", 2D) = "white" {}
    }
    SubShader
    {
        Pass
        {
            CGPROGRAM
            #pragma vertex vert
            #pragma fragment frag

            //声明包含文件
            #include "UnityCG.cginc"

            fixed4 _MainColor;
            sampler2D _MainTex;
            float4 _MainTex_ST;

            //使用包含文件中的结构体传递数据
            v2f_img vert (appdata_img v)
            {
                v2f_img o;
                o.pos = UnityObjectToClipPos(v.vertex);

                //使用包含文件中的宏计算纹理坐标
                o.uv = TRANSFORM_TEX(v.texcoord, _MainTex);

                return o;
            }

            fixed4 frag (v2f_img i) : SV_TARGET
            {
                return tex2D(_MainTex, i.uv) * _MainColor;
            }
```

```
                    ENDCG
                }
            }
        }
```

Shader 代码讲解：

使用 UnityCG.cginc 包含文件内定义的 appdata_img 结构体作为顶点着色器的输入参数。在顶点着色器中，又使用包含文件中的 TRANSFORM_TEX（）宏得到贴图的纹理坐标。

顶点着色器将所有信息输出到 v2f_img 结构体，片段着色器获取到顶点着色器的输出信息，继续进行后续的计算。

经过前后对比可以看出，使用了包含文件之后，整个 Shader 的代码量明显减少了很多，并且代码结构更加清晰整洁。

第6章

Shader中的光照模型

本章主要讲解的内容有：Lambert 光照模型、Half-Lambert 光照模型、Phong 光照模型、Blinn-Phong 光照模型、CG 提供的标准库函数、逐顶点和逐像素光照的区别、阴影的实现方法。

6.1 Lambert 光照模型

在现实生活中，一个物体的颜色是由射进眼睛里的光线决定的。当光线射到物体表面时，一部分被物体表面吸收，另一部分被反射。对于透明物体而言，还有一部分光会穿过透明体，产生透射光。被物体吸收的光会产生热量，只有反射光和透射光才能够进入眼睛，从而产生视觉效果（物体呈现出亮度和颜色）。所以，物体表面的光照颜色是由入射光、物体材质，以及材质和光的交互规律共同决定。

因此，真实世界中灯光与物体以及周围环境的交互非常复杂，而想要通过计算机完全还原真实世界中的光照效果几乎是不可能的。为了减少计算量，又能实现比较真实的光照效果，数学家们将真实世界中的光照交互简化成了一些简单的数学公式，这些用于计算光照的公式被称为光照模型（Light Model）。

在所有的光照模型中，最常用到的就数 Lambert 光照模型了。因为它能比较真实地还原粗糙物体表面与光的交互行为，并且计算效率非常高，因此即便是现在也依然被广泛应用于游戏渲染。

6.1.1 Lambert 光照模型理论

如图 6-1 所示，当光线照射到表面粗糙的物体，例如：石灰墙壁、纸张、布料等，光线会

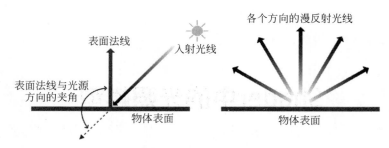

图 6-1　漫反射现象

向各个方向等强度的反射,这种现象称为光的漫反射现象(Diffuse)。

漫反射满足 Lambert 定律(Lambert's Law):反射光线的强度与表面法线和光源方向之间的夹角成正比。产生漫反射的物体表面称为理想漫反射体,这种光照模型称为 Lambert 光照模型。

Lambert 光照模型的计算公式为:

$$C_{\text{diffuse}} = (C_{\text{light}} \cdot M_{\text{diffuse}}) \, \text{saturate}(\boldsymbol{n} \cdot \boldsymbol{l})$$

式中,C_{diffuse} 为物体的漫反射颜色;C_{light} 为入射光线的颜色;M_{diffuse} 为物体材质的漫反射颜色;$\boldsymbol{n}$ 为物体的表面法线;$\boldsymbol{l}$ 为从物体指向灯光的方向。

根据点积的数学运算可以得知:表面法线与灯光方向之间的夹角越小,点积结果越大,漫反射越强;相反,表面法线与灯光方向之间的夹角越大,点积结果越小,漫反射越弱。

假设灯光完全垂直物体表面照射,灯光方向与表面法线夹角为 0°,漫反射强度达到最大值。相反,当灯光完全平行于物体表面照射,灯光方向与表面法线夹角为 90°,漫反射强度达到最小值。当灯光旋转到物体背面进行照射,灯光方向与表面法线夹角超过 90°,点积的结果为负值。为了避免负值出现,因此使用 CG 数学函数 saturate()将点积结果截取到[0,1]的区间范围内。

6.1.2　在 Shader 中获取灯光变量

既然光照模型是跟灯光打交道,那么在 Shader 中如何获取灯光的各个属性呢? 实际上,灯光参数如何传递给 Shader 取决于当前 Unity 项目使用的渲染路径(Rendering Path),以及 Shader 中用于声明灯光模式的 Pass Tag。

那么如何查看当前项目的渲染路径呢? 依次单击 Edit > Project Settings > Graphics,如图 6-2 所示,在右侧的 Low、Medium、High 这三个等级中,可以发现 Unity 已经默认将 Rendering Path 设置成了 Forward。

为了方便接下来编写 Shader,表 6-1 中整理了一些用于前向渲染的灯光属性变量。

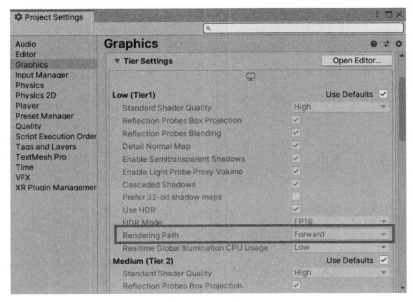

图 6-2　渲染路径设置面板

表 6-1　前向渲染中可以使用的灯光属性变量

变　　量	类　　型	说　　明
_LightColor0	fixed4	灯光的颜色乘上亮度,在 UnityLightingCommon. cginc 中被声明
_WorldSpaceLightPos0	float4	平行光属性:float4（世界空间灯光方向,0）,其他灯光属性:float4（世界空间灯光位置,1）
_LightMatrix0	float4x4	世界到灯光的变换矩阵,用于采样灯光 cookie 和衰减贴图,在 AutoLight. cginc 中被声明
unity_4LightPosX0, unity_4LightPosY0, unity_4LightPosZ0	float4	前四个非重要点光在世界空间的位置,只能用于 ForwardBase pass
unity_4LightAtten0	float4	前四个非重要点光的衰减系数,只能用于 ForwardBase pass
unity_LightColor	half4[4]	前四个非重要点光的颜色,只能用于 ForwardBase pass
unity_WorldToShadow	float4x4[4]	世界到阴影的变换矩阵,一个用于聚光灯矩阵,最多 4 个用于串联平行光的矩阵

6.1.3　基于 Lambert 光照模型的 Shader

通过本章 6.1.1 和 6.1.2 节的讲解,在掌握了 Lambert 光照模型的计算公式和灯光的属性变量的基础上,下面将 Lambert 光照模型应用到 4.4.2 节的 Simplest Shader 中,并使用一个平行光进行照射,修改后的完整 Shader 如下所示。

完整 Shader 代码：

```
Shader "Custom/Lambert"
{
    Properties
    {
        _MainColor ("Main Color", Color) = (1, 1, 1, 1)
    }
    SubShader
    {
        Pass
        {
            CGPROGRAM
            #pragma vertex vert
            #pragma fragment frag
            #include "UnityCG.cginc"

            //声明包含灯光变量的文件
            #include "UnityLightingCommon.cginc"

            struct v2f
            {
                float4 pos : SV_POSITION;
                fixed4 dif : COLOR0;
            };

            fixed4 _MainColor;

            v2f vert (appdata_base v)
            {
                v2f o;
                o.pos = UnityObjectToClipPos(v.vertex);

                //法线向量
                float3 n = UnityObjectToWorldNormal(v.normal);
                n = normalize(n);

                //灯光方向向量
                fixed3 l = normalize(_WorldSpaceLightPos0.xyz);

                //按照公式计算漫反射
                fixed ndotl = dot(n, l);
                o.dif = _LightColor0 * _MainColor * saturate(ndotl);

                return o;
            }
```

```
        fixed4 frag (v2f i) : SV_Target
        {
            return i.dif;
        }
        ENDCG
    }
    }
}
```

Shader 代码讲解：

Shader 中需要用到灯光颜色变量 _ LightColor0，而这个变量是在包含文件 UnityLightingCommon. cginc 中被声明的，因此需要将该文件包含进来。

```
//法线向量
float3 n = UnityObjectToWorldNormal(v.normal);
n = normalize(n);
```

使用内置的 appdata_base 结构体输入到顶点着色器。因为计算光照的时候需要确保物体的法线向量与灯光的方向向量在同一空间，而输入到顶点着色器的法线向量是在模型空间中，灯光方向向量是在世界空间中，因此需要将法线向量变换到世界空间，并且经标准化处理得到 n。

```
//灯光方向向量
fixed3 l = normalize(_WorldSpaceLightPos0.xyz);
```

```
//按照公式计算漫反射
fixed ndotl = dot(n, l);
o.dif = _LightColor0 * _MainColor * saturate(ndotl);
```

世界空间平行光方向_WorldSpaceLightPos0 标准化后得到 l，n 与 l 点积之后得到 ndotl。当然，也可以使用另外一种方法，将灯光的方向向量从世界空间转换到模型空间，再与模型空间中的法线向量做点积。

然后按照 Lambert 光照模型的计算公式，将灯光颜色_LightColor0 乘上物体的漫反射颜色_MainColor，再乘上截取了数值范围的 ndotl 变量，就可以得到漫反射颜色 dif 了。

顶点着色器将顶点颜色传递到片段着色器之后，最终返回漫反射颜色。

将编写好的 Shader 指定给一个材质，然后在 Unity 默认的场景中创建一个球体，将材质指定给这个球体，最终效果如图 6-3 所示，球体在平行光的照射下已经产生了明暗效果，朝向灯光的区域部分亮，而背向灯光的部分暗。

图 6-3　最终渲染的 Lambert 效果

6.2 CG 标准库函数

细心的读者会发现,在本章 6.3 节的 Shader 中,可以利用一些现成的数学函数进行计算,例如求点积、标准化向量和截取数值范围。CG 标准库提供了很多这样的函数,以简化 Shader 编写过程中的数学计算。

为方便下文 Shader 编写过程中的数学计算,表 6-2 将常用的 CG 函数进行了总结。

表 6-2 CG 标准函数库中常用的函数

函　　数	说　　明
$abs(x)$	返回 x 的绝对值
$ceil(x)$	返回大于 x 的最小整数
$clamp(x,a,b)$	将 x 限制在 $[min,max]$ 范围内
$cos(x)$	返回 x 的余弦值
$cross(A,B)$	返回 A 和 B 的叉积,A、B 必须为三维向量
$degrees(x)$	将弧度转变为角度
$dot(A,B)$	返回 A 和 B 的点积
$floor(x)$	返回小于 x 的最大整数
$fmod(x,y)$	返回 x/y 的浮点型余数
$frac(x)$	返回 x 的小数部分
$lerp(a,b,f)$	线性插值,返回 $(1-f)*a+b*f$
$max(a,b)$	返回 a、b 中的最大值
$min(a,b)$	返回 a、b 中的最小值
$mul(M,V)$	使用矩阵 M 对向量 V 进行变换
$pow(x,y)$	返回 x 的 y 次幂
$radians(x)$	将度数转变为弧度
$round(x)$	返回最接近 x 的整数,相当于对 x 四舍五入
$saturate(x)$	将 x 的范围截取到 $[0,1]$
$sign(x)$	如果 $x>0$,返回 1;如果 $x<0$,返回 -1;否则返回 0
$sin(x)$	返回 x 的正弦值
$step(a,x)$	如果 $x<a$,返回 0;如果 $x\geq a$,返回 1
$sqrt(x)$	返回 x 的平方根
$distance(pt1,pt2)$	返回 $pt1$ 与 $pt2$ 之间的距离
$length(v)$	返回向量 v 的长度
$normalize(v)$	返回方向相同,长度为 1 的向量
$reflect(I,N)$	输入入射方向 I 和表面法线 N,返回反射向量,只能用于三维向量
$refract(I,N,eta)$	输入入射方向 I、表面法线 N 和折射率 eta,返回折射向量,只能用于三维向量

CG 标准库中的函数是针对于硬件设备底层实现的算法,因此可以非常快速地执行。虽然对于一些简单的算法也可以自己输入公式计算,但是使用 CG 标准库里的函数更节省

性能,因此建议大家尽量使用 CG 标准库中的函数进行计算。

如果读者想要了解更多 CG 标准库的函数,请阅读 Nvidia 的 CG 用户手册。

6.3　Half-Lambert 光照模型

从本章 6.1.3 节中的测试效果中可以发现:使用 Lambert 光照模型有一个明显的缺点,那就是物体背光面完全是黑的,看不到表面的任何细节,以至于只能再添加一盏辅助光照亮物体被光面,这非常不利于性能的优化。于是有人提出一种基于 Lambert 进行算法优化的 Half-Lambert 光照模型。

Half-Lambert 光照模型的计算公式为:

$$C_{diffuse} = (C_{light} \cdot M_{diffuse})[0.5(n \cdot l) + 0.5]$$

从计算公式中可以看出,与 Lambert 光照模型不同的是,表面法线与光照方向点积之后并不是直接截取到区间 $[0,1]$,而是先乘以 0.5 将数值区间缩小到 $[-0.5,0.5]$,然后加上 0.5,将区间移动到 $[0,1]$。如此一来,物体的光照强度会从最亮的迎光面逐渐过渡到最暗的被光面。

下面将 Lambert 光照 Shader 改写为 Half-Lambert。由于大部分代码都相同,为了节省篇幅,下面只把顶点着色器部分的代码粘贴出来:

```
v2f vert (appdata_base v)
{
    v2f o;
    o.pos = UnityObjectToClipPos(v.vertex);

    //法线向量
    float3 n = UnityObjectToWorldNormal(v.normal);
    n = normalize(n);

    //灯光方向向量
    fixed3 l = normalize(_WorldSpaceLightPos0.xyz);

    //按照公式计算漫反射
    fixed ndotl = dot(n, l);
    o.dif = _LightColor0 * _MainColor * (0.5 * ndotl + 0.5);

    return o;
}
```

将改写好的 Shader 指定给之前的材质,最终效果如图 6-4 所示,经过比对可以看出,经过 Half-Lambert 光照模型计算的光照效果,球体的背光部分多了很多细节,不再是全黑的了。

图 6-4　最终渲染的 Half-Lambert 效果

6.4　Phong 光照模型

　　Lambert 模型能够较好地模拟出粗糙物体表面的光照效果，但是在真实环境中还存在很多表面光滑的物体，例如金属、陶瓷、塑料等，而 Lambert 光照模型却无法对此进行很好地表现，因此本节引入表面镜面反射的光照模型——Phong 光照模型。

6.4.1　Phong 光照模型理论

　　1975 年，Bui Tuong Phong(裴祥风，越南出生的美国计算机学家)提出一种局部光照的经验模型，他认为物体表面反射光线由三部分组成：

$$\mathrm{SurfaceColor} = C_{\mathrm{Ambient}} + C_{\mathrm{Diffuse}} + C_{\mathrm{Specular}}$$

式中，C_{Ambient} 为环境光；C_{Diffuse} 为漫反射；C_{Specular} 为镜面反射。

　　物体不仅受灯光的直接照射，还会受周围环境光(Ambient)的影响。如图 6-5 所示，当光线照射到一个表面光滑的物体时，除了有漫反射光(Diffuse)之外，从某个角度还可以看到很强的反射光。这是因为在接近镜面反射角的一个固定区域内，大部分入射光会被反射，这种现象称为镜面反射(Specular)。

　　镜面反射的计算公式为：

$$C_{\mathrm{Specular}} = (C_{\mathrm{light}} \cdot M_{\mathrm{specular}})\,\mathrm{saturate}(\boldsymbol{v} \cdot \boldsymbol{r})^{M_{\mathrm{shininess}}}$$

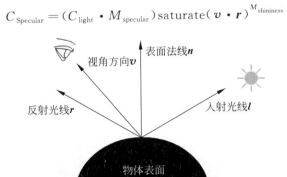

图 6-5　Phong 镜面反射

式中，C_{light} 为灯光亮度；$M_{specular}$ 为物体材质的镜面反射颜色；v 为视角方向（由顶点指向摄像机）；r 为光线的反射方向；$M_{shininess}$ 为物体材质的光泽度。

由于这种光照模型在当时影响力相当广泛，即便是现在很多游戏引擎依然还在使用。为了表现 Bui Tuong Phong 对图形渲染领域做出的突出贡献，后人就以他的名字命名这种光照模型——Phong 光照模型。

6.4.2　在 Shader 中获取环境光变量

因为在 Phong 光照模型中会用到环境光变量，为了方便接下来编写 Shader 的时候直接使用，表 6-3 整理了一些 Unity 提供的可以直接使用的环境光变量，表中的变量在 UnityShaderVariables. cginc 中被定义。

表 6-3　**Shader 中可以使用的环境光变量**

变　　量	类　　型	说　　明
unity_AmbientSky	fixed4	Gradient 类型环境中的 Sky Color
unity_AmbientEquator	fixed4	Gradient 类型环境中的 Equator Color
unity_AmbientGround	fixed4	Gradient 类型环境中的 Ground Color
UNITY_LIGHTMODEL_AMBIENT	fixed4	Gradient 类型环境中的 Sky Color，将被 unity_AmbientSky 取代

那么，如何查看当前场景中的环境光呢？依次点击菜单 Window > Rendering > Lighting Setting，如图 6-6 所示，在弹出的面板中，Environment Light 部分就是环境光相关的设置。需要注意的是，要把默认的 Skybox 类型改为 Gradient 类型，才能使用上述的变量。

图 6-6　环境光的设置面板

6.4.3　基于 Phong 光照模型的 Shader

本小节通过修改 6.1.3 小节中的 Lambert Shader，使物体的镜面反射效果得以实现，下面开始讲解修改的代码。

```
Properties
{
        _MainColor ("Main Color", Color) = (1, 1, 1, 1)
```

```
_SpecularColor ("Specular Color", Color) = (0, 0, 0, 0)
_Shininess ("Shininess", Range(1, 100)) = 1
}
```

在 Properties 代码块增加了控制高光颜色的 _SpecularColor 属性和控制光泽度的 _Shinines 属性。

```
float3 n = UnityObjectToWorldNormal(v.normal);
n = normalize(n);
fixed3 l = normalize(_WorldSpaceLightPos0.xyz);
fixed3 view = normalize(WorldSpaceViewDir(v.vertex));
```

在顶点着色器中,计算出标准化的世界空间法线向量 n、世界空间灯光方向 l 和世界空间视角方向 view,为后续计算光照效果做好准备。

漫反射光照部分还是继续沿用 Lambert 光照模型计算方法,代码与 6.1.3 节一样。

```
float3 ref = reflect(-l, n);
ref = normalize(ref);
fixed rdotv = saturate(dot(ref, view));
fixed4 spec = _LightColor0 * _SpecularColor * pow(rdotv, _Shininess);
```

在计算镜面反射过程中,通过使用 CG 函数 reflect() 得到光线的反射向量 ref,由于函数需要传入的是灯光指向顶点的方向,而使用 WorldSpaceViewDir() 函数得到的是顶点指向灯光的方向,所以需要将向量 l 乘以 -1 进行反向。

将标准化之后的 ref 与 view 点乘得到 rdotv,然后按照镜面反射的计算公式得到镜面反射部分光照。

```
o.color = unity_AmbientSky + dif + spec;
```

最后把得到的环境光、漫反射和镜面反射相加,得到最终的光照。片段着色器的计算跟之前一样保持不变,此处不再赘述。

完整的 Shader 代码如下所示:

```
Shader "Custom/Phong"
{
    Properties
    {
        _MainColor ("Main Color", Color) = (1, 1, 1, 1)
        _SpecularColor ("Specular Color", Color) = (0, 0, 0, 0)
        _Shininess ("Shininess", Range(1, 100)) = 1
    }
    SubShader
    {
        Pass
        {
            CGPROGRAM
```

```
# pragma vertex vert
# pragma fragment frag
# include "UnityCG. cginc"
# include "Lighting. cginc"

struct v2f
{
    float4 pos : SV_POSITION;
    fixed4 color : COLOR0;
};

fixed4 _MainColor;
fixed4 _SpecularColor;
half _Shininess;

v2f vert (appdata_base v)
{
    v2f o;
    o. pos = UnityObjectToClipPos(v. vertex);

    //计算公式中的各个变量
    float3 n = UnityObjectToWorldNormal(v. normal);
    n = normalize(n);
    fixed3 l = normalize(_WorldSpaceLightPos0. xyz);
    fixed3 view = normalize(WorldSpaceViewDir(v. vertex));

    //漫反射部分
    fixed ndotl = saturate(dot(n, l));
    fixed4 dif = _LightColor0 * _MainColor * ndotl;

    //镜面反射部分
    float3 ref = reflect(- l, n);
    ref = normalize(ref);
    fixed rdotv = saturate(dot(ref, view));
    fixed4 spec = _LightColor0 * _SpecularColor
            * pow(rdotv, _Shininess);

    //环境光 + 漫反射 + 镜面反射
    o. color = unity_AmbientSky + dif + spec;

    return o;
}

fixed4 frag (v2f i) : SV_Target
{
    return i. color;
}
```

```
            ENDCG
        }
    }
}
```

将改写好的 Shader 指定给之前的材质，然后将环境光设置为 Gradien 类型。如图 6-7 所示，可以看到不同部分的灯光效果以及最终完整的光照效果。其中环境光效果与方向无关，物体任意部位的强度都一样；漫反射效果与 Lambert 一样，强度随物体表面方向的不同而改变；镜面反射效果比较聚集，但强度很大。

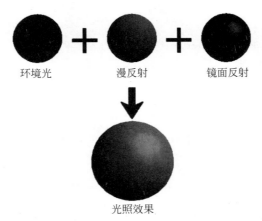

图 6-7　环境光＋漫反射＋镜面反射＝完整光照效果

6.5　逐像素光照

6.4.3 节将 Phong 光照模型应用到 Shader 之后，不难发现这样一个现象：高光部位为什么跟平常看到的不太一样呢？印象中的高光点应该是边缘很圆滑的，而现在却很不清晰，难道是算法有问题？

其实算法没有任何问题，代码也没有任何错误，之所以出现这样的现象是因为光照模型的的计算一直使用的是逐顶点（Per-Vertex）光照，而不是逐像素（Per-Pixel）光照。

那么，什么是逐顶点光照呢？所谓逐顶点光照，其实就是在顶点着色器中计算光照颜色。计算过程中，GPU 将为多边形的每个顶点执行一遍光照计算，得到顶点颜色，然后通过顶点在多边形上所占的范围对像素颜色进行线性插值。就像 3D 美术在 ZBrush 中雕刻高模的时候会在模型上绘制顶点色一样的道理，顶点色也是基于顶点的着色。

对于细分较高的模型，由于每个多边形所占范围很小，因此插值之后每个像素的误差也很小，所以逐顶点光照基本上已经可以满足需求了。但对那些多边形数量较少的模型来说却不行，例如 Unity 内置的球体，因为顶点数量不够多，可以明显看出棱角分明，高光效果也不理想，所以直接对顶点颜色进行插值所得到的结果往往不够精确，特别是面积较大的多边形,缺陷会更加明显。就像是在 ZBrush 中绘制顶点色的时候,模型的细分等级如果不够,顶点色的精度也会不够一样的道理。

那么,什么是逐像素光照呢? 逐像素光照其实就是在像素着色器(也就是 Unity 中的片段着色器)中计算光照颜色。在像素着色器中,颜色的计算就不再是基于顶点了,而是基于像素的计算,所以最终屏幕的分辨率越高计算量越大。就像 3D 美术最终会把高模(High Poly)的顶点色烘焙成一张纹理贴图,贴在低模(Low Poly)上使用一样的道理,贴图分辨率越高计算量越大。

如果想要解决上一小节的问题,可以使用一个细分程度更高的多边形,或者将逐顶点光照改写为逐像素光照。由于本书是以 Shader 知识为主,因此选择第二种方法。下面在 Phong Shader 的基础上修改代码。

```
struct v2f
{
    float4 pos : SV_POSITION;
    float3 normal : TEXCOORD0;
    float4 vertex : TEXCOORD1;
};
```

由于不是在顶点着色器中计算光照颜色,而是将所有需要的数据都传到片段着色器中进行计算,因此在 v2f 结构体中不再需要保存顶点色的变量,而是添加了 normal 和 vertex 两个变量,分别用来保存世界空间法线向量和顶点坐标。

```
v2f vert (appdata_base v)
{
    v2f o;
    o.pos = UnityObjectToClipPos(v.vertex);
    o.normal = v.normal;
    o.vertex = v.vertex;

    return o;
}
```

在顶点着色器中,只将世界空间法线向量和顶点坐标传递给片段着色器,除此之外不做其他计算。

```
fixed4 frag (v2f i) : SV_Target
{
    //计算公式中的所有变量
    float3 n = UnityObjectToWorldNormal(i.normal);
    n = normalize(n);
    fixed3 l = normalize(_WorldSpaceLightPos0.xyz);
    fixed3 view = normalize(WorldSpaceViewDir(i.vertex));

    //漫反射部分
```

```
        fixed ndotl = saturate(dot(n, l));
        fixed4 dif = _LightColor0 * _MainColor * ndotl;

        //镜面反射部分
        float3 ref = reflect(-l, n);
        ref = normalize(ref);
        fixed rdotv = saturate(dot(ref, view));
        fixed4 spec = _LightColor0 * _SpecularColor
                * pow(rdotv, _Shininess);

        //环境光 + 漫反射 + 镜面反射
        return unity_AmbientSky + dif + spec;
}
```

片段着色器的计算方法跟在顶点着色器中的计算其实是一样的,此处不再赘述。
改写之后完整的 Shader 代码如下所示:

```
Shader "Custom/per-pixel Phong"
{
    Properties
    {
        _MainColor ("Main Color", Color) = (1, 1, 1, 1)
        _SpecularColor ("Specular Color", Color) = (0, 0, 0, 0)
        _Shininess ("Shininess", Range(1, 100)) = 1
    }
    SubShader
    {
        Pass
        {
            CGPROGRAM
            #pragma vertex vert
            #pragma fragment frag
            #include "UnityCG.cginc"
            #include "Lighting.cginc"

            struct v2f
            {
                float4 pos : SV_POSITION;
                float3 normal : TEXCOORD0;
                float4 vertex : TEXCOORD1;
            };

            fixed4 _MainColor;
            fixed4 _SpecularColor;
            half _Shininess;

            v2f vert (appdata_base v)
```

```
    {
        v2f o;
        o.pos = UnityObjectToClipPos(v.vertex);
        o.normal = v.normal;
        o.vertex = v.vertex;

        return o;
    }

    fixed4 frag (v2f i) : SV_Target
    {
        //计算公式中的各个变量
        float3 n = UnityObjectToWorldNormal(i.normal);
        n = normalize(n);
        fixed3 l = normalize(_WorldSpaceLightPos0.xyz);
        fixed3 view = normalize(WorldSpaceViewDir(i.vertex));

        //漫反射部分
        fixed ndotl = saturate(dot(n, l));
        fixed4 dif = _LightColor0 * _MainColor * ndotl;

        //镜面反射部分
        float3 ref = reflect(-l, n);
        ref = normalize(ref);
        fixed rdotv = saturate(dot(ref, view));
        fixed4 spec = _LightColor0 * _SpecularColor
                    * pow(rdotv, _Shininess);

        //环境光+漫反射+镜面反射
        return unity_AmbientSky + dif + spec;
    }
    ENDCG
        }
    }
}
```

将改写好的 Shader 指定给材质,图 6-8 为最终效果与 6.4.3 节中的效果对比,从图中可以看出,逐像素光照效果比逐顶点光照更加细腻。

逐顶点光照　　　　　　逐像素光照

图 6-8　逐顶点光照与逐像素光照效果对比

使用逐像素计算不仅可以提升光照效果的精确度,还可以在渲染时添加多边形原本并不存在的表面细节,例如使用 Normal Map 可以在像素级别上使原本平坦的表面表现出凹凸效果,关于这方面的内容,本书会在 9.2 节中详细讲解。

为了更好地表现效果,接下来的章节都会以逐像素的方式编写 Shader。但是由于逐像素的计算量比逐顶点要大,性能要求要高,所以在具体实际使用中究竟作何选择,读者还需要考虑最终要运行的终端设备。

6.6 Blinn-Phong 光照模型

6.6.1 Blinn-Phong 光照模型理论

1977 年,Jim Blinn 对 Phong 光照模型的算法进行了改进,提出了 Blinn-Phong 光照模型。如图 6-9 所示 Blinn-Phong 光照模型不再使用反射向量 r 计算镜面反射,而是使用半角向量 h 代替 r,h 为表视角方向 v 和灯光方向 l 的角平分线方向。

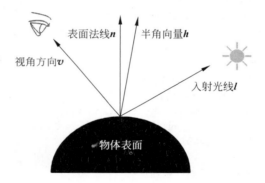

图 6-9　Blinn-Phong 镜面反射

半角向量的计算公式为:

$$h = \mathrm{normalize}(v + l)$$

Blinn-Phong 镜面反射的计算公式为:

$$C_{\mathrm{Specular}} = (C_{\mathrm{light}} \cdot M_{\mathrm{specular}})\mathrm{saturate}(n \cdot h)^{M_{\mathrm{shininess}}}$$

6.6.2 Blinn-Phong 光照模型的 Shader

因为 Blinn-Phong 与 Phong 相比只是改进了镜面反射的算法,其他部分未作更改,为了节省篇幅,只把改写之后的片段着色器代码粘贴出来,其他部分代码保持不变。

```
fixed4 frag (v2f i) : SV_Target
{
    //计算公式中的各个变量
    float3 n = UnityObjectToWorldNormal(i.normal);
```

```
n = normalize(n);
fixed3 l = normalize(_WorldSpaceLightPos0.xyz);
fixed3 view = normalize(WorldSpaceViewDir(i.vertex));

//漫反射部分
fixed ndotl = saturate(dot(n, l));
fixed4 dif = _LightColor0 * _MainColor * ndotl;

//镜面反射部分
fixed3 h = normalize(l + view);
fixed ndoth = saturate(dot(n, h));
fixed4 spec = _LightColor0 * _SpecularColor * pow(ndoth, _Shininess);

//环境光 + 漫反射 + 镜面反射
return unity_AmbientSky + dif + spec;
}
```

将修改之后的 Shader 指定到材质上，前后对比效果如图 6-10 所示。从图中可以看出，Blinn-Phong 效果与 Phong 效果在视觉上的差距并不是很大。

phong　　　　　　　　　Binn-Phong

图 6-10　Phong 与 Blinn-Phong 效果对比

在性能方面，当观察者和灯光离被照射物体非常远时，Blinn-Phong 的计算效率要高于 Phong。因为 h 是取决于视角方向以及灯光方向的，两者都很远时 h 可以被认为是常量，跟位置以及表面的曲率没关系，因此可以大大减少计算量。而 Phong 却要根据表面曲率去逐顶点或逐像素计算反射向量 r，相对而言计算量比较大。

6.7　灯光阴影

在 6.1～6.6 节中，所编写的 Shader 已经成功实现了"平行光和环境光对物体照明"的效果，但是如果想要把现在的 Shader 真正应用在游戏中，其实还是不太完美。例如：开启灯光的投射阴影选项，物体上没有投射任何阴影，也不会接受其他物体投射的阴影；当灯光类型切换为聚光灯或者点光源的时候，光照效果依然跟平行光一样，只会受到方向的影响，更改灯光位置不会有任何光照变化。

如果读者在练习的过程中也遇到这样的问题，不要急，接下来的这一节就来讲解这方面的内容。

6.7.1　渲染路径

Unity 支持不同的渲染路径(Rendering Path),不同的渲染路径在光照和阴影方面会有不同的功能特点,应该根据游戏内容、目标平台以及硬件类型选择适合的渲染路径。

在 6.1.2 节中已经讲过如何查看当前项目的渲染路径。当显卡不能使用选定的渲染路径进行渲染的时候,Unity 会自动选择一个较低精度的渲染路径。例如,当设置的延迟着色(Deferred Shading)不能被执行,前向渲染(Forward Rendering)将会被采用。

1. 延迟着色渲染路径

延迟着色顾名思义是将着色步骤推迟处理的渲染方式,是实现最逼真光影效果的渲染路径,即使场景中有成百上千个实时灯光,依然可以保持比较流畅的渲染帧率。但是它需要硬件达到一定的级别才能使用。

当使用延迟着色时,灯光 Pass 基于 G-Buffer(Geometry Buffer,屏幕空间缓存)和深度信息计算光照,光照在屏幕空间进行计算,因此计算量与场景的复杂程度无关,如此一来就可以避免计算因未通过深度测试而被丢弃的片段,从而减少性能浪费。并且所有灯光都可以逐像素渲染,这意味着所有灯光都可以与法线贴图等产生正确的交互,并且所有的灯光都可以使用阴影和 cookies。

遗憾的是,延迟着色不支持真正的抗锯齿,也不能处理半透明物体,这些会自动使用前向渲染处理。使用延迟着色的模型不支持接受阴影选项,Culling Mask 只能在限定条件下使用,且最多只能使用 4 个。

在性能方面,光照对于性能的消耗不再受灯光数量或受光物体数量影响,而是与受灯光影响的像素数量或者灯光的照射范围有关,所以物体受灯光影响的数量不会再有限制。投射阴影的灯光依然比无阴影投射的灯光更耗费性能,投射阴影的物体仍然需要为阴影投射灯光渲染多次。但是可以通过减小照射范围来降低性能消耗。

延迟着色只能在有多重渲染目标(Multiple Render Targets,MRT)、Shader Model3.0 或以上,并且支持深度渲染贴图的显卡上运行。移动端上,可以在 OpenGL ES 3.0 及以上的设备上运行。延迟着色不支持正交投影,当摄像机使用正交投影模式的时候,摄像机会自动使用前向渲染。

2. 前向渲染路径

前向渲染是传统的渲染路径,它支持所有的 Unity 图形功能,例如法线贴图、逐像素光照、阴影等。前向渲染路径渲染使用一个或多个 Pass 渲染每一个物体,这取决于影响到物体的灯光数量。并且灯光也会因为自身设置和强度不同而被区别对待。

在前向渲染中,一部分最亮的灯光以完全逐像素照明的方式渲染,然后 4 个点光源以逐顶点的方式渲染,其余的灯光以更快速的 SH(Spherical Harmonics,球谐)光照渲染。

SH 光照可以被非常快速地渲染,它只消耗很少的 CPU 性能,几乎不消耗 GPU 性能。并且增加 SH 灯光的数量不会影响性能的消耗。

一个灯光是逐像素光照还是其他方式渲染取决于以下几点：

（1）渲染模式设置为 Not Important 的灯光总是以逐顶点或者 SH 的方式渲染。

（2）渲染模式设置为 Important 的灯光总是逐像素渲染。

（3）最亮的平行光总是逐像素渲染。

（4）如果逐像素光照的灯光数量少于项目质量设置中 Pixel Light 的数量，那么其余比较亮的灯光将会被逐像素渲染。

如图 6-11 所示，灯光的渲染模式（Render Mode）可以在每个灯光的属性面板里进行设置，默认为 Auto，Unity 会根据灯光的亮度以及与物体的距离自动判断该灯光是否重要。

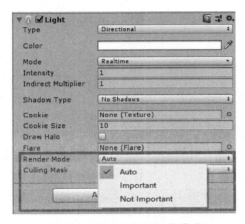

图 6-11　设置灯光的渲染模式

如果想要设置当前 Unity 项目中逐像素灯光的限制数量，依次点击菜单 Edit > Project Settings，在弹窗的左侧选择 Quality，就可以在右侧看 Pixel Light Count。如图 6-12 所示，Unity 默认限制为 4 个逐像素灯光。

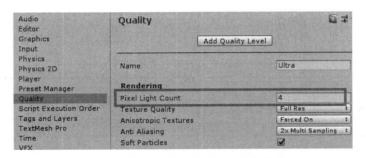

图 6-12　设置场景支持的逐像素光数量

下面再举一个 Unity 官方文档中使用的例子加深理解。如图 6-13 所示，一个物体受到 A-H 共 8 个灯光照射，假设所有灯光有相同颜色和强度，并且它们的渲染模式为自动。

最终这 8 个灯光的渲染模式如图 6-14 所示，由于 A-D 这 4 个灯光距离物体更近，因此亮度更亮，会逐像素渲染，然后最多 4 个灯光（D-G）逐顶点渲染，最后剩余的灯光（G-H）以

SH 渲染。

从图 6-14 中可以看到,灯光 D 既是逐像素照明又是逐顶点照明,灯光 G 既是逐顶点照明又是 SH 照明,这是因为当物体或者灯光移动的时候,不同渲染模式的灯光交界处会出现明显的缺陷,为了避免这个问题,Unity 将不同的灯光组之间进行了重叠。

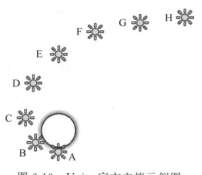

图 6-13　Unity 官方文档示例图

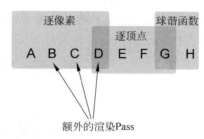

图 6-14　所有灯光的不同渲染类型

基础 Pass 包含一个逐像素的平行光和所有逐顶点或 SH 的灯光,并且也会包含所有来自于 Shader 的光照贴图、环境光和自发光。平行光能够投射阴影,但是灯光贴图不能接受 SH 灯光的照明。

其他逐像素的灯光会在额外的 Pass 中渲染,每一个灯光会产生一个额外的 Pass。在额外 Pass 中的灯光默认不会投射阴影。这意味着默认情况下,前向渲染只支持一个投射阴影的平行光。如果希望更多的灯光能够产生投影,就需要添加内置的 multi_compile_fwdadd_fullshadows 编译指令编译出不同的 Shader 变体(Variant)。关于这方面的内容,本章 6.7 节会详细进行讲解。

3. 两种渲染路径的特性对比

为了对比延迟渲染与前向渲染之间的区别,表 6-4 将两种不同渲染路径的特征进行详细对比。

表 6-4　前向渲染与延迟渲染的特性对比

	特　　性	前 向 渲 染	延 迟 着 色
功能	逐像素光照(法线贴图、灯光 cookie)	支持	支持
	实时阴影	需要满足某些条件	支持
	反射探针	支持	支持
	深度和法线缓存	需要添加额外的 Pass	支持
	软粒子	不支持	支持
	半透明物体	支持	不支持
	抗锯齿	支持	不支持
	灯光剔除蒙版	支持	部分功能被限制
	光照的细节程度	部分灯光逐像素渲染	所有灯光逐像素渲染

续表

	特　　性	前　向　渲　染	延　迟　着　色
性能	单个逐像素照明所耗性能	取决于像素数量乘以灯光照亮的物体数量	取决于照亮的像素数量
	物体被正常渲染需要的次数	取决于逐像素光照的灯光数量	1次
	对于简单场景的开销	无	高
平台支持	PC(Windows/Mac)	支持	Shader Model3.0以上
	移动(iOS/Android)	支持	OpenGL ES3.0、MRT、Metal(A8或以上的设备)
	Consoles	支持	XB1,PS4

通过对比可以看出,前向渲染相对于延迟着色的兼容性更高,并且前向渲染也是 Unity 默认的渲染路径,接下来的案例讲解都将使用前向渲染。

6.7.2　Pass 标签

本书在讲解 SubShader 的时候讲过标签(Tag)的概念,其实 Pass 中也有标签功能,如果想要实现正常的光照效果,需要在 Pass 中使用对应的标签。Pass 标签的使用语法跟 SubShader 是一样的,也是键值对的形式,并且没有数量的限制,语法结构如下所示:

```
Tags { "TagName1" = "Value1" "TagName2" = "Value2" }
```

下面开始进入 Pass 标签的讲解,但是需要注意的是,本小节讲解的所有标签只能用于 Pass 中,不能在 SubShader 中使用。

1. LightMode 标签

LightMode(灯光模式)标签定义了 Pass 在光照渲染流水线中的渲染规则,表 6-5 将 LightMode 标签常用的值进行汇总,表格如下:

表 6-5　LightMode 可以设置的标签值

标　签　值	作　　用
Always	除了主要平行光,其他灯光不会产生任何光照
ForwardBase	用于计算主要平行光、逐顶点或者 SH 灯光、环境光和光照贴图,只能在前向渲染中使用
ForwardAdd	为每一个逐像素灯光生成一个 Pass 进行光照计算,只能在前向渲染中使用
Deferred	用于渲染 G-Buffer,只能在延迟着色中使用
ShadowCaster	将物体的深度渲染到阴影贴图或者深度贴图中

举个例子,代码中可能会这样使用:

```
Tags { "LightMode" = "ForwardBase" }
```

2. PassFlags 标签

PassFlags 标签用于更改渲染流水线传递数据给 Pass 的方式。目前仅可以使用的值为 OnlyDirectional。当使用前向渲染的时候,这个标签使得只有主要平行光、环境光或灯光探针、光照贴图的数据才能传递给 Shader,SH 和逐顶点灯光不能传递数据。

6.7.3 内置的 multi_compile

在 6.7.1 节讲过,在默认状态下,前向渲染只支持一个投射阴影的平行光,如果想要修改默认状态,就需要添加多重编译指令。Unity 提供了一系列多重编译指令以编译出不同的 Shader 变体,这些编译指令主要用于处理不同类型的灯光、阴影和灯光贴图,可以使用的编译指令如下:

（1）multi_compile_fwdbase:编译 ForwardBase Pass 中的所有变体,用于处理不同类型的光照贴图,并为主要平行光开启或者关闭阴影。

（2）multi_compile_fwdadd:编译 ForwardAdd Pass 中的所有变体,用于处理平行光、聚光灯和点光源,以及它们的 cookie 纹理。

（3）multi_compile_fwdadd_fullshadows:与 multi_compile_fwdadd 类似,但是增加了灯光投射实时阴影的效果。

6.7.4 实现阴影效果

经过以上几个小节的理论知识讲解,相信读者已经明白物体想要跟灯光进行完美的交互所需要的前提准备工作,例如设置渲染路径、设置 Pass 标签、添加多重编译指令等。本小节将把这些理论知识用于实际的 Shader 编写中。

1. 编写 Shader

为了降低实现难度、减少代码量,以方便读者理解其中的实现逻辑,本案例使用 Lambert 光照模型,因此不再计算镜面反射效果。在编写过程中严格按照前向渲染的光照标准来进行编写,将整个渲染过程分两部分完成:

（1）第一个部分为基础 Pass,用于渲染主要平行光和逐顶点或 SH 的灯光,并为主要平行光产生阴影投射。

（2）第二部分为额外 Pass,用于渲染其他逐像素的灯光,并且在这个 Pass 中也为其他逐像素的灯光产生了阴影投射。

下面对关键部分的代码进行详细讲解。

```
Tags{"LightMode" = "ForwardBase"}

CGPROGRAM
#pragma vertex vert
#pragma fragment frag
#pragma multi_compile_fwdbase
```

```
# include "UnityCG.cginc"
# include "Lighting.cginc"
# include "AutoLight.cginc"
```

在第一个 Pass 中,首先添加标签"LightMode"="ForwardBase"将 Pass 的光照模式设置为前向渲染基础 Pass。然后调用 multi_compile_fwdbase 多重编译指令为在当前 Pass 中渲染的每个灯光编译出不同的 Shader 变体。由于 Shader 中会用到很多内置变量和预定义函数,所以把相关的文件都包含进来。

```
struct v2f
{
    float4 pos : SV_POSITION;
    float3 normal : TEXCOORD0;
    float4 vertex : TEXCOORD1;
    SHADOW_COORDS(2)                 //使用预定义宏保存阴影坐标
};
```

在 v2f 结构体中,除了要保存裁切空间顶点坐标、模型空间法线向量和模型空间顶点坐标之外,还引进了一个新的变量:使用宏 UNITY_SHADOW_COORDS(idx1)保存阴影贴图的坐标。括号内的数字表示 TEXCOORD 语义后的序号,由于 0 和 1 已经被法线向量和顶点坐标占用,所以此处使用序号 2。这个宏在包含文件 AutoLight.cginc 中被定义,感兴趣的读者可以打开文件自行阅读源码。

```
v2f vert (appdata_base v)
{
    v2f o;
    o.pos = UnityObjectToClipPos(v.vertex);
    o.normal = v.normal;
    o.vertex = v.vertex;
    TRANSFER_SHADOW(o)               //使用预定义宏变换阴影坐标

    return o;
}
```

将内置的 appdata_base 结构体传入顶点着色器中之后,在顶点着色器中计算出裁切空间顶点坐标,并直接输出传入的法线向量和顶点坐标。在这里需要引进一个新的宏定义 TRANSFER_SHADOW(a),这个宏在包含文件 AutoLight.cginc 中被定义,它的作用是变换阴影贴图的纹理坐标并存入结构体中。宏括号内的 a 表示要存入的结构体名称,由于顶点函数中声明的结构体名称为 o,因此括号内需要填写 o。

```
fixed4 frag (v2f i) : SV_Target
{
    //准备变量
    float3 n = UnityObjectToWorldNormal(i.normal);
    n = normalize(n);
```

```
    float3 l = WorldSpaceLightDir(i.vertex);
    l = normalize(l);
    float4 worldPos = mul(unity_ObjectToWorld, i.vertex);

    // Lambert 光照
    fixed ndotl = saturate(dot(n, l));
    fixed4 color = _LightColor0 * _MainColor * ndotl;

    //加上 4 个点光源的光照
    color.rgb += Shade4PointLights(
    unity_4LightPosX0, unity_4LightPosY0, unity_4LightPosZ0,
    unity_LightColor[0].rgb, unity_LightColor[1].rgb,
    unity_LightColor[2].rgb, unity_LightColor[3].rgb,
    unity_4LightAtten0, worldPos.rgb, n) * _MainColor;

    //加上环境光照
    color += unity_AmbientSky;

    //使用预定义宏计算阴影系数
    UNITY_LIGHT_ATTENUATION(shadowmask, i, worldPos.rgb)

    //阴影合成
    color.rgb *= shadowmask;

    return color;
}
```

在片段着色器中，通过计算得到标准化的世界空间法线和世界空间灯光方向，由于之前使用了 WorldSpaceLightPos0 变量，导致聚光灯和点光源的位置对于光照效果起不了任何作用。为了解决这个问题，在本 Shader 中使用 WorldSpaceLightDir() 函数计算灯光方向，它会根据不同类型的灯光分别计算灯光方向，该函数在包含文件 UnityCG.cginc 中被定义。

得到世界空间顶点坐标之后，按照 Lambert 光照模型的计算公式求得 Lambert 光照，然后与 Shade4PointLights() 函数计算出的 4 个点光源的光照相加。该函数在包含文件 UnityCG.cginc 中被定义，函数需要传入 4 个点光源的坐标、颜色、衰减，以及世界空间顶点坐标和世界空间法线向量，这些变量都在包含文件 UnityShaderVariables.cginc 中被定义，可以直接获取。并且 UnityCG.cginc 已经包含了这个文件，因此不需要再包含一遍。将得到的光照与环境光相加之后，就得到完整的光照了。

等到光照效果之后，还需要计算阴影效果。首先使用宏 UNITY_LIGHT_ATTENUATION (destName,input,worldPos) 计算出阴影遮罩，这个宏在包含文件 AutoLight.cginc 中被定义，需要用到的变量如下：

（1）destName：表示阴影系数的名称，后续可以直接使用这个名称调用。

（2）input：表示传入片段着色器的结构体名称。

（3）worldPos：表示世界空间顶点坐标。

计算出投影遮罩之后，将其与光照效果相乘，就可以得到有投影的光照效果了。编写完第一部分的 Shader 之后，还需要为除主光外的其他逐像素灯光产生投影，下面开始编写第二部分的代码。

```
Tags{"LightMode" = "ForwardAdd"}

//使用相加混合,使绘制的图像与上一个 Pass 完全混合
Blend One One

CGPROGRAM
# pragma vertex vert
# pragma fragment frag
# pragma multi_compile_fwdadd_fullshadows
```

在第二个 Pass 中，首先使用标签"LightMode" = "ForwardAdd"将光照模式设置为 ForwardAdd，然后添加多重编译指令 multi_compile_fwdadd_fullshadows 为当前 Pass 中渲染的灯光编译出不同的 Shader 变体，并产生阴影投射。

为了避免当前 Pass 绘制出的图像完全覆盖掉上一个 Pass，需要使用混合指令 Blend 将两个 Pass 绘制出的图像进行混合。本 Shader 中使用"Blend One One"混合指令使两个 Pass 绘制的图像完全相加，关于混合模式这一方面的内容，在第 7 章——透明效果中再做详细讲解。

因为在第一个 Pass 中已经计算过环境光，所以第二个 Pass 不需要再重复计算。除此之外，剩下的代码基本上跟上一个 Pass 一致，此处不再赘述。

```
FallBack "Diffuse"
```

最后通过 FallBack 指令指定了 Unity 内置的 Diffuse Shader 进行回退。由于只编写了两个接受阴影的 Pass，Shader 中还缺少投射阴影的 Pass，因此当显卡在运行本 Shader 的时候会到指定的 Diffuse 中寻找并使用其中的阴影投射 Pass。于是，有光照又有阴影的灯光效果才算最终完成。

2. 测试 Shader 效果

为了方便读者阅读，下面将本小节所讲解的完整 Shader 代码展示出来：

```
Shader "Custom/Shadow Shader"
{
    Properties
    {
        _MainColor ("Main Color", Color) = (1, 1, 1, 1)
    }
    SubShader
    {
        // -------- 基础 Pass 为主要平行光产生投影 --------
        Pass
```

```
{
    //添加 Pass 标签
    Tags{"LightMode" = "ForwardBase"}

    CGPROGRAM
    #pragma vertex vert
    #pragma fragment frag
    #pragma multi_compile_fwdbase
    #include "UnityCG.cginc"
    #include "Lighting.cginc"
    #include "AutoLight.cginc"

    struct v2f
    {
        float4 pos : SV_POSITION;
        float3 normal : TEXCOORD0;
        float4 vertex : TEXCOORD1;
        SHADOW_COORDS(2)              //使用预定义宏保存阴影坐标
    };

    fixed4 _MainColor;

    v2f vert (appdata_base v)
    {
        v2f o;
        o.pos = UnityObjectToClipPos(v.vertex);
        o.normal = v.normal;
        o.vertex = v.vertex;
        TRANSFER_SHADOW(o)            //使用预定义宏变换阴影坐标

        return o;
    }

    fixed4 frag (v2f i) : SV_Target
    {
        //准备变量
        float3 n = UnityObjectToWorldNormal(i.normal);
        n = normalize(n);
        float3 l = WorldSpaceLightDir(i.vertex);
        l = normalize(l);
        float4 worldPos = mul(unity_ObjectToWorld, i.vertex);

        // Lambert 光照
        fixed ndotl = saturate(dot(n, l));
        fixed4 color = _LightColor0 * _MainColor * ndotl;

        //加上 4 个点光源的光照
```

```
        color.rgb += Shade4PointLights(
        unity_4LightPosX0, unity_4LightPosY0, unity_4LightPosZ0,
        unity_LightColor[0].rgb, unity_LightColor[1].rgb,
        unity_LightColor[2].rgb, unity_LightColor[3].rgb,
        unity_4LightAtten0, worldPos.rgb, n) * _MainColor;

        //加上环境光照
        color += unity_AmbientSky;

        //使用预定义宏计算阴影系数
        UNITY_LIGHT_ATTENUATION(shadowmask, i, worldPos.rgb)

        //阴影合成
        color.rgb *= shadowmask;

        return color;
    }
    ENDCG
}

// --------- 额外的 Pass 为其他逐像素的灯光产生投影 ---------
Pass
{
    Tags{"LightMode" = "ForwardAdd"}

    //使用相加混合,使绘制的图像与上一个 Pass 完全混合
    Blend One One

    CGPROGRAM
    # pragma vertex vert
    # pragma fragment frag
    # pragma multi_compile_fwdadd_fullshadows
    # include "UnityCG.cginc"
    # include "Lighting.cginc"
    # include "AutoLight.cginc"

    struct v2f
    {
        float4 pos : SV_POSITION;
        float3 normal : TEXCOORD0;
        float4 vertex : TEXCOORD1;
        SHADOW_COORDS(2)                //使用预定义宏保存阴影坐标
    };

    fixed4 _MainColor;

    v2f vert (appdata_base v)
```

```
        {
            v2f o;
            o.pos = UnityObjectToClipPos(v.vertex);
            o.normal = v.normal;
            o.vertex = v.vertex;
            TRANSFER_SHADOW(o)              //使用预定义宏变换阴影坐标

            return o;
        }

        fixed4 frag (v2f i) : SV_Target
        {
            //准备变量
            float3 n = UnityObjectToWorldNormal(i.normal);
            n = normalize(n);
            float3 l = WorldSpaceLightDir(i.vertex);
            l = normalize(l);
            float4 worldPos = mul(unity_ObjectToWorld, i.vertex);

            // Lambert 光照
            fixed ndotl = saturate(dot(n, l));
            fixed4 color = _LightColor0 * _MainColor * ndotl;

            //加上 4 个点光源的光照
            color.rgb += Shade4PointLights(
            unity_4LightPosX0, unity_4LightPosY0, unity_4LightPosZ0,
            unity_LightColor[0].rgb, unity_LightColor[1].rgb,
            unity_LightColor[2].rgb, unity_LightColor[3].rgb,
            unity_4LightAtten0, worldPos.rgb, n) * _MainColor;

            //使用预定义宏计算阴影系数
            UNITY_LIGHT_ATTENUATION(shadowmask, i, worldPos.rgb)

            //阴影合成
            color.rgb *= shadowmask;

            return color;
        }
        ENDCG
    }
    }
    FallBack "Diffuse"
}
```

最后,按照以下步骤搭建一个简单的测试场景用来检测 Shader 的效果:

(1) 在 Unity 中创建一个新场景,并将场景内的物体全部删除。

（2）添加一个内置的球体，然后在球体下方再添加一个平面。

（3）创建一个新材质，并将 Shader 指定给这个材质，然后将材质赋予球体和平面。

（4）添加平行光、点光源和聚光灯，调整位置使三个灯光能够照射到球体和平面，然后调整颜色并开启阴影投射开关。

最终效果如图 6-15 所示，平行光、点光源、聚光灯都已经对球体产生了照明，并且在下方的平面上投射出了阴影。

图 6-15　最终投影效果

3. 通过 Frame Debug 分析渲染流程

在 7.3 节中，按照前向渲染的光照流程编写了 Shader 并进行了代码讲解。为了加深理解，本小节中再使用 Unity 提供的帧调试器（Frame Debug）逐步讲解测试场景的光照流程。

帧调试器允许用户通过回放的方式查看显卡在渲染当前帧的过程中每个步骤所产生的计算结果，它非常适合用来调试场景渲染和测试 Shader 效果。读者可以依次单击菜单 Window > Analysis > Frame Debugger 打开帧调试器。

如图 6-16 所示，在帧调试器面板中，左侧为渲染当前帧所经历的所有步骤，方框内的步骤就是 Shader 在整个前向渲染流程中所参与的部分。右侧为显卡在当前步骤所做的工作。本次案例讲解主要关注图中方框中的两部分内容。

因为场景中有球体和平面两个几何体，有平行光、点光源和聚光灯 3 个灯光，按照前向渲染的光照流程，每个灯光为每个物体执行一遍渲染，所以整个测试场景一共执行了 6 次灯光渲染。下面分步骤进行图文讲解。

如图 6-17 所示，前两步是平行光分别渲染球体和平面并产生阴影的过程。这两步都在第一个 Pass 中完成。

如图 6-18 所示，中间两步分别是点光源和聚光灯渲染球体的过程。从画线位置可以看出，这个过程是在第二个 Pass 中完成的，Pass 中的多重编译指令分别为点光源和聚光灯编译出两种不同的变体进行渲染，渲染结果与上一个 Pass 进行"Blend One One"完全混合。

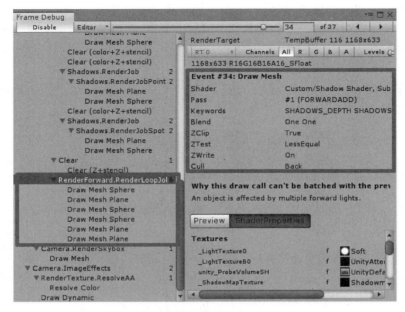

图 6-16　Frame Debug 面板

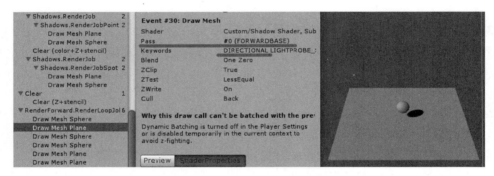

图 6-17　平行光渲染球体和平面

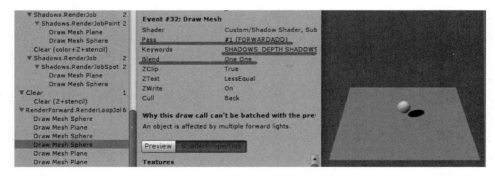

图 6-18　点光源和聚光灯渲染球体

如图 6-19 所示，最后两步分别是点光源和聚光灯渲染平面的过程，这个过程也是在第二个的 Pass 中完成的。左图为点光源对物体产生照明并投射出阴影，右图为聚光灯对物体产生照明并投射出阴影。

图 6-19　点光源和聚光灯渲染平面

至此，整个照明过程渲染完成。回顾已完成的 Shader，总共一百四十多行代码却只实现了一个简单的光照效果，如果想要实现其他更加复杂的光照交互还需要编写更多代码，并且整个编写过程相当麻烦。为了降低 Shader 的编写难度，Unity 提供了表面着色器（Surface Shader），专门用于编写与灯光进行交互的 Shader。关于这方面的内容，本书会在第 8 章和第 9 章做详细讲解。

## 第7章

透 明 效 果

本书在此之前所讲解的都是不透明材质效果,然而在现实生活中,还存在与之相对的半透明材质效果,例如,玻璃、水,这一章就来讲解这一类效果的 Shader。

本章的主要内容有:不透明物体以及半透明物体的渲染顺序、混合效果的使用方法、透明测试的使用方法、模板测试的使用方法。

7.1 不透明物体的渲染顺序

本书在 3.4.1 节——SubShader 标签中讲过,深度测试(ZTest)和深度写入(ZWrite)既可以在 Pass 中设置,也可以在 SubShader 中设置。但是关于深度缓存(Z-Buffer)的作用、写入时机等问题,由于前期并没有涉及,故而未作讲解。而深度缓存在混合透明中具有非常重要的作用,因此本节将正式开始该方面内容的讲解。

在 3D 游戏场景中,屏幕上所显示的每一帧图像其实都是显卡将一层层绘制的图像叠加起来的结果,后绘制的图像会遮挡住先前绘制的图像。这有点像 Photoshop 的图层概念,上一层图像会遮挡住下一层的图像。

理解了图像绘制过程中图层和遮挡的概念,接下来再引申出一个名词——重叠绘制(Overdraw)。假设场景中有不透明物体 A 和 B,A 在距离摄像机比较远的位置,B 在距离摄像机比较近的位置。在俯视视角中,物体 A、B 以及摄像机在 3D 场景中的位置如图 7-1 所示。

如果按照正常的逻辑思考,显卡在渲染的时候优先绘制远处的物体,然后再绘制近处的物体,整个渲染流程大致如下:

首先,显卡会完整地绘制出 A 物体,然后再完整绘制出 B 物体,B 叠加在 A 上,最终呈现在屏幕上。"整个过程没有任何问题,并且最终的渲染结果也没有任何差错,太完美了!"如果你真的这么想,那就大错特错了。这种绘制顺序虽然从渲染结果看起来没有任何问题,但是从性能消耗的角度来说却漏洞百出。

从摄像机的视角中查看最终的渲染图像如图 7-2 所示,物体 A 有一部分是被物体 B 遮挡住的,被遮挡部分称为"重叠部分"。虽然最终在屏幕上的重叠部分只看到了物体 B,但是显卡在绘制物体 A 的时候也绘制了这部分,像这种绘制的图像因为被遮挡而最终没有显示的现象,被称为重叠绘制(Overdraw),这其实是对于性能的一种浪费。

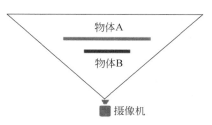

图 7-1 物体 A、B 以及摄像机在俯视图中的相对位置

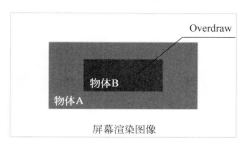

图 7-2 屏幕中的 Overdraw

当场景中有很多重叠物体的时候,Overdraw 会导致性能急剧降低。为了避免不必要的性能浪费,Unity 将不透明模型的渲染顺序设定为:近处的物体优先绘制,然后再绘制远处的物体。

如果只是单纯地改变了绘制顺序,非但并没有解决性能浪费的问题,反而还带来了一个新的问题:由于远处的物体是在最后被绘制,当物体 B 被绘制完成之后紧接着就会被物体 A 给覆盖掉,这就会导致最终的屏幕上只会显示物体 A。于是本书再引进另外一个名称——深度值(Depth),因为深度值会存储在屏幕空间顶点坐标的 z 分量上,因此也被称作 Z 值。

在渲染的时候,显卡会计算每个片段(这个时候还没有像素化)与摄像机之间的距离,然后存储在深度缓存中,这些信息被称为深度值。每一个片段都会对应有一个深度值,距离摄像机越近,深度值越小,反之就会越大。

绘制图像的时候,显卡会将每一个片段的深度值与已经存在于深度缓存中的值进行比较,如果它的值比深度缓存中的值大,说明这个片段被其他物体遮挡住,最终不会呈现到屏幕上,因此会被丢弃;反之,如果它的值比深度缓存中的值小,说明这个片段没有被其他物体遮挡,应该被渲染出来。这个进行深度值对比的过程被称为深度测试(Depth Test 或 ZTest)。那些通过测试的片段会将它的深度值更新到深度缓冲中,这个过程被称为深度写入,因此通常情况下,深度缓存中的深度值会越来越小。

在当前渲染顺序的基础上增加深度值的概念之后,下面再重新分析一遍渲染流程:

如图 7-3 所示,靠近摄像机的 A 物体优先绘制,因为深度缓存中没有任何深度值,因此 A 直接通过测试并将深度值 m 写入深度缓存。绘制较远处 B 物体的时候,未被遮挡的部分

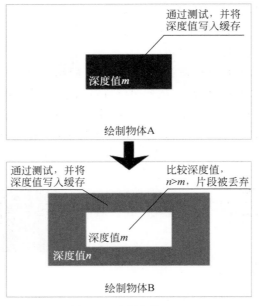

图 7-3　绘制物体 A、B

在深度缓存中没有任何深度值,因此这一部分直接通过测试并将深度值 n 写入到深度缓存中,被遮挡部分的深度值会与缓存中的值进行对比,n＞m,于是这一部分会抛弃。然后 B 图像叠在 A 图像上,在屏幕上显示出最终效果。

通过这种更为优化的渲染流程可以使那些被遮挡的片段在还未像素化的时候就被丢弃掉,使其避免进入后续的计算,从而起到性能优化的作用。

7.2　透明物体的渲染顺序

本书 7.1 节中讲解了不透明物体的渲染顺序,可能有些读者会问:是否透明物体也可以按照这个顺序进行渲染呢?

在讲解这个问题之前,先来看一张 Unity 官方提供的渲染流程图。如图 7-4 所示,深度测试(Depth Test)是在顶点着色器阶段之后进行的,在这个阶段中,未通过深度测试的片段会被丢弃,然后进入片段着色阶段。而图像叠加的操作是在最后一步 Blending 中完成的。

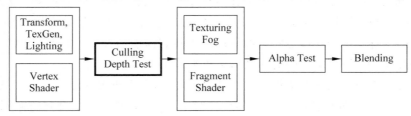

图 7-4　Unity 官方文档中的渲染流程图

明白了整个渲染流程后,下面对上一节的情况继续进行分析。假设 A 为不透明物体,B 为半透明物体,A、B 以及摄像机在 3D 场景中的位置保持不变,俯视视角如图 7-5 所示。

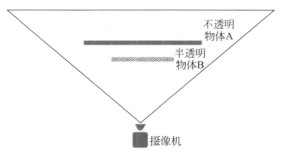

图 7-5　物体 A、B 以及摄像机在俯视图中的相对位置

先假设半透明物体也是按照不透明物体的渲染顺序进行渲染,靠近摄像机的 B 物体优先绘制,然后再绘制稍远处的 A 物体。由于 A 物体在进行深度测试的时候并不知道前方挡住自己的物体是半透明物体(只有到达 Blending 阶段才能知道),以为自己被遮挡的部分依然是看不到的,因此还是会丢弃掉重叠的部分,所以最终在屏幕上看到的渲染结果如图 7-6 所示,透过半透明的 B 物体之后并没有看到 A 物体。

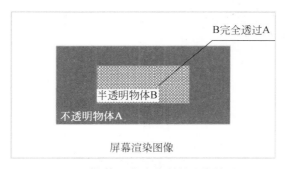

图 7-6　物体 B 优先绘制的渲染效果

这显然没有实现原本想要的效果,因此 Unity 为半透明物体单独设定了一个渲染队列("Queue"="Transparent"):半透明物体在所有不透明物体绘制完成之后再进行绘制。

如果只是从图像叠加的角度考虑:所有不透明物体绘制完成之后再绘制透明物体,透明物体只是单纯地叠加在不透明物体之上,如此一来好像就不会出现任何问题了。但是不要忘了,在渲染过程中已经引入了深度测试的步骤,并且只有到了最后的 Blending 阶段,显卡才能知道某个物体是否透明。也就是说,B 物体还是会按照不透明的顺序优先绘制,物体 A 在进行深度测试的时候依然无法得知物体 B 是否透明,被遮挡的部分还是会被丢弃。所以只是单纯地将不透明物体放在所有透明物体之后渲染并没有解决问题,还要想办法让 A 物体与 B 物体重叠的部分在进行深度测试的时候能够通过测试。

以下有三种方法可以让 A 物体与 B 物体重叠的部分通过深度测试:

（1）关闭 A 物体的深度测试，即修改 Shader 的渲染状态为 ZTest Off。

（2）将 A 物体的深度测试设置为总是通过，即修改 Shader 的渲染状态为 ZTest Always。

（3）不将物体 B 的深度值写入深度缓存，即修改 Shader 的渲染状态为 ZWrite Off。

分别分析一下这三种方法：

第一种方法，关闭 A 物体的深度测试，A 物体在渲染过程中会跳过深度测试进入下面的阶段，这种情况就像是在上一节所讨论的那样，当 A 物体前方还被其他不透明物体遮挡的时候，没有深度测试会导致 A 会覆盖掉近距离的其他物体，因此这个方法并不可行。

第二种方法，将 A 物体设置为总是通过深度测试，A 物体在渲染的时候会无视其他不透明物体对它的遮挡，总是会完整绘制，这种方法所呈现的最终效果其实跟第一种方法相似，因此也不可行。

第三种方法，在 B 物体通过深度测试之后禁止把深度值写入到深度缓存中，如此一来，A 物体就不会知道在其前方还有个物体 B，于是 A 物体会优先完整地绘制出来，然后再将绘制好的 B 物体叠加在 A 物体上，如图 7-7 所示，最终就可以实现想要的结果。

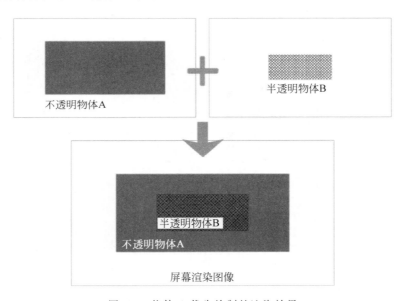

图 7-7　物体 A 优先绘制的渲染效果

按照第三种方法进行渲染，不透明物体与透明物体看似可以正常显示了，其实还有一个潜在问题：当场景中有多个半透明物体互相重叠的时候，如果还是按照近距离的物体优先绘制的原则，最终会导致远处的半透明物体叠加在近处的半透明物体上，而正确的效果是近处的半透明物体叠加在远处的半透明物体上。

为解决这个问题，Unity 将半透明队列的渲染顺序设定为：远处的物体优先绘制，然后再绘制近处的物体。这样一来，透明物体的叠加顺序就不会出现任何问题了。

7.3 混合透明效果

显卡在渲染图像的过程中,当所有 Shader 都被执行完毕,并且所有的纹理贴图都被应用之后,像素就会被绘制到屏幕上。但是新渲染出来的图像如何跟已经存在的图像合并呢?这就需要用到先前提到的混合指令(Blending)了,这一节就来着重讲解此部分内容。

7.3.1 混合指令

混合指令以 Blend 关键词开始,后面接混合模式。它可以在 Subshader 中使用,也可以在 Pass 中使用。在 SubShader 中使用会影响到 SubShader 中的所有 Pass,在 Pass 中使用只会对当前 Pass 起作用。

可以使用的混合模式如下:

(1) Blend Off:关闭混合处理,当 Shader 中没有添加任何混合指令的时候,默认就是关闭状态。

(2) BlendSrcFactor DstFactor:开启混合处理,允许自定义混合模式。新渲染出来的图像被称为 Source(源图像),简称 Src;已经绘制完的图像被称为 Destination(目标图像),简称 Dst。SrcFactor 为源图像的混合系数,DstFactor 为目标图像的混合系数,Unity 中可以使用的混合系数会在本章 7.3.2 节中全部列出。最终源图像和目标图像按照如下公式进行图像混合:

$$Color_{rgba} = Source_{rgba} \cdot SrcFactor + Destination_{rgba} \cdot DstFactor$$

(3) Blend SrcFactor DstFactor,SrcFactorA DstFactorA:跟上述指令类似,但是对于源图像和目标图像的 alpha 通道分别使用 SrcFactorA 和 DstFactorA 进行混合,计算公式如下所示:

$$Color_{rgb} = Source_{rgb} \cdot SrcFactor + Destination_{rgb} \cdot DstFactor$$
$$Color_{a} = Source_{a} \cdot SrcFactorA + Destination_{a} \cdot DstFactorA$$

(4) BlendOp Op:使用其他操作进行图像混合,而不再只是进行颜色相加。Unity 中可以使用的混合操作会在本章 7.3.3 节中全部列出。

(5) BlendOpOpColor,OpAlpha:跟上述指令类似,但是对于颜色和 alpha 通道分别使用 OpColor 和 OpAlpha 不同的操作。

7.3.2 混合系数

表 7-1 将所有可以使用的混合系数进行了汇总,虽然图像混合阶段不能自由编程,但是 GPU 提供了比较灵活的配置空间,可以通过自由配置来实现自己想要的效果。需要注意的是,当混合操作中使用了逻辑操作的时候,混合系数则不会被计算。

表 7-1　所有可以使用的混合系数

名　称	说　明
Zero	数值为 0,用来让 Source 或 Destination 完全不能通过
One	数值为 1,用来让 Source 或 Destination 全部通过
SrcColor	把 Source 的像素颜色用作混合系数
DstColor	把 Destination 的像素颜色用作混合系数
SrcAlpha	把 Source 的 alpha 数值用作混合系数
DstAlpha	把 Destination 的 alpha 数值用作混合系数
OneMinusSrcColor	将 Source 的像素颜色反相之后,用作混合系数
OneMinusDstColor	将 Destination 的像素颜色反相之后,用作混合系数
OneMinusSrcAlpha	将 Source 的 alpha 数值反相之后,用作混合系数
OneMinusDstAlpha	将 Destination 的 alpha 数值反相之后,用作混合系数

除此之外,Unity 还提供了一些常用的混合指令:

```
{
    Blend SrcAlpha OneMinusSrcAlpha        //普通的透明叠加
    Blend One OneMinusSrcAlpha             //预乘透明
    Blend One One                          //相加
    Blend OneMinusDstColor One             //柔和相加
    Blend DstColor Zero                    //相乘
    Blend DstColor SrcColor                //2 倍相乘
}
```

7.3.3　混合操作

表 7-2 将混合操作中经常用到的指令进行了汇总。

表 7-2　混合操作中常用的指令

名　称	说　明
Add	将 Source 和 Destination 进行相加
Sub	用 Source 减去 Destination
RevSub	用 Destination 减去 Source
Min	类似于 min(Source,Destination)
Max	类似于 max(Source,Destination)

表 7.2 只是把使用频次比较高的混合操作列举了出来,除此之外,Unity 官方还提供了诸如和操作、或操作等逻辑操作,这些逻辑操作只能在 DX11.1 或以上版本才能运行,感兴趣的读者可自行阅读 Unity 官方文档中关于 Blending 这一部分的相关内容。

7.3.4　混合透明的使用方法

一般情况下,混合透明 Shader 会包含以下指令:

```
SubShader
{
    //在 SubShader 中
    Tags
    {
        "Queue" = "Transparent"
        "RenderType" = "Transparent"
        "IgnoreProjector" = "True"
    }
    Pass
    {
        //在 Pass 中
        ZWrite Off
        Blend SrcAlpha OneMinusSrcAlpha
    }
}
```

在 SubShader 的标签中，为了使透明 Shader 在所有不透明物体之后渲染，需要把渲染队列设置为 Transparent，然后将渲染类型设置为 Transparent。透明物体一般不需要接受来自投影仪（Projector）的投射，因此开启 IgnoreProjector 指令。

在 Pass 中，首先关闭了深度写入，然后使用对应的混合指令开启混合模式。

7.3.5　混合透明效果

讲解完理论知识，下面开始编写一个简单的透明效果来加深读者对该部分内容的理解。为了减少代码量，降低阅读难度，本案例只使用 Lambert 光照模型，完整 Shader 如下：

```
Shader "Custom/Blending Transparent"
{
    Properties
    {
        _MainTex ("MainTex", 2D) = "white" {}
        _MainColor ("MainColor(RGB_A)", Color) = (1, 1, 1, 1)
    }
    SubShader
    {
        //设置渲染标签
        Tags
        {
            "Queue"  =  "Transparent"
            "RenderType"  =  "Transparent"
            "IgnoreProjector"  =  "True"
        }

        Pass
        {
```

```
            Tags{"LightMode" = "ForwardBase"}

            //设置渲染状态
            ZWrite Off
            Blend SrcAlpha OneMinusSrcAlpha

            CGPROGRAM
            #pragma vertex vert
            #pragma fragment frag
            #pragma multi_compile_fwdbasse
            #include "UnityCG.cginc"
            #include "UnityLightingCommon.cginc"

            struct v2f
            {
                float4 pos : SV_POSITION;
                float4 worldPos : TEXCOORD0;
                float2 texcoord : TEXCOORD1;
                float3 worldNromal : TEXCOORD2;
            };

            sampler2D _MainTex;
            float4 _MainTex_ST;
            fixed4 _MainColor;

            v2f vert (appdata_base v)
            {
                v2f o;

                o.pos = UnityObjectToClipPos(v.vertex);
                o.worldPos = mul(unity_ObjectToWorld, v.vertex);
                o.texcoord = TRANSFORM_TEX(v.texcoord, _MainTex);

                float3 worldNromal = UnityObjectToWorldNormal(v.normal);
                o.worldNromal = normalize(worldNromal);

                return o;
            }

            fixed4 frag (v2f i) : SV_Target
            {
                float3 worldLight = UnityWorldSpaceLightDir(i.worldPos.xyz);
                worldLight = normalize(worldLight);

                fixed NdotL = saturate(dot(i.worldNromal, worldLight));

                fixed4 color = tex2D(_MainTex, i.texcoord);
```

```
            color.rgb *= _MainColor.rgb * NdotL * _LightColor0;
            color.rgb += unity_AmbientSky;

            //通过_MainColor 属性的 a 分量控制透明度
            color.a *= _MainColor.a;

            return color;
        }
        ENDCG
    }
}
FallBack "Diffuse"
}
```

上文代码是在 Lambert 光照 Shader 的基础上进行的简单修改，首先将混合透明所需要的指令进行了添加，然后在片段着色器中对_MainTex 采样，接着又将 color 的 a 分量乘上了_MainColor 的 a 分量，这样就可以通过调节颜色属性的 a 分量控制物体的透明度了。最后回退 Diffuse 是为了使用阴影投射 Pass 产生投影。

编写完 Shader 之后按照以下步骤测试效果：

（1）创建一个新场景。

（2）在场景中的适当位置添加几个 Unity 内置的几何体（例如：球体、圆柱体、立方体、胶囊体）。

（3）创建一个新的材质，并将编写好的 Shader 指定给这个材质。

（4）将创建的材质赋予场景中的几何体，指定纹理贴图，调节材质属性。

（5）在场景中的地面位置放置一个面片。

（6）为地面的面片赋予一个 Standard 材质，并指定纹理贴图，调节材质属性。

最终的效果如图 7-8 所示，场景中的几何体呈现出半透明的效果，透过前面的物体，可以看到后面的物体。

图 7-8　最终渲染的半透效果

7.3.6　半透明物体的双面渲染

7.3.5 节实现了一个简单的混合透明 Shader,亲手试验过的读者可能会陷入如下困境:发现透明物体的背面没有显示。然后回想到渲染状态中讲到的 Cull 指令可以用来剔除几何体的正面或者背面,于是毫不犹豫地在 Pass 中加上了 Cull Off,最后发现结果反而更糟。

之所以产生上述问题,是因为透明 Shader 中关闭了深度写入,由于深度缓存中没有该物体对应的深度信息,导致物体的背面和正面绘制顺序错误,从而出现如图 7-9 所示的效果,物体正面比背面先绘制,导致出现背面的图像叠加在正面的现象。

那么如何解决这个问题呢? 其实很简单,既然是因为渲染顺序错误导致的,那就从渲染顺序上着手解决。

不透明物体将正面和背面分为两个 Pass,渲染完背面之后再渲染正面,修改过后的代码如下所示。因为 CGPROGRAM 中的代码没有做任何更改,为了节省篇幅,下文将其省略。

图 7-9　物体背面叠加在正面的现象

```
Shader "Custom/two-side Transparent"
{
    Properties
    {
        _MainTex ("MainTex", 2D) = "white" {}
        _MainColor ("MainColor(RGB_A)", Color) = (1, 1, 1, 1)
    }
    SubShader
    {
        Tags
        {
            "Queue" = "Transparent"
            "RenderType" = "Transparent"
            "IgnoreProjector" = "True"
        }

        // ----------------- 渲染背面 -----------------
        Pass
        {
            Tags{"LightMode" = "ForwardBase"}

            //开启正面剔除
            Cull Front
            ZWrite Off
            Blend SrcAlpha OneMinusSrcAlpha

            CGPROGRAM
```

```
        //代码省略……

        ENDCG
    }

    // ---------------- 渲染正面 ----------------
    Pass
    {
        Tags{"LightMode" = "ForwardBase"}

        //开启背面剔除
        Cull Back
        ZWrite Off
        Blend SrcAlpha OneMinusSrcAlpha

        CGPROGRAM

        //代码省略……

        ENDCG
    }
}
FallBack "Diffuse"
}
```

在第一个 Pass 中,通过使用 Cull Front 指令将物体正面剔除,先渲染物体的背面。然后在第二个 Pass 中,又通过使用 Cull Back 指令将物体的背面剔除,只渲染正面。两个 Pass 混合之后,最终实现双面透明的效果。

将编写好的 Shader 指定给几何体所使用的材质,最终效果如图 7-10 所示,可以看出,半透明物体已经可以正常渲染出背面了。但是需要注意的是,由于 Shader 使用了两个 Pass,同一个物体会执行两次渲染,因此会比不透明物体更耗费性能。

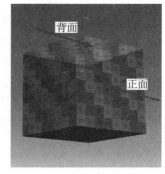

图 7-10　半透物体双面正常显示

7.4　透明测试效果

游戏场景中会经常遇到这样的情况:某些部位完全透明而其他部位完全不透明(例如:树叶、栅栏等),如果继续使用混合透明的方式,在延迟着色渲染路径中物体将无法接受投影,并且凸起的或者重叠的部分也会出现渲染顺序错误的问题。这时候就需要用到另外一种透明方式——透明测试(Alpha Test),本节就来讲解这方面的知识。

7.4.1 透明测试的使用方法

HLSL 提供了 clip() 指令,用于在像素着色器中丢弃某些数值小于 0 的像素,如此一来,物体就可以实现某些位置完全透明的效果,并且不会出现渲染顺序错误的现象。

一般情况下,透明测试的 Shader 包含以下指令:

```
SubShader
{
    Tags
    {
        "Queue" = "AlphaTest"
        "RenderType" = "TransparentCutout"
        "IgnoreProjector" = "True"
    }
    Pass
    {
        CGPROGRAM
        // CG 代码
        clip(textureColor.a - alphaCutoffValue);
        // CG 代码
        ENDCG
    }
}
```

在 SubShader 中需要将渲染队列设置为 AlphaTest,渲染类型设置为 TransparentCutout,然后开启忽略投影仪。在片段着色器中使用 clip() 指令,将采样纹理的 a 通道减去一个设定的数值,如果结果小于 0 将完全透明,否则完全不透明。

7.4.2 透明测试效果

下面还是在 Lambert 光照 Shader 的基础上继续修改代码,完整的 Shader 代码如下所示:

```
Shader "Custom/alpha - test Transparent"
{
    Properties
    {
        _MainTex ("MainTex", 2D) = "white" {}
        _AlphaTest("Alpha Test", Range(0, 1)) = 0
    }
    SubShader
    {
        //设置渲染标签
        Tags
        {
```

```
            "Queue" = "AlphaTest"
            "RenderType" = "TrannsparentCutout"
            "IgnoreProjector" = "True"
    }

    Pass
    {
        Tags{"LightMode" = "ForwardBase"}

        //关闭几何体剔除
        Cull Off

        CGPROGRAM
        # pragma vertex vert
        # pragma fragment frag
        # include "UnityCG.cginc"
        # include "UnityLightingCommon.cginc"

        struct v2f
        {
            float4 pos : SV_POSITION;
            float4 worldPos : TEXCOORD0;
            float2 texcoord : TEXCOORD1;
            float3 worldNormal : TEXCOORD2;
        };

        sampler2D _MainTex;
        float4 _MainTex_ST;
        fixed _AlphaTest;

        v2f vert (appdata_base v)
        {
            v2f o;
            o.pos = UnityObjectToClipPos(v.vertex);
            o.worldPos = mul(unity_ObjectToWorld, v.vertex);
            o.texcoord = TRANSFORM_TEX(v.texcoord, _MainTex);

            float3 worldNormal = UnityObjectToWorldNormal(v.normal);
            o.worldNormal = normalize(worldNormal);

            return o;
        }

        fixed4 frag (v2f i) : SV_Target
        {
            float3 worldLight = UnityWorldSpaceLightDir(i.worldPos.xyz);
            worldLight = normalize(worldLight);
```

```
                fixed NdotL = saturate(dot(i.worldNormal, worldLight));

                fixed4 color = tex2D(_MainTex, i.texcoord);

                //开启 Alpha 测试
                clip(color.a - _AlphaTest);

                color.rgb *= NdotL * _LightColor0;
                color.rgb += unity_AmbientSky;

                return color;
            }
            ENDCG
        }
    }
}
```

在 Properties 代码块开放_AlphaTest 属性,用于 clip()指令中检测像素 a 分量的数值。然后将透明测试所需要的指令添加到 Shader 中,为了实现双面显示的效果,因此在 Pass 中关闭了几何体剔除功能。

在片段着色器的 clip()指令中,使用采样纹理的 a 通道减去_AlphaTest 变量,就可以通过调节_AlphaTest 属性进而控制透明效果了。

编写完 Shader,按照以下步骤测试效果:

(1) 创建一个新场景。

(2) 在场景中添加一个 Unity 内置的四边形几何体。

(3) 创建一个新材质,并将编写好的 Shader 指定给这个材质。

(4) 将材质赋予场景中的四边形几何体。

另外,还需要准备一张树叶纹理的图片,如图 7-11 所示,这是一张带有 alpha 通道的 tga 贴图,左侧为贴图的颜色信息,右侧为 a 通道信息。

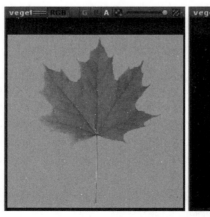

图 7-11　树叶纹理贴图的 RGB 通道和 A 通道

将这张纹理贴图指定到材质上,默认是不会出现透明效果的,这是因为贴图的 a 通道最小值只能为黑色,也就是数值 0,而 clip()指令必须小于 0才会产生透明效果,因此只要稍微增加一点_AlphaTest属性的数值(例如 0.01),就可以实现透明效果了。最终的效果如图 7-12 所示,可以看出树叶之外的像素已经被完全剔除了。并且,由于 Shader 关闭了几何体剔除功能,因此树叶的正反面都是可以看到的。

图 7-12　透明测试的最终渲染效果

7.4.3　透明测试抗锯齿

当使用透明度测试的时候,如果靠近了观察物体,会发现透明与不透明的边界位置有很明显的锯齿。之所以出现这种问题,是因为显卡在计算的过程中产生了透明与不透明这两种极端的结果,中间并没有任何渐变的过程。虽然这点锯齿不影响使用,但还是会影响美观。那么如何解决透明测试导致的锯齿呢?

当使用多重采样抗锯齿(MultiSampling Anti-Aliasing,MSAA)的时候,可以通过在 Pass 中添加 AlphaToMask On 指令开启显卡的 alpha-to-coverage 功能。增加 MSAA 采样等级会相应提高多重采样的边界覆盖范围,从而消除透明测试着色器上的锯齿现象。

将 AlphaToMask On 指令添加到 7.4.2 节中编写的 alpha-test Transparent Shader 中,前后对比效果如图 7-13 所示,左侧为没有添加 AlphaToMask On 指令的效果,右侧为添加了 AlphaToMask On 指令的效果。经过对比可以看出,右侧明显比左侧少了很多锯齿。

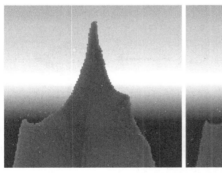

图 7-13　添加 AlphaToMask On 指令之前与之后的对比效果

7.5　模板测试

除了混合透明和透明测试,Unity 还提供了另外一种实现透明效果的方法——模板测试(Stencil Test),通过模板测试可以达到逐像素地保留或丢弃像素的目的。这一节就来讲解这方面的内容。

7.5.1　模板测试的计算流程

在模板缓存中，每个像素都有一个 8 位（2^8 也就是范围 0～255）的整数值，这被称为模板值。模板值可以被改写，也可以递增或者递减。执行绘制调用（Draw Call）的时候，像素的参照值会与缓存中的模板值进行比较，如果结果不符合要求，该像素就会被丢弃，从而实现透明效果。

下面通过图 7-14 展示通常情况下的模板测试计算流程：

首先，为物体 A 指定一个参照值（ReferenceValue）m，然后让它直接通过模板测试进行渲染，并且把参照值 m 写入到缓存中，成为模板值。在渲染物体 B 之前，为物体 B 指定另外一个参照值 n，把 n 与缓存中的模板值 m 进行比较，Unity 提供了一系列的比较方法，例如：大于、小于等，这部分内容会在 7.5.3 节中做详细讲解。

当满足比较方法的时候，物体 B 就会继续下面的渲染流程，这种情况被称为：通过模板测试；当不满足比较方法的时候，物体 B 就会被丢弃，从渲染结果上来说就是完全透明，这种情况被称为：未通过模板测试。

不管是通过还是未通过测试，在测试结束之后都可以对缓存中的模板值做操作，Unity 提供了一系列的操作方法，例如：保留模板值、替换模板值等，7.5.4 节将对此做详细讲解。

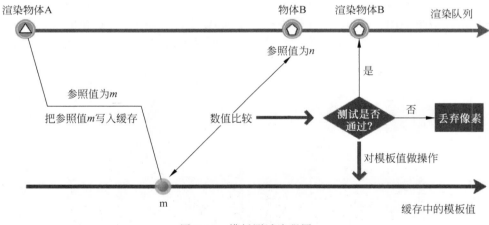

图 7-14　模板测试流程图

7.5.2　模板测试的使用语法

模板测试的指令可以写在 SubShader 中，也可以写在 Pass 中，它们包含在 Stencil{ }代码块中。在 SubShader 中声明的模板测试会应用于 SubShader 中的所有 Pass，在 Pass 中声明的模板测试只会在当前 Pass 中生效。

模板测试的完整语法结构如下所示：

```
Stencil
{
    Ref referenceValue
    ReadMask    readMask
    WriteMask writeMask
    Comp comparisonFunction
    Pass stencilOperation
    Fail stencilOperation
    ZFail stencilOperation
}
```

（1）Ref referenceValue：用来与缓存中已经存在的模板值进行比较的数值，被称为参照值，当比较之后符合某些设定条件，这个数值可以被写进缓存，数值的范围为 0～255 的整数。

（2）ReadMask readMask：是一个范围为 0～255 的整数，8 位二进制 11111111。当读取参照值与模板值可以使用的时候，模板会指定哪些位的数值可以读取，默认为 255，也就是所有位都可以读取。

（3）WriteMask writeMask：同样也是 8 位二进制 11111111，当往缓存中写入的时候可以使用，模板会指定哪些位的数值允许写入缓存，例如：当指定 WriteMask 为 0，表示的是没有数值会被写入缓存，而不是将 0 写入。默认位数为 255，也就是所有位都允许写入。

（4）Comp comparisonFunction：将参照值与缓存中的模板数值进行比较的方法，默认为 always。

（5）Pass stencilOperation：如果模板测试和深度测试都通过，缓存中的模板值如何处理，默认为 keep。

（6）Fail stencilOperation：如果模板测试没有通过，缓存中的模板值如何处理，默认为 keep。

（7）ZFail stencilOperation：如果模板测试通过，但是深度测试没有通过，缓存中的模板值如何处理，默认为 keep。

7.5.3　比较方法

表 7-3 将可以使用的所有比较方法进行了汇总，这些比较方法可以用于深度测试的比较，也可以用于模板测试的比较。

表 7-3　模板值和深度值的比较方法

比 较 方 法	说　　　明
Greater	当前渲染像素的参照值大于缓存的时候才会通过测试
GEqual	当前渲染像素的参照值大于或等于缓存的时候才会通过测试
Less	当前渲染像素的参照值小于缓存的时候才会通过测试
LEqual	当前渲染像素的参照值小于或等于缓存的时候才会通过测试

续表

比 较 方 法	说 明
Equal	当前渲染像素的参照值等于缓存的时候才会通过测试
NotEqual	当前渲染像素的参照值不等于缓存的时候才会通过测试
Always	使当前渲染像素总是通过测试
Never	使当前渲染像素总是不能通过测试

7.5.4 模板操作

不管是否通过测试,都可以对缓存中的模板值进行操作,表 7-4 对所有可以执行的操作进行了汇总。

表 7-4 对缓存中的数值可以执行的操作

操 作	说 明
Keep	继续保持缓存中的模板值
Zero	把 0 写进缓存
Replace	把当前像素的参照值写进缓存
IncrSat	递增缓存中的模板值,如果数值已经为 255,则停止递增
DecrSat	递减缓存中的模板值,如果数值已经为 0,则停止递减
Invert	将模板值按位取反
IncrWrap	递增缓存中的模板值,如果数值已经为 255,则变为 0
DecrWrap	递减缓存中的模板值,如果数值已经为 0,则变为 255

7.5.5 延迟渲染路径中的模板测试

Unity 在 G-buffer Pass 和照明 Pass 中会将模板测试用于其他目的,并且 Unity 定义的模板状态会被忽略,因此模板测试会在延迟渲染路径中受到限制。正是因为这个原因,在延迟渲染路径中使用模板测试无法将物体屏蔽。

即便如此,但是依然可以在物体被渲染之后修改缓存中的模板值,而那些使用前向渲染路径的物体,会在延迟渲染路径之后再设置它们的模板状态,然后执行模板测试。

7.5.6 模板测试透明效果

本案例要实现的效果为:通过 A 物体在 B 物体上挖一个洞,从而可以透过这个洞看到后面的其他物体,因此需要针对 A、B 两个物体分别编写两个 Shader。

1. A 物体 Shader

完整 Shader 代码:

```
Shader "Custom/Stencil Test A"
{
```

```
SubShader
{
    Tags {"Queue" = "Geometry - 1"}

    Pass
    {
        //设置模板测试的状态
        Stencil
        {
            Ref 1
            Comp Always
            Pass Replace
        }

        //禁止绘制任何色彩
        ColorMask 0
        ZWrite Off

        CGPROGRAM
        #pragma vertex vert
        #pragma fragment frag


        float4 vert (in float4 vertex : POSITION) : SV_POSITION
        {
            float4 pos = UnityObjectToClipPos(vertex);
            return pos;
        }

        void frag (out fixed4 color : SV_Target)
        {
            color = fixed4(0, 0, 0, 0);
        }
        ENDCG
    }
}
}
```

Shader 代码讲解：

在上述 Shader 中，将渲染队列设定为 Geometry-1，从而使 A 物体最先渲染。

在 Pass 的 Stencil 指令中，将物体 A 的参照值设定为 1，并使用 Comp Always 指令让它一定通过模板测试，然后使用 Pass Replace 指令把参照值写进缓存中的模板值中，于是缓存中的模板值就成了 1。

因为 A 物体只是用于在 B 物体上打洞，实际并不需要做任何渲染，因此使用 ColorMask 0 指令屏蔽所有的颜色输出。像其他半透明 Shader 一样，为了不挡住后面的物体，同样需要关闭深度写入。

顶点着色器中只进行了顶点空间的变换,然后在片段着色器中输出一个颜色值。

2. B 物体 Shader

完整 Shader 代码:

```
Shader "Custom/Stencil Test B"
{
    Properties
    {
        _MainColor ("Main Color", Color) = (1, 1, 1, 1)
        _MainTex ("Main Tex", 2D) = "white" {}
    }
    SubShader
    {
        Tags {"Queue" = "Geometry"}

        Pass
        {
            Tags {"LightMode" = "ForwardBase"}

            //设置模板测试的状态
            Stencil
            {
                Ref 1
                Comp NotEqual
                Pass Keep
            }

            CGPROGRAM
            #pragma vertex vert
            #pragma fragment frag
            #include "UnityCG.cginc"
            #include "UnityLightingCommon.cginc"

            struct v2f
            {
                float4 pos : SV_POSITION;
                float4 worldPos : TEXCOORD0;
                float3 worldNormal : TEXCOORD1;
                float2 texcoord : TEXCOORD2;
            };

            sampler2D _MainTex;
            float4 _MainTex_ST;
            fixed4 _MainColor;
```

```
        v2f vert (appdata_base v)
        {
            v2f o;
            o.pos = UnityObjectToClipPos(v.vertex);
            o.worldPos = mul(unity_ObjectToWorld, v.vertex);

            float3 worldNormal = UnityObjectToWorldNormal(v.normal);
            o.worldNormal = normalize(worldNormal);
            o.texcoord = TRANSFORM_TEX(v.texcoord, _MainTex);

            return o;
        }

        fixed4 frag (v2f i) : SV_Target
        {
            float3 worldLight = UnityWorldSpaceLightDir(i.worldPos.xyz);
            worldLight = normalize(worldLight);

            fixed NdotL = saturate(dot(i.worldNormal, worldLight));

            fixed4 color = tex2D(_MainTex, i.texcoord);
            color.rgb *= _MainColor * NdotL * _LightColor0.rgb;
            color.rgb += unity_AmbientSky.rgb;

            return color;
        }
        ENDCG
        }
    }
}
```

Shader 代码讲解：

在上述 Shader 中，B 物体保持正常的渲染顺序即可，因此渲染队列设置为 Geometry。

在 Pass 的 Stencil 指令中，把 B 物体的参照值也设为 1，然后跟缓存中的模板值进行比较，只有当参照值跟缓存值不相等（NotEqual）的像素才会通过模板测试，通过测试之后继续保持缓存中的模板值。

在顶点着色器和片段着色器中，直接沿用了 Lambert 光照 Shader 中的代码，此处不再赘述。

3. 测试 Shader 效果

编写完 Shader 之后，按照以下步骤搭建一个简单的场景测试效果。

（1）创建一个新场景。

（2）在场景中添加一个 Unity 内置的胶囊体，并将横向缩放设置为 0，将其压扁作为 A 物体。

（3）使用 ShaderA 创建一个新材质，并将材质赋予胶囊体。

（4）添加一个 Unity 内置四边形，穿插放置在胶囊体中间作为物体 B。

（5）使用 ShaderB 创建一个新材质，并将材质赋予四边形。

为了方便查看效果，在中间放置了一个玩具兔子（原名为 Zombunny，Unity Asset Store 提供的资源）和一个地面。开启线框显示之后如图 7-15 所示，边缘加粗描边的部分即为 A 物体和 B 物体。

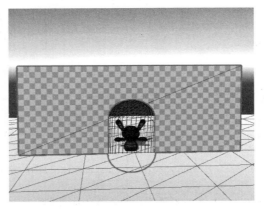

图 7-15　开启线框显示的渲染效果

最终的渲染效果如图 7-16 所示，可以看到胶囊体与四边形重合的部分（也就是参照值与模板值相等的部分）已经完全透明了，类似于做了一个布尔减法的运算。透过透明的部分便可以看到放置在后面的兔子模型。

图 7-16　模板测试的最终渲染效果

第8章

表面着色器的基础概念

经过第4～7章关于顶点-片段着色器的讲解，想必读者已经对 Unity Shader 有了一个比较全面的认识了。不知读者是否记得，本书在4.3节 Shader 的编写方式中曾提到过另外一种着色器——表面着色器(Surface Shader)，然后在6.7.4节实现阴影效果的最后又极力推荐过表面着色器。下面本章正式进入表面着色器的讲解。

本章的主要内容有：表面着色器的组织结构、编译指令中可以使用的参数、表面函数的语法结构。

8.1 为什么不先学习表面着色器

第6章在编写能与灯光产生交互的 Shader 时，相信读者能明显感受到整个编写过程相当麻烦，因为需要考虑到不同类型的灯光、不同灯光类型的阴影和不同的渲染路径。为了让使用者把主要精力专注在效果实现上，减少直接跟灯光进行交涉的频次，Unity 提供了一种新的 Shader 编写方式——表面着色器。

所谓的表面着色器其实就是着色器代码生成器，它对顶点-片段着色器进行了再次封装，里面还包含了很多常用的光照模型，例如 Lambert、Blinn-Phong 以及第9章着重讲解的"基于物理属性"的光照模型，在编写的时候只需要输入一些指令即可实现复杂的光照效果。

读者可能存在以下疑惑：既然表面着色器这么好用，为什么前面还要学习顶点-片段着色器呢？直接进入表面着色器的讲解不更省时省力吗？

其实不是这样。Shader 的学习是循序渐进的过程，应该从最基本的实现原理上学起。如果一开始跳过顶点-片段着色器，直接进行表面着色器的讲解，很多刚接触 Shader 的读者可能无法理解其中的本质逻辑。而讲解了顶点-片段着色器之后再讲解表面着色器，你会发现学习起来更加得心应手。就算是以后再学习其他 Shader 语言,也会起到事半功倍的效果。

8.2　表面着色器的组织结构

表面着色器实际上是取代了在 CGPROGRAM…ENDCG 之间包着的代码片段。因为表面着色器没有 Pass 概念,因此它是直接写在 SubShader 内的。生成代码的时候 Unity 会根据添加的编译指令自动生成多个 Pass。表面着色器编译指令的语法结构为:

```
# pragma surface surfaceFunction lightModel [optionalparams]
```

（1）surface:声明所使用的 Shader 是表面着色器。

（2）surfaceFunction:声明表面着色器的函数名称,被称为表面函数,一般使用 surf 作为表面函数的名称。

（3）lightModel:声明所使用的光照模型。Unity 提供了四种光照模型,分别为非物理光照模型:Lambert 和 BlinnPhong;物理光照模型:Standard 和 StandardSpecular。

（4）[optionalparams]:其他的可选参数,8.3 节会列出所有的可选参数。

在使用的过程中,首先需要定义一个输入结构体 Input,通过结构体获取所有需要的数据(例如纹理坐标、法线向量等),然后传入表面函数中进行计算,最后将计算结果输出到结构体 SurfaceOutput 中,输出结构体中包含了物体的基本属性,例如 Albedo、Normal、Specular 等属性。剩下的工作 Unity 会自动完成。

上文讲过表面着色器只是对顶点-片段着色器进行了封装,Unity 最终运行的依然是顶点-片段着色器,所以表面着色在生成代码的时候会根据添加的指令自动生成不同的 Pass (例如阴影投射 Pass),并判断哪些输入变量需要获取,哪些输出又需要填充语义,最终生成适合不同渲染路径的顶点-片段着色器。

8.3　编译指令中的可选参数

在 Surface Shader 中,很多复杂的功能都是通过添加编译指令完成的。在编译指令中,除了必须指定表面函数名称、光照模型指令之外,Unity 还提供了很多用于实现其他复杂功能的可选指令,在编写的时候只需要添加对应的指令即可。因此编写表面着色器比顶点-片段着色器更快速高效。本节就来讲解这些可选的编译指令。

8.3.1　透明效果相关指令

半透明效果是通过 alpha 指令控制的,添加 alpha 指令会使表面着色器代码中生成混合指令,从而产生透明效果。它有两种类型:

（1）传统的混合透明:只是改变物体的透明度。

（2）基于物理效果的预乘混合透明：允许半透明物体的表面保留适当的镜面反射。

透明测试效果是通过 alphatest 指令控制的,开启透明测试会在编译出的片段着色器中基于给定的数值丢弃像素,从而实现透明效果。

表 8-1 将所有关于透明效果的指令进行了汇总。

表 8-1　透明效果相关的编译指令

指　　令	说　　明
alpha 或 alpha:auto	为不同光照函数拾取透明,普通光照函数为淡出(alpha:fade)、物理光照模型为预乘(alpha:premul)
alpha:blend	开启混合透明
alpha:fade	开启传统的透明模式
alpha:premul	开启预乘透明模式
alphatest:VariableName	开启透明测试。通常与 addshadow 指令结合,从而产生正确的阴影投射 Pass
keepalpha	默认情况下,不透明物体会将 alpha 通道设置为 1,添加该指令可以为不透明的表面着色器保留光照函数的 alpha 值
decal:add	使用 additive 混合模式叠加到其他物体的表面上,通常用于 additive 贴花着色器
decal:blend	使用混合透明模式叠加到其他物体的表面上,通常用于半透贴画着色器

8.3.2　阴影和细分相关指令

在表面着色器中,还可以通过指令对阴影和模型细分进行控制。表 8-2 将可用的指令进行了汇总。

表 8-2　阴影和细分相关的编译指令

指　　令	说　　明
addshadow	在自定义顶点函数或者进行透明测试后,使用该指令可以使物体投射正确的阴影,正常情况下使用 FallBack 获取阴影投射 Pass 即可
fullforwardshadows	在前向渲染中支持所有灯光类型的阴影。默认状态为了减少 Shader 的变体数量,只支持平行光投射的阴影
tessellate:TessFunction	使用 DX11 GPU 的细分功能,通过细分系数对顶点进一步细分

8.3.3　代码生成选项

默认情况下,Unity 会根据不同类型的灯光、阴影以及渲染路径,将表面着色器编译成各种版本的 Shader 文件,这会使整个 Shader 文件的代码量非常大。然后在实际使用中,可能并不需要某些代码,这时就可以使用指令禁止这些代码的生成,从而降低代码量。表 8-3 将所有可以用到的指令进行了汇总。

表 8-3　控制代码生成的编译指令

指　　令	说　　明
exclude_path:deferred，exclude_path: forward，exclude_path:prepass	不为 Deferred Shading、Forward 或 Legacy Defferred 生成对应的 Pass
noshadow	禁止接受任何阴影
noambient	禁用环境光和光照探针
novertexlights	在前向 Forward Rendering 中禁用所有光照探针或逐顶点光照
nolightmap	禁用光照贴图
nodynlightmap	禁用动态全局光照
nodirlightmap	禁用平行光的光照贴图
nofog	禁用内置的所有雾效
nometa	光照贴图和动态全局光照会通过 meta pass 提取表面信息，使用该指令可以禁止生成 meta pass
noforwardadd	禁止为前向渲染生成额外的 pass，使 Shader 只支持一个逐像素的平行光，其余灯光全为逐顶点或 SH 光照
nolppv	禁用 Light Probe Proxy Volume
noshadowmask	禁用 Shadowmask 和 Distance Shadowmask

　　如果读者好奇指令在使用前和使用后具体有什么区别，可以在 Surface Shader 文件右侧的属性面板中单击“Show generated code”按钮进行查看。

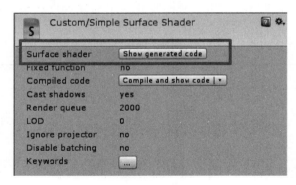

图 8-1　Shader 属性面板

　　需要注意的是，只有 Surface Shader 文件才会有这个按钮，其他 Shader 文件并不会存在这个按钮。

8.3.4　其他选项

　　表 8-4 将一些不太常用的选项进行了汇总。

表 8-4　其他选项编译指令

指　　令	说　　明
softvegetation	使 Shader 只有当 Soft Vegetation 开启的时候才会被渲染
interpolateview	在顶点着色器中计算视角方向,从而减少像素着色器的计算量,由于需要传递数据给像素着色器,因此需要额外消耗一个纹理插值器
halfasview	将 half-directional 向量代替视角向量传递到光照函数中。half-directional 会逐顶点的计算并且已经标准化处理,因此会更快,但是不一定会完全准确
dualforward	在前向渲染路径中使用 dual lightmap
dithercrossfade	使具有 LOD Group 的模型在切换的时候有淡入淡出的过渡效果

8.4　表面函数的语法结构

表面函数(Surface Function)是表面着色器中最为重要的部分,渲染效果的实现主要都是在表面函数中完成的。通常情况下,表面函数的语法结构如下:

```
void surf (Input IN, inout SurfaceOutput o)
{
    //表面函数代码
}
```

表面函数是一个无返回的函数,输入参数是预先定义好的 Input 结构体,关键词 in 可以省略。inout 是 in 和 out 的连写,表示既是输入参数又是输出参数,因此表面结构体 SurfaceOutput 既是表面函数的输入结构体,又是表面函数的输出结构体。

8.4.1　表面函数输入结构体

在 Input 结构体中,使用者可以通过表 8-5 中的变量直接获取到相关数据,然后传入表面函数中进行计算。

表 8-5　表面函数输入结构体中可以使用的变量

变　　量	说　　明
float2 uv_texName、float2 uv2_texName	uv 关键词后接纹理的名称,获取贴图的第一套纹理坐标,uv2 表示第二套纹理坐标,以此类推
float3 viewDir	摄像机视角方向,可以用于计算视察效果、边缘光照等,没有被标准化
使用 COLOR 语义定义的 float4 变量	插值后的逐顶点颜色
float4 screenPos	屏幕空间坐标,可用于反射或屏幕空间特效,但不适用于 GrabPass,需要使用 ComputeGrabScreenPos 函数单独计算 uv
float3 worldPos	世界空间坐标

变　　量	说　　明
float3 worldRefl	世界空间反射向量,前提是没有修改表面法线 o. Normal
float3 worldNormal	世界空间法线向量,前提是没有修改表面法线 o. Normal
float3 worldRefl;INTERNAL_DATA	如果表面法线 o. Normal 进行了修改,在表面函数中通过 WorldReflectionVector (IN,o. Normal)得到基于法线贴图的世界空间反射向量
float3 worldNormal;INTERNAL_DATA	如果表面法线 o. Normal 进行了修改,在表面函数中通过 WorldNormalVector (IN,o. Normal)得到基于法线贴图的世界空间法线向量

8.4.2　表面函数输出结构体

不管是使用了 Lambert 光照模型,还是 BlinnPhong 光照模型,在表面函数中都可以使用 SurfaceOutput 结构体进行输出。该结构体在 Lighting. cginc 包含文件中被定义,结构体中包含的表面属性如下所示:

```
struct SurfaceOutput
{
    fixed3 Albedo;              // 漫反射
    fixed3 Normal;              // 切线空间法线
    fixed3 Emission;            // 自发光
    half Specular;              // 镜面反射指数,范围 0 - 1
    fixed Gloss;                // 镜面反射强度
    fixed Alpha;                // 透明通道
};
```

在 Unity5 以及之后的版本中新增了基于物理属性的光照模型,物理模型分为两种类型:

(1) Standard 光照模型:适用于金属工作流,使用 SurfaceOutputStandard 表面结构体。

(2) StandardSpecular 光照模型:适用于高光工作流,使用 SurfaceOutputStandardSpecular 表面结构体。

这两种结构体在 UnityPBSLighting. cginc 包含文件中被定义,结构体中包含的表面属性如下所示:

```
//金属工作流输出结构体
struct SurfaceOutputStandard
{
    fixed3 Albedo;              //基础颜色
    float3 Normal;             //切线空间法线
    half3 Emission;            //自发光
```

```
    half Metallic;                     // 0 表示没有非金属,1 表示金属
    half Smoothness;                   // 0 表示非常粗糙,1 表示非常光滑
    half Occlusion;                    // 环境光遮蔽,默认为 1
fixed Alpha;                           // 透明通道
};

//高光工作流输出结构体
struct SurfaceOutputStandardSpecular
{
fixed3 Albedo;                         //漫反射颜色
fixed3 Specular;                       //镜面反射颜色
float3 Normal;                         //切线空间法线
half3 Emission;                        //自发光
half Smoothness;                       // 0 表示非常粗糙,1 表示非常光滑
half Occlusion;                        //环境光遮蔽,默认为 1
fixed Alpha;                           //透明通道
};
```

## 第9章

编写表面着色器

在掌握了第 8 章表面着色器的概念和语法结构的基础上,本章正式开始编写表面着色器。

本章的主要内容有:在表面着色器中使用法线贴图的方法、表面着色器的其他自定义函数(如顶点修改函数、光照函数)、更高级的曲面细分函数、表面着色器的透明效果。

9.1 最简单的表面着色器

回顾顶点-片段着色器讲解的内容,通过选择 Unlit Shader 选项创建出 Shader 文件。

而在接下来的章节中,则直接选择 Standard Surface Shader 这一选项来创建 Shader 文件,如图 9-1 所示。由于 Standard Surface Shader 里已经包含了最基本的 Surface Shader 代码结构,因此可以基于已有的代码快速开始编写 Shader。

现在,先从一个最简单的效果开始,编写一个基于 Lambert 光照模型的 Surface Shader,完整代码如下所示:

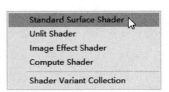

图 9-1 创建表面着色器菜单

```
Shader "Surface Shader/Simplest Surface Shader"
{
    Properties
    {
        _MainTex ("MainTex", 2D) = "white" {}
        _Color ("Color", Color) = (1,1,1,1)
    }
    SubShader
    {
```

```
CGPROGRAM

//定义表面函数名为 surf,使用 Lambert 光照模型
#pragma surface surf Lambert

// Input 结构体
struct Input
{
    float2 uv_MainTex;
};

sampler2D _MainTex;
fixed4 _Color;

//表面函数
void surf (Input IN, inout SurfaceOutput o)
{
    fixed4 c = tex2D(_MainTex, IN.uv_MainTex) * _Color;

    o.Albedo = c.rgb;
}
ENDCG
    }
    FallBack "Diffuse"
}
```

Properties 部分还是跟顶点-片段着色器一样的编写方式,唯一的不同是在 SubShader 中把 CGPROGRAM...ENDCG 内的代码换成了 Surface Shader。

在 SubShader 中,使用编译指令指定 Shader 的编写方式为 Surface Shader,并定义表面函数的名称为 surf,光照模型为 Lambert。

在 Input 结构体中,使用 uv_MainTex 获取贴图的纹理坐标,而 Shader 中对于属性变量的再次声明还是跟之前一样的方法。

Input 结构体作为表面函数 surf 的输入参数,表面属性结构体 SurfaceOutput 既是输入又是输出。在表面函数中,首先使用 tex2D()对_MainTex 进行采样,并与颜色_Color 相乘,然后将相乘之后的结果指定给表面属性结构体中的 Albedo 变量进行输出。

最后在 FallBack 中调用 Diffuse Shader 的阴影投射 Pass,从而实现投射阴影的功能。

9.2　在表面着色器中使用法线贴图

在次世代游戏中,为了实现模型表面丰富的细节而又不增加性能消耗,3D 美术人员往往不会直接使用高面数的模型,如图 9-2 所示,他们通常会通过高低模烘焙出法线贴图(Normal Map),或者使用高度图(Height Map)转换出法线贴图,然后贴到低模的材质上,

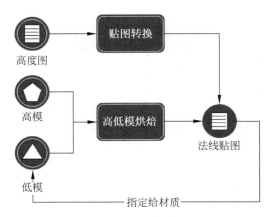

图 9-2　法线贴图制作及使用流程图

从而使低模也能具有高模的细节。

　　法线贴图可以逐像素地修改模型表面的法线方向,当受到灯光照射时,由于表面法线方向不一致,从而产生明暗不同的变化,因此会产生表面凹凸不平的假象。通过这种方法,就可以在低模的基础上实现高模的细节了。图 9-3 为一张来源于 OpenGPU 社区的流程图,图中非常直观地描述了法线贴图的使用逻辑。

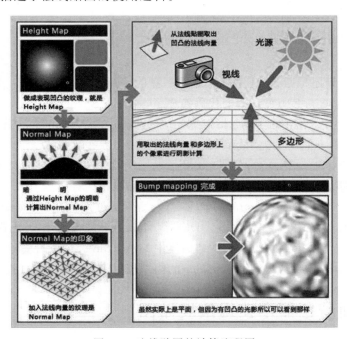

图 9-3　法线贴图的计算流程图

　　经过上述的讲解,相信读者已经明白法线贴图的作用了,现在基于 9.1 节中的 Simplest Surface Shader 进行修改,使其增加对于法线贴图的支持。

```
Properties
{
    _Normal ("Normal Map", 2D) = "bump" {}
    _Bumpiness ("Bumpiness", Range(0, 1)) = 0
}
```

在 Properties 代码块中新开放了法线贴图_Normal 和凹凸强度_Bumpiness。

```
struct Input
{
    float2 uv_Normal;
};

sampler2D _Normal;
fixed _Bumpiness;
```

在 Input 结构体中获取了法线贴图的纹理坐标,然后在 Shader 中再次声明了_Normal 和_Bumpiness 这两个属性变量。

```
void surf (Input IN, inout SurfaceOutput o)
{
    //采样法线贴图并解包
    fixed3 n = UnpackNormal(tex2D(_Normal, IN.uv_Normal));
    n *= float3(_Bumpiness, _Bumpiness, 1);
    o.Normal = n;
}
```

在表面函数中对法线贴图进行采样,与其他贴图不同的是,此处并没有直接使用采样过后的法线贴图,而是通过 UnpackNormal( )函数又对采样过后的法线贴图进行了解包(Unpack)操作,然后才指定给表面属性结构体的 Normal 变量进行输出。

那什么是解包呢? 之前讲过,像素颜色在程序中的数值范围为[0,1],而法线是有正反方向的,标准化的法线向量每个分量的数值区间为[-1,1]。因此在高低模烘焙法线贴图的时候,为了使像素能够存储下负数区间的数值,需要执行打包(Pack)操作,打包会将数值的区间从[-1,1]映射到[0,1],而解包其实就是打包操作的逆向操作,将数值区间从[0,1]重新映射回[-1,1]。

这个函数的定义可以从 UnityCG.cginc 包含文件中查找到。

下面将最主要的代码展示出来:

```
fixed3 UnpackNormal(fixed4 packednormal)
{
    return packednormal.xyz * 2 - 1;
}
```

从代码可以看出,解包操作的具体算法为:

$$UnpackNormal = PackNormal \times 2 - 1$$

相反，打包操作的算法也可以推导出：

$$PackNormal = 0.5 \cdot UnpackNormal + 0.5$$

为了方便阅读，下面将修改之后的完整代码展示出来：

```
Shader "Surface Shader/Normal Map"
{
    Properties
    {
        _MainTex ("MainTex", 2D) = "white" {}
        _Color ("Color", Color) = (1,1,1,1)

        _Normal ("Normal Map", 2D) = "bump" {}
        _Bumpiness ("Bumpiness", Range(0, 1)) = 0
    }
    SubShader
    {
        CGPROGRAM
        #pragma surface surf Lambert

        struct Input
        {
            float2 uv_MainTex;
            float2 uv_Normal;
        };

        sampler2D _MainTex;
        fixed4 _Color;
        sampler2D _Normal;
        fixed _Bumpiness;

        void surf (Input IN, inout SurfaceOutput o)
        {
            fixed4 c = tex2D(_MainTex, IN.uv_MainTex) * _Color;
            o.Albedo = c.rgb;

            //采样法线贴图并解包
            fixed3 n = UnpackNormal(tex2D(_Normal, IN.uv_Normal));
            n *= float3(_Bumpiness, _Bumpiness, 1);
            o.Normal = n;
        }
        ENDCG
    }
    FallBack "Diffuse"
}
```

修改完 Shader 之后，按照以下步骤创建一个简单的场景用于测试效果。

（1）创建一个新场景。

（2）在新场景中添加 Unity 内置的平面和球体,并摆放在合适的位置。

（3）创建一个新材质,并将修改好的 Shader 指定给材质。

（4）将材质赋予球体和平面,贴上法线贴图并调整材质参数。

将使用法线贴图前后的效果进行对比,如图 9-4 所示,左侧为没有使用法线贴图的效果,右侧为使用了法线贴图的效果。经过对比可以看出,同样的模型,法线贴图可以使模型表面增加更多的细节。

并且此时的 Shader 代码虽然只有 40 行,却已经实现了非常完美的灯光交互,这在顶点-片段着色器中是不可能完成的。

图 9-4　法线贴图的最终渲染效果

注意:如果读者在测试的过程中发现材质效果很暗,需要依次单击菜单 Window→Rendering→Lighting Setting,在弹出的面板中开启 Auto Generate 选项,Unity 才会重新计算整个场景的光照效果。

9.3　表面着色器中的其他函数

Surface Shader 虽然是在顶点-片段着色器上进行了封装,但是它仍然允许用户在渲染流水线的不同阶段进行自定义修改。

如图 9-5 所示,在顶点着色器阶段,用户在曲面细分函数获取到模型的顶点数据(appdata 结构体)之后,可以对顶点进行细分操作,并将顶点数据继续传递给顶点修改函数。顶点修改函数允许用户对模型的顶点数据(例如:顶点坐标、顶点色)进行修改,并将数据(v2f 结构体)传递给片段着色器。

在片段着色器阶段,表面着色器获取到 Input 结构之后,允许用户对表面输出结构体进行数据填充,并传递给光照函数。光照函数允许用户自定义光照模型,经过光照计算之后得到光照颜色。最终颜色修改函数同时获取到 Input 结构体和 Surface Output 结构体,允许用户对颜色做最后的修改,最终输出颜色。

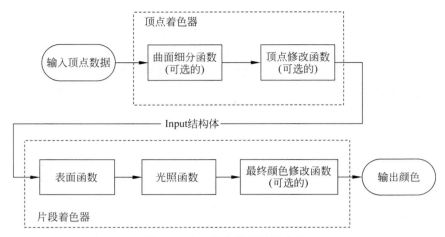

图 9-5　表面着色器的计算流程

本节将对所有可以定义的函数进行逐个讲解。

9.3.1　顶点修改函数

在 Surface Shader 中，可以通过顶点修改函数在顶点着色器中修改传入的顶点数据，实现例如模型朝法线方向膨胀、顶点位置偏移等效果。如果想要自定义顶点修改函数，需要在编译指令里添加 vertex:functionName 指令，函数的输入和输出都为 appdata_full 结构体。

下面编写一个 Surface Shader，实现模型朝法线方向膨胀的效果。由于代码比较简单，因此直接将完整代码展示出来。

```
Shader "Surface Shader/Vertex Modify"
{
    Properties
    {
        _MainTex ("MainTex", 2D) = "white" {}
        _Expansion ("Expansion", Range(0, 0.1)) = 0
    }
    SubShader
    {
        CGPROGRAM

        //添加自定义顶点修改函数 vert
        #pragma surface surf Lambert vertex:vert

        struct Input
        {
            float2 uv_MainTex;
        };
```

```
        sampler2D _MainTex;
        fixed _Expansion;

        //顶点修改函数,输入/输出 appdata_full 结构体
        void vert (inout appdata_full v)
        {
            v.vertex.xyz += v.normal * _Expansion;
        }

        void surf (Input IN, inout SurfaceOutput o)
        {
            o.Albedo = tex2D(_MainTex, IN.uv_MainTex).rgb;
        }
        ENDCG
    }
    FallBack "Diffuse"
}
```

在 Properties 代码块中开放了_Expansion 属性,数值范围[0,0.1],用于控制模型的膨胀程度。

使用内置的 appdata_full 结构体作为顶点修改函数的输入和输出参数,结构体在 UnityCG.cginc 包含文件中被定义,在编写 Surface Shader 的时候会自动包含进来,因此可以直接拿来使用。

在顶点修改函数中,将模型的顶点坐标与法线向量相加,从而将模型顶点沿着法线方向进行偏移。将法线向量乘以_Expansion 属性控制向量的大小,从而控制模型顶点的偏移距离。表面函数没有做特殊修改,此处不再重复讲解。

编写完 Shader 之后,下面开始测试效果。为了能够更明显地看到膨胀效果,这里又拿出了之前用到的玩具兔子模型。将刚编写好的 Shader 指定给模型所使用的材质。调整 Expansion 属性,前后的对比效果如图 9-6 所示,左图为没有进行膨胀的效果,右图为膨胀之后的效果,经过对比可以很明显地看到玩具兔子"变胖了"。

图 9-6　顶点修改之前与之后的对比效果

9.3.2　自定义光照函数

在编写表面着色器的时候,表面属性是用来描述物体表面的物理特征(例如:反射率、法线、镜面反射等)的,而光照模型则是用来计算物体与灯光之间的交互效果。

Unity 内置了两种光照模型:一种为实现漫反射效果的 Lambert 光照模型;另一种为实现镜面反射效果的 BlinnPhong 光照模型。这两种光照模型在包含文件 Lighting.cginc 中被定义。

当内置的光照模型并不能满足实际需求的时候,就需要自定义光照模型了。在表面着色器中,光照模型其实就是一个由 CG/HLSL 编写的函数,并且可以在 Surface Shader 的任何位置对它进行定义。

如果要定义光照模型,首先需要在编译指令中对它进行声明。在定义光照函数的时候,名称要以 Lighting 开头,后面加编译指令中声明的光照函数名称。例如:编译指令中声明的光照模型为 CustomLight,自定义的光照函数就应为 LightingCustomLight()。

下面通过光照函数来编写一个 Lambert 光照模型,完整代码如下:

```
Shader "Surface Shader/Custom Lambert"
{
    Properties
    {
        _MainTex ("MainTex", 2D) = "white" {}
    }
    SubShader
    {
        CGPROGRAM

        //声明自定义光照模型为 CustomLambert
        #pragma surface surf CustomLambert

        struct Input
        {
            float2 uv_MainTex;
        };

        sampler2D _MainTex;

        void surf (Input IN, inout SurfaceOutput o)
        {
            o.Albedo = tex2D(_MainTex, IN.uv_MainTex).rgb;
        }

        //自定义光照函数
        half4 LightingCustomLambert (SurfaceOutput s, half3 lightDir, half atten)
        {
            fixed NdotL = saturate(dot(s.Normal, lightDir));
```

```
                half4 c;
                c.rgb = s.Albedo * _LightColor0 * NdotL * atten;
                c.a = s.Alpha;
                return c;
            }
        ENDCG
    }
    FallBack "Diffuse"
}
```

在编译指令中，因为声明了自定义光照模型的名称为 CustomLambert，因此光照函数名称就成了 LightingCustomLambert，类型为 half4。

在光照函数中将 SurfaceOutput 结构体输入，另外两个同时输入的参数为：

（1）half3 lightDir：光照方向。

（2）half atten：灯光衰减。

光照模型所使用的算法还是沿用之前讲解 Lambert 光照模型所使用的数学公式。为了添加对于灯光衰减的计算，公式最后又乘上了 atten 变量。而透明通道是直接获取了结构体的 Alpha 属性，没有做任何修改。

9.3.3　最终颜色修改函数

在 Surface Shader 中还可以使用最终颜色修改函数（Final Color Modifier）对最终得到的颜色进行最后的修改。在使用最终颜色修改函数之前需要在编译指令里添加 finalcolor：functionName 指令进行声明。

下面编写一个支持最终颜色修改的 Surface Shader，完整代码如下：

```
Shader "Surface Shader/Final Color Modify"
{
    Properties
    {
        _MainTex ("MainTex", 2D) = "white" {}
        _ColorTint ("Color Tint", Color) = (1, 1, 1, 1)
    }
    SubShader
    {
        CGPROGRAM

        //声明最终颜色修改函数为 ModifyColor
        #pragma surface surf Lambert finalcolor:ModifyColor

        struct Input
        {
            float2 uv_MainTex;
        };

        sampler2D _MainTex;
```

```
        fixed4 _ColorTint;

        void surf (Input IN, inout SurfaceOutput o)
        {
            o.Albedo = tex2D(_MainTex, IN.uv_MainTex).rgb;
        }

        //最终颜色修改函数
        void ModifyColor (Input IN, SurfaceOutput o, inout fixed4 color)
        {
            color *= _ColorTint;
        }
        ENDCG
    }
    FallBack "Diffuse"
}
```

在 Properties 代码块中开放了一个名称为_ColorTint 的属性，用于调节最后的颜色。在编译指令中，添加了 finalcolor：ModifyColor 指令，声明最终颜色修改函数的名称为 ModifyColor。

最终颜色修改函数需要传入 Input 结构体、SurfaceOutput 结构体，以及上一流程中光照函数所输出的 color 变量，虽然此处没有自定义光照模型，但是使用的是 Unity 内置的 Lambert 光照模型。

在最终颜色修改函数中，将光照函数输出的颜色 color 与_ColorTint 属性相乘，从而控制最终的颜色。

需要注意的是，最终颜色修改函数所修改的颜色并不是针对某个单独的属性进行颜色修改，而是对物体计算完反射、光照等所有操作之后的整体颜色进行修改。

编写完 Shader 之后，开始进行效果测试，这里还是拿之前的玩具兔子作为测试模型。将刚编写好的 Shader 指定给玩具兔子所使用的材质，调节 Color Tint 属性，前后对比如图 9-7 所示，左侧为调节之前的效果，右侧为调节之后的效果，经过对比可以看出玩具兔子的颜色发生了很大的改变。

图 9-7　颜色修改之前与之后的对比效果

9.4 曲面细分函数

熟悉次世代流程或者用过 Substance 系列软件的读者肯定听说过一种叫作高度图（Height Map）的纹理贴图，有的软件也会把它叫作置换贴图（Displace Map）。跟地形系统的高度图一样，存储的都是高度信息，越亮的部位表示位置越高，越暗的部位表示位置越低。当模型达到足够的细分（Tessellation）等级，就可以通过高度图修改模型的顶点位置，从而改变模型的表面结构了。

在表面着色器中可以通过曲面细分（Tessellation）函数动态增加模型的细分等级，而不必非要在模型导入之前细分模型，这样既可以减少整个项目包的文件大小，也可以降低 CPU 在加载模型时候的性能消耗，因此曲面细分函数通常会与顶点修改函数搭配使用。

Unity 支持如下五种类型的曲面细分算法：

（1）固定数量的曲面细分。

（2）基于边长的曲面细分。

（3）视锥剔除曲面细分。

（4）基于距离的曲面细分。

（5）Phong 曲面细分。

本节会依次对每一种类型的曲面细分做详细讲解。

9.4.1 固定数量的曲面细分

1. 语法结构

在 Surface Shader 中，如果要使用曲面细分功能，需要先在编译指令中添加 tessellate：FunctionName 指令，FunctionName 为曲面细分函数的名称。

固定数量的曲面细分的语法结构如下：

```
float4 FunctionName ()
{
    return tess;
}
```

FunctionName 为编译指令中声明的曲面细分函数名称，函数不需要任何输入，最终直接返回 tess 属性，tess 表示曲面细分的等级。

2. 固定数量的曲面细分 Shader

为了达到比较好的视觉效果，本案例会应用之前讲过的各方面知识，由于 Shader 比较复杂，所以拆分各部分进行讲解。

属性部分代码：

```
Properties
```

```
{
    _MainTex ("Color", 2D) = "white" {}

    _Tessellation ("Tessellation", Range(1, 32)) = 1
    _HeightMap ("Height Map", 2D) = "gray" {}
    _Height ("Height", Range(0, 1.0)) = 0

    _NormalMap ("Normal Map", 2D) = "bump" {}
    _Bumpiness ("Bumpiness", Range(0, 1)) = 0.5
}
```

在 Properties 代码块中,开放了六个属性,分别为:

(1) _MainTex:用于指定颜色贴图。

(2) _Tessellation:控制模型的细分等级。注意:细分等级不能小于或等于零,否则模型的所有顶点都会消失。

(3) _HeightMap:用于指定高度图。

(4) _Height:控制模型顶点偏移的距离。

(5) _NormalMap:用于指定法线贴图。

(6) _Bumpiness:用于控制法线的凹凸强度。

SubShader 中的代码:

```
#pragma surface surf Lambert tessellate:tessellation vertex:height addshadow
```

在 CGPROGRAM 部分添加了曲面细分等一系列编译指令:

(1) Lambert:声明光照模型为 Lambert。

(2) tessellate:tessellation:声明曲面细分函数名称为 tessellation。

(3) vertex:height:声明顶点修改函数名称为 height。

(4) addshadow:因为模型有顶点位置的修改,因此需要添加该指令修正模型投射的阴影。

曲面细分函数代码:

```
half _Tessellation;

//曲面细分函数
float4 tessellation ()
{
    return _Tessellation;
}
```

最先进行的是曲面细分函数,在函数之前,首先把需要用到的_Tessellation 属性变量重新声明,然后通过函数名称 tessellation 调用曲面细分函数。曲面细分函数不需要任何输入,直接返回 float4 类型的_Tessellation 属性,即可实现模型细分效果。

顶点修改函数代码:

```
sampler2D _HeightMap;
float4 _HeightMap_ST;
fixed _Height;

//顶点修改函数
void height (inout appdata_full v)
{
    float2 texcoord = TRANSFORM_TEX(v.texcoord, _HeightMap);

    //对_HeightMap采样,然后乘以_Height
    float h = tex2Dlod(_HeightMap, float4(texcoord, 0, 0)).r * _Height;

    //顶点延着法线方向偏移 h
    v.vertex.xyz += v.normal * h;
}
```

曲面细分函数之后是顶点修改函数,在函数之前,接下来将需要用到的 _HeightMap、_HeightMap_ST 和 _Height 属性变量重新声明,然后通过函数名称 height 调用顶点修改函数。当然,读者也可以一次性声明所有的属性,然后在接下来的函数中直接使用。用到特定属性时再声明属性变量可以使代码结构更有条理。

顶点修改函数的使用方法与本章 9.3.1 节顶点修改函数中讲解的一样,需要将包含文件 UnityCG.cginc 中的 appdata_full 结构体输入进函数。在函数中,使用 TRANSFORM_TEX 宏计算出高度图的纹理坐标,然后使用 tex2Dlod() 对高度图进行采样。

讲到这里,读者可能会有这样的疑惑:为什么要用 tex2Dlod() 而不是 tex2D() 进行采样呢? 这是因为 tex2D() 只能在片段着色器中使用,而不能在顶点着色器中使用,它能自动查找贴图的 Mip 级别然后对其进行采样。而 tex2Dlod() 不仅可以在片段着色器中使用,还可以在顶点着色器中使用,但是需要用户手动指定 Mip 的等级。tex2Dlod() 需要一个 float4 类型的向量进行采样,其中 x 和 y 分量是贴图的纹理坐标,w 分量表示 Mip 的级别(0 是贴图的最高精度)。

既然提到了 Mip,那接下来就讲解一下什么是 Mip。当摄像机距离物体很近的时候,为了满足视觉要求会使用高精度的贴图进行渲染。而当摄像机距离物体很远的时候,考虑到性能消耗会使用低精度的贴图,这样既不会造成太多性能消耗,效果上也能满足视觉要求。这种根据距离切换贴图精度的方法被称为 Mip。

默认情况下,Unity 会为所有的纹理贴图生成 Mip Maps,并且会根据摄像机距离的远近自动选择使用不同精度的贴图。如图 9-8 所示,在贴图的属性面板中,Advance 选项下可以看到 Generate Mip Maps 开关。

在贴图的预览窗口可以查看不同等级的 Mip Maps,Mip 的最高等级为 10,贴图为最低精度;Mip 的最低等级为 0,贴图为最高精度。图 9-9 中为 Mip 等级为 5 的效果。

在掌握了上文内容的基础上,下面继续前面的 Shader 讲解。使用 tex2Dlod() 对高度图采样之后与 _Height 属性相乘得到变量 h。后面的逻辑就跟 9.3.1 节中的顶点修改函数一样了,将顶点的坐标延着法线方向偏移,乘以变量 h 用于控制顶点的偏移距离,于是就可以对顶点的位置进行修改了。

图 9-8　纹理贴图的设置面板

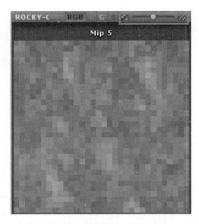

图 9-9　纹理贴图不同等级的 Mip Maps 效果

表面函数部分代码:

```
struct Input
{
    float2 uv_MainTex;
    float2 uv_NormalMap;
};

sampler2D _MainTex;
sampler2D _NormalMap;
fixed _Bumpiness;

void surf (Input IN, inout SurfaceOutput o)
{
    half4 c = tex2D(_MainTex, IN.uv_MainTex);
    o.Albedo = c.rgb;

    float3 n = UnpackNormal(tex2D(_NormalMap, IN.uv_NormalMap));
    n.xy *= fixed2(_Bumpiness, _Bumpiness);
    o.Normal = n;
}
```

在 Input 结构体中,首先定义了_MainTex 和_NormalMap 的纹理坐标,然后又重新声明了_MainTex、_NormalMap 和_Bumpiness 这三个属性变量。

表面函数的使用方法与 9.2 节中的 Shader 类似,在对颜色贴图采样之后,将 rgb 通道指定到输出结构体的 Albedo 属性。对法线贴图采样之后再解包,然后将 x 和 y 分量乘以

_Bumpiness 属性从而控制法线强度，然后指定到输出结构体的 Normal 属性。

为了方便大家阅读，下面把完整的 Shader 展示出来：

```
Shader "Surface/Tessellation"
{
    Properties
    {
        _MainTex ("Color", 2D) = "white" {}

        _Tessellation ("Tessellation", Range(1, 32)) = 1
        _HeightMap ("Height Map", 2D) = "gray" {}
        _Height ("Height", Range(0, 1.0)) = 0

        _NormalMap ("Normal Map", 2D) = "bump" {}
        _Bumpiness ("Bumpiness", Range(0, 1)) = 0.5
    }
    SubShader
    {
        CGPROGRAM

        //声明曲面细分函数和顶点修改函数的编译指令
        #pragma surface surf Lambert tessellate:tessellation vertex:height addshadow

        half _Tessellation;

        //曲面细分函数
        float4 tessellation ()
        {
            return _Tessellation;
        }

        sampler2D _HeightMap;
        float4 _HeightMap_ST;
        fixed _Height;

        //顶点修改函数
        void height (inout appdata_full v)
        {
            float2 texcoord = TRANSFORM_TEX(v.texcoord, _HeightMap);

            //对_HeightMap采样，然后乘以_Height
            float h = tex2Dlod(_HeightMap, float4(texcoord, 0, 0)).r * _Height;

            //顶点延着法线方向偏移 h
            v.vertex.xyz += v.normal * h;
        }
```

```
struct Input
{
    float2 uv_MainTex;
    float2 uv_NormalMap;
};

sampler2D _MainTex;
sampler2D _NormalMap;
fixed _Bumpiness;

void surf (Input IN, inout SurfaceOutput o)
{
    half4 c = tex2D(_MainTex, IN.uv_MainTex);
    o.Albedo = c.rgb;

    float3 n = UnpackNormal(tex2D(_NormalMap, IN.uv_NormalMap));
    n.xy *= fixed2(_Bumpiness, _Bumpiness);
    o.Normal = n;
}
ENDCG
    }
    FallBack "Diffuse"
}
```

3．效果测试

编写完 Shader 之后，按照如下步骤创建一个简单的测试场景用于效果测试。

（1）创建一个新场景。

（2）在新场景中添加一个 Unity 内置的平面模型。

（3）创建一个新材质，并将新编写的 Shader 指定给这个材质。

（4）将材质赋予场景中的平面。

同时，本案例还准备了一套地面的纹理贴图，如图 9-10 所示，三张贴图从左到右依次为法线贴图、高度图、颜色贴图。将这三张纹理贴图指定给材质。

打开线框显示，调节材质的 Tessellation 属性，从俯视视角查看平面的细分效果。对比

图 9-10　三张纹理贴图的预览图

效果如图 9-11 所示,左图为 1 级细分效果,右图为 10 级细分效果,经过对比可以很明显地看出,面片的布线增加了很多。

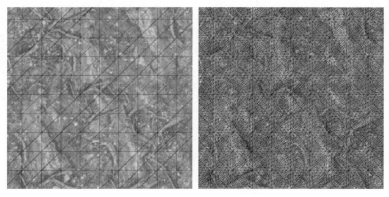

图 9-11　开启线框显示的细分效果

下面继续调节材质的 Height 和 Bumpiness 属性,从侧面查看面片的最终效果。如图 9-12 所示,平面经过曲面细分之后又进行了顶点位置的偏移,模型结构已经发生了改变。

图 9-12　固定函数的曲面细分效果

除了固定数量的曲面细分函数,Unity 还在包含文件 Tessellation.cginc 中提供了一些更为高级的曲面细分函数,本节接下来的部分将会对这些函数进行逐个讲解。

9.4.2　基于边长的曲面细分

本章 9.4.1 节中讲解的固定数量曲面细分是对整个模型进行相同等级的细分,这种细分方式仅在模型网格比较均匀的情况下效果才会比较好,而在很多情况下效果会非常糟。例如图 9-13 所示的 Unity 官方文档中的案例,从图上的方框中可以看出近处的石头模型布线比较密集,而远处的地面布线却比较稀疏,这就是布线不均匀的情况。

对其使用固定数量的曲面细分之后,效果如图 9-14 所示,从图上的方框中可以看出原本已经比较密集的部位经过细分之后反而过于密集,而原本不太密集的部位依然没有得到足够的细分。在这种情况下,就需要使用“基于边长的曲面细分”这一功能了。

图 9-13　模型的布线不均匀　　　　图 9-14　曲面细分之后布线依然不均匀

1. 语法结构

在 Surface Shader 中，如果要使用基于边长的曲面细分功能，需要先在编译指令中添加 tessellate：FunctionName 指令，FunctionName 为曲面细分函数的名称，还需要将 Tessellation. cginc 文件包含进 Shader。

基于边长的曲面细分语法结构如下：

```
float4 FunctionName (appdata_full v0, appdata_full v1, appdata_full v2)
{
    return UnityEdgeLengthBasedTess(v0.vertex, v1.vertex, v2.vertex, float edgeLength);
}
```

FunctionName 为编译指令中声明的曲面细分函数名称，该函数需要将包含文件 UnityCG. cginc 中的 appdata_full 结构体输入 3 次，分别为 v0、v1、v2。

曲面细分函数会调用另外一个函数：UnityEdgeLengthBasedTess()，该函数需要输入 3 个结构体的 vertex 变量（其实就是三角形的 3 个顶点坐标），以及 float edgeLength（三角形边在屏幕上的长度）。然后函数会根据不同长度的边分别应用不同的曲面细分等级，边越长曲面细分等级越高，从而使模型的边长在屏幕上看起来一致。该函数在包含文件 Tessellation. cginc 中被定义，感兴趣的读者可以打开文件自行阅读。

2. 基于边长的曲面细分 Shader

经过上一小节对于语法结构的讲解，相信读者已经对曲面细分函数有了大概的了解。由于不同的曲面细分类型只是在细分函数部分有所体现，其他部分大致相同，因此为了节省篇幅，此处只把有改动的部分展示出来，未展示部分与 9.4.1 节中的代码一致。

改动部分的代码如下所示：

```
_EdgeLength ("Edge Length", Range(1, 32)) = 1
```

在 Properties 代码块中，为了控制线段细分之后在屏幕上的长度，因此添加了 _EdgeLength 属性。

//声明曲面细分函数和顶点修改函数的编译指令

```
#pragma surface surf Lambert tessellate:tessellateEdge vertex:height addshadow
#include "Tessellation.cginc"
```

在编译指令中,首先定义了曲面细分函数的名称为 tessellateEdge,然后将 Tessellation.cginc 文件包含进 Shader 中。

```
half _EdgeLength;

//曲面细分函数
float4 tessellateEdge (appdata_full v0, appdata_full v1, appdata_full v2)
{
    //调用基于边长的曲面细分函数
    return UnityEdgeLengthBasedTess(v0.vertex, v1.vertex, v2.vertex, _EdgeLength);
}
```

曲面细分函数按照语法结构编写即可,此处不再赘述。

9.4.3　视锥剔除曲面细分

出于性能方面的考虑,还可以使用 UnityEdgeLengthBasedTessCull() 函数代替 9.4.2 节中的 UnityEdgeLengthBasedTess() 函数,Unity 会判断顶点是否在摄像机的视锥体内,超出视锥体范围的顶点将会被剔除。

1. 语法结构

在 Surface Shader 中,如果要使用视锥剔除曲面细分功能,需要先在编译指令中添加 tessellate:FunctionName 指令,FunctionName 为曲面细分函数的名称,还需要将 Tessellation.cginc 文件包含进 Shader。

视锥剔除曲面细分语法结构如下:

```
float4 FunctionName (appdata_full v0, appdata_full v1, appdata_full v2)
{
    return UnityEdgeLengthBasedTessCull(v0.vertex, v1.vertex, v2.vertex,
                          float edgeLength, float maxDisplacement);
}
```

"视锥剔除曲面细分"与"基于边长的曲面细分"使用方式极为相似,只是在返回的 UnityEdgeLengthBasedTessCull() 中增加了 float maxDisplacement 变量,用于控制顶点置换的最大高度。当顶点置换的高度超过这个数值且在摄像机的视锥体范围外,则会被剔除。

2. 视锥剔除曲面细分 Shader

这里还是只把改动过的部分展示出来,未展示部分与 9.4.1 节中的代码一致,改动部分的代码如下所示:

```
_MaxHeight ("Max Height", Range(0, 0.5)) = 0.1
```

在 Properties 代码块中,通过添加_MaxHeight 属性,来控制顶点置换的最大高度。

```
//声明曲面细分函数和顶点修改函数的编译指令
# pragma surface surf Lambert tessellate:tessellateCull vertex:height addshadow
# include "Tessellation.cginc"

half _EdgeLength;
float _MaxHeight;

//曲面细分函数
float4 tessellateCull (appdata_full v0, appdata_full v1, appdata_full v2)
{
    //调用视锥剔除曲面细分函数
    return UnityEdgeLengthBasedTessCull(v0.vertex, v1.vertex, v2.vertex, _EdgeLength,
_MaxHeight);
}
```

编译指令以及曲面细分函数的代码与 9.4.2 节类似,此处不再赘述。

9.4.4　基于距离的曲面细分

很多时候,出于性能考虑,用户希望只有当近距离看模型的时候才执行曲面细分,当摄像机距离模型很远的时候完全不需要进行细分,这个时候就需要用到"基于距离的曲面细分"了。

1. 语法结构

在 Surface Shader 中,如果要使用基于距离的曲面细分功能,需要先在编译指令中添加 tessellate:FunctionName 指令,FunctionName 为曲面细分函数的名称,还需要将 Tessellation.cginc 文件包含进 Shader。

基于距离的曲面细分语法结构如下:

```
float4 FunctionName (appdata_full v0, appdata_full v1, appdata_full v2)
{
    return UnityDistanceBasedTess(v0.vertex, v1.vertex, v2.vertex,
                                  float minDist, float maxDist, float tess);
}
```

FunctionName 为编译指令中声明的曲面细分函数名称。在函数中,将包含文件 UnityCG.cginc 中的 appdata_full 结构体输入 3 次,分别为 v0、v1、v2。曲面细分函数返回另外一个函数 UnityDistanceBasedTess(),函数需要输入 3 个结构体的 vertex 变量以及如下 3 个变量:

(1) float minDist:最近距离。

(2) float maxDist:最远距离。

(3) float tess:细分等级。

假设摄像机与顶点之间的距离为 d,d 与 minDist、maxDist、tess 之间的关系如图 9-15

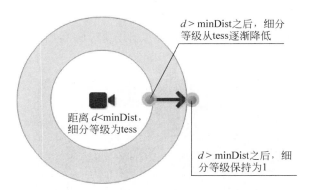

图 9-15　基于距离的曲面细分计算方法

所示。当 $d <$ minDist 的范围内,模型的细分等级为 tess;当 minDist $< d <$ maxDist,模型的细分等级从 tess 逐渐降低到 1;当 $d >$ maxDist,模型的细分等级保持为 1。

当摄像机与顶点之间的距离超过设定的 maxDist,显卡就会停止曲面细分的计算,因此相对而言更节省性能。

2. 基于距离的曲面细分 Shader

此处还是只把改动过的部分展示出来,未展示部分与 9.4.1 节中的代码一致,改动部分的代码如下所示:

```
_MinDistance ("Min Distance", Range(0, 50)) = 10
_MaxDistance ("Max Distance", Range(0, 50)) = 25
_Tessellation ("Tessellation", Range(1, 32)) = 1
```

在 Properties 代码块中添加了控制最近距离的_MinDistance 属性、控制最远距离的_MaxDistance 属性、控制细分等级的_Tessellation 属性。

```
//声明曲面细分函数和顶点修改函数的编译指令
# pragma surface surf Lambert tessellate:tessellateDistance vertex:height addshadow
# include "Tessellation.cginc"

half _MinDistance;
half _MaxDistance;
half _Tessellation;

//曲面细分函数
float4 tessellateDistance (appdata_full v0, appdata_full v1, appdata_full v2)
{
    //调用基于距离的曲面细分函数
    return UnityDistanceBasedTess(v0.vertex, v1.vertex, v2.vertex,
                        _MinDistance, _MaxDistance, _Tessellation);
}
```

编译指令以及曲面细分函数的代码与 9.4.3 节类似,此处不再赘述。

编写完 Shader 之后,将 Shader 文件应用到之前的地面材质,调节材质属性之后查看效果,如图 9-16 所示,靠近摄像机的区域细分等级比较高,而远离摄像机的区域细分等级比较低。

图 9-16　基于距离的曲面细分效果

9.4.5　Phong 曲面细分

从上面几个案例中不难发现,模型细分之后一般会再使用高度图修改模型的顶点坐标,从而改变模型的表面结构,因此曲面细分函数通常会与顶点修改函数连在一起使用。但是也有例外的情况,例如:一个低面数的模型,如果只是想通过曲面细分使模型表面更加光滑,只是使用曲面细分函数就不能满足需求了,这个时候就需要用到 Phong 曲面细分。

Phong 曲面细分的工作原理如图 9-17 所示,Phong 细分会使新生成的顶点沿着原始顶点的法线方向偏移一段距离,类似于 ZBrush 中对模型增加细分,因此会使模型表面变得更加光滑。

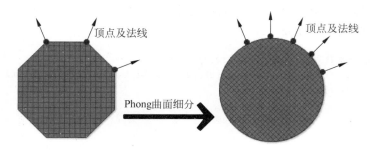

图 9-17　Phong 曲面细分的计算方法

1. 语法结构

在 Surface Shader 中,Phong 曲面细分单独使用是没有效果的,需要结合曲面细分函数才会生效,因此仍然需要在编译指令中声明曲面细分函数,然后再添加 tessphong:VariableName 指令。VariableName 表示通过细分生成顶点的光滑强度,数值范围一般为[0,1]。跟其他属性变量一样,VariableName 同样需要在 CG 代码块中重新声明。

如果在曲面细分函数中用到了高级曲面细分,不要忘记将 Tessellation.cginc 文件包含进 Shader。

2. Phong 曲面细分 Shader

下面编写一个与固定数量曲面细分结合使用的 Phong 曲面细分 Shader, 完整代码如下所示：

```
Shader "Surface/Phong Tessellation"
{
    Properties
    {
        _MainTex ("Color", 2D) = "white" {}
        _Tessellation ("Tessellation", Range(1, 32)) = 1
        _Phong ("Phong Tessellation", Range(0, 1)) = 0.2
    }
    SubShader
    {
        CGPROGRAM

        //声明曲面细分函数和 Phong 细分编译指令
        #pragma surface surf Lambert tessellate:tessellation tessphong:_Phong

        half _Tessellation;
        fixed _Phong;

        //曲面细分函数
        float4 tessellation ()
        {
            return _Tessellation;
        }

        struct Input
        {
            float2 uv_MainTex;
            float2 uv_NormalMap;
        };

        sampler2D _MainTex;

        void surf (Input IN, inout SurfaceOutput o)
        {
            half4 c = tex2D(_MainTex, IN.uv_MainTex);
            o.Albedo = c.rgb;
        }
        ENDCG
    }
    FallBack "Diffuse"
}
```

上述 Shader 是在 9.4.1 节中固定数量的曲面细分 Shader 上直接修改的,在 Properties 代码块中,通过新开放的_Phong 变量控制细分之后顶点的光滑程度。在编译指令中,又通过增加 tessphong:_Phong 指令,来开启 Phong 细分功能。注意:_Phong 属性一定要记得在 CG 中进行声明,否则编译的时候会报错。

因为本案例不需要使用高度图,因此没有自定义顶点修改函数。剩下的代码与 9.4.1 节中固定数量的曲面细分 Shader 一致,读者可自行参考该节内容。

编写完 Shader 之后,下面进行效果测试。首先将之前一直使用的玩具兔子模型添加到空场景中,然后把新编写好的 Shader 文件指定给模型所使用的材质。调整材质参数之后与其他曲面细分 Shader 进行对比,对比效果如图 9-18 所示(截图为兔子的鼻子部位),左图普通曲面细分的效果,右图为开启 Phong 细分功能的效果。

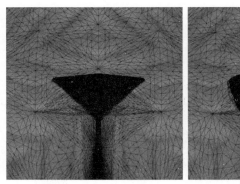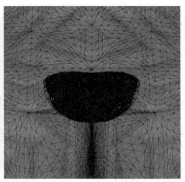

图 9-18　普通曲面细分与 Phong 曲面细分的对比效果

从图中可以看出,鼻子部位经过普通曲面细分后,虽然增加了很多顶点,但是外形依然没有改变,还是硬边三角形。而经过 Phong 曲面细分之后,模型表面变得更加光滑,因此鼻子部位变成了圆弧形。

9.5　透明效果

本书在第 7 章中讲过顶点-片段着色器的三种透明效果:混合透明、透明测试和模板测试,在表面着色器中同样也可以实现这三种透明效果。

相对于顶点-片段着色器来说,混合透明和透明测试这两种效果在表面着色器中编写起来更加方便,只需要在编译指令里添加相应的指令即可,本节将对其进行着重讲解。而模板测试是在 SubShader 中编写,编写方式与顶点-片段着色器别无二致,因此本节就不再重复讲解了。

9.5.1　混合透明效果

在 Surface Shader 中实现混合透明效果相当简单,只需要添加一个指令即可,下面先展示出完整的 Shader 代码：

```
Shader "Surface Shader/Transparent"
{
    Properties
    {
        _MainTex ("MainTex", 2D) = "white" {}
        _Color ("Color(RGB-A)", Color) = (1, 1, 1, 1)
    }
    SubShader
    {
        Tags{"Queue" = "Transparent"}

        CGPROGRAM

        //添加 alpha 指令开启透明效果
        #pragma surface surf Lambert alpha

        struct Input
        {
            float2 uv_MainTex;
        };

        sampler2D _MainTex;
        fixed4 _Color;

        void surf (Input IN, inout SurfaceOutput o)
        {
            fixed4 c = tex2D(_MainTex, IN.uv_MainTex);

            o.Albedo = c.rgb * _Color.rgb;
            o.Alpha = c.a * _Color.a;
        }
        ENDCG
    }
    FallBack "Diffuse"
}
```

在上述 Shader 中，在 Properties 代码块中添加了_Color 属性，其中 rgb 分量用于控制颜色，a 分量用于控制透明度。在 SubShader 中添加标签，将渲染队列设置为 Transparent。

为了开启透明效果，需要在编译指令中添加 alpha 指令，剩下的工作，Unity 会自动完成，因此不需要再添加 Blend 渲染状态以及关闭深度写入了。到这里，所有的准备工作已经完成。

在表面函数中，使用_Color 属性的 a 分量与纹理采样之后的 a 分量相乘，从而可以通过控制_Color 属性 a 分量的数值进而控制物体的透明度。

9.5.2 透明测试效果

在 Surface Shader 中透明测试效果也是通过添加一个指令实现的,下面先展示出完整的 Shader 代码:

```
Shader "Surface Shader/Alpha Test"
{
    Properties
    {
        _MainTex ("MainTex", 2D) = "white" {}
        _AlphaTest ("Alpha Test", Range(0, 1)) = 0
    }
    SubShader
    {
        Tags{"Queue" = "AlphaTest"}

        CGPROGRAM

        //添加 alphatest 指令开启透明测试
        //添加 addshadow 指令修正透明测试所投射的阴影
        #pragma surface surf Lambert alphatest:_AlphaTest addshadow

        struct Input
        {
            float2 uv_MainTex;
        };

        sampler2D _MainTex;

        void surf (Input IN, inout SurfaceOutput o)
        {
            fixed4 c = tex2D(_MainTex, IN.uv_MainTex);

            o.Albedo = c.rgb;
            o.Alpha = c.a;
        }
        ENDCG
    }
    FallBack "Diffuse"
}
```

在上述 Shader 中,首先在 Properties 代码块中开放了_AlphaTest 属性,用于在表面函数中与输出结构体的 Alpha 属性做对比。然后在 SubShader 中添加标签,将渲染队列设置为 AlphaTest。

为了开启透明测试效果,需要在编译指令中添加 alphatest:VariableName 指令,其中

VariableName 就是开放的_AlphaTest 属性,因此完整的指令为 alphatest:_AlphaTest。

　　默认情况下,当物体进行过透明测试之后,虽然物体有一部分是透明的,但是投射出来的阴影却依然是完整的。为了修正这个问题,需要再添加 addshadow 指令,从而使未通过透明测试的部分不产生投影。

　　添加 addshadow 指令前后对比如图 9-19 所示,左图为添加指令之前,右图为添加指令之后。经过对比可以很明显地看到添加指令之后地面的阴影更加准确。

图 9-19　添加 addshadow 指令前与添加后的对比效果

　　在表面函数中,还是跟以往一样对贴图进行采样,然后将采样后的 a 分量输出给表面结构体的 Alpha 属性。到此为止,需人为的操作就算完成了,剩下的工作 Unity 会自动完成。

　　那么,Unity 会做哪些工作呢? 首先,Unity 会将表面结构体的 Alpha 属性与用户声明的_AlphaTest 属性进行对比,然后将那些 Alpha 值小于_AlphaTest 的像素弃掉,从而实现透明效果。下面将透明测试的计算公式进行整理:

$$o.Alpha < \_AlphaTest \rightarrow o.Alpha - \_AlphaTest < 0$$

　　通过将_AlphaTest 位置移动便能发现,其实 Unity 调用了 clip(o.Alpha − _AlphaTest) 函数,将相减之后结果小于 0 的像素丢弃,从而实现透明效果,这跟本书第 7 章在顶点-片段着色器中实现透明测试的方式一样。

## 第10章

Image Effect

Shader 除了可以作用于物体本身的渲染效果,还可以用于修改已经渲染完成的图像,这种对于图像的效果称为 Image Effect(图像特效)。常用的 Image Effect 有 GrabPass Shader 和 Post-Processing(后期处理),本章将对其逐个进行讲解。

本章的主要内容有:GrabPass 的使用方法、C♯的基本语法、完全编写代码实现后期处理效果、通过 Unity 的后期处理堆栈实现效果。

10.1 GrabPass

GrabPass 是一个比较特殊的 Pass,它在运行的时候会抓取物体所在屏幕位置的渲染图像,然后传递给接下来的 Pass 进行图像处理,最终再将处理完成的图像输出。因此,GrabPass Shader 其实是作用于渲染图像的,图像的范围是物体所在屏幕的位置。

10.1.1 语法结构

GrabPass 既然也属于 Pass,那么也需要跟 Pass 一样,写在 SubShader 中。它有两种定义形式:

(1) GrabPass{ }:花括号中为空,也就是没有定义抓取图像的名称。用户可以使用 Unity 默认的名称_GrabTexture 访问抓取到的图像。但是需要注意的是,当场景中有大量物体使用这种形式的 GrabPass,每个物体都会各自执行一遍屏幕抓取操作,因此比较耗费性能。

(2) GrabPass{"TextureName"}:花括号中定义了抓取图像的名称,用户可以在接下来的 Pass 中使用 TextureName 访问抓取到的图像。即使场景中有再多物体使用这种形式的 GrabPass,所有物体也只会执行一遍屏幕抓取操作,每个物体都使用同一张抓取图像,因此比上一种形式的 GrabPass 更节省性能。

10.1.2　GrabPass Shader

本 Shader 所实现的效果为:透过物体看到的场景是去色的,也就是传说中的"我的世界都褪了色"。GrabPass 的使用流程跟前面章节所讲解的 Shader 有所不同,为了方便理解,下面拆分各部分进行讲解。

```
Properties
{
    _GrayScale ("Gray Scale", Range(0, 1)) = 0
}
```

在 Properties 代码块中只开放一个名称为_GrayScale 的属性,数值范围[0,1],用于控制去色的强度,0 为不进行去色处理,1 为完全去色成灰度图。

```
Tags {"Queue" = "Transparent"}
GrabPass{"_ScreenTex"}
```

在 SubShader 的标签中,为了使所有不透明物体都在渲染完成之后再被渲染,所以将渲染队列设置为 Transparent。然后定义 GrabPass 的抓取图像为_MainTex,在后面的 Pass 中可以通过_MainTex 访问到抓取图像。

```
struct v2f
{
    float4 pos : SV_POSITION;
    float4 grabPos : TEXCOORD0;
};
```

在 v2f 结构体中,通过定义一个名称为 grabPos 的变量,来存储抓取图像的纹理坐标。

```
v2f vert (float4 vertex : POSITION)
{
    v2f o;
    o.pos = UnityObjectToClipPos(vertex);

    //计算抓取图像在屏幕上的位置
    o.grabPos = ComputeGrabScreenPos(o.pos);

    return o;
}
```

在顶点着色器中,首先使用 UnityObjectToClipPos()函数得到顶点在裁切空间中的坐标,然后保存到结构体中的 pos 变量中。除此之外,还需要将 pos 变量传入 ComputeGrabScreenPos()函数得到抓取图像的纹理坐标,并将其保存到结构体中的

grabPos 变量中。该函数在 UnityCG. cginc 包含文件中被定义,感兴趣的读者可以打开文件详细阅读源码。

```
fixed _GrayScale;
sampler2D _ScreenTex;

half4 frag (v2f i) : SV_TARGET
{
    //采样抓取图像
    half4 src = tex2Dproj(_ScreenTex, i.grabPos);

    half grayscale = Luminance(src.rgb);
    half4 dst = half4(grayscale, grayscale, grayscale, 1);

    return lerp(src, dst, _GrayScale);
}
```

在片段着色器中,使用 tex2Dproj() 函数对抓取图像进行采样得到 src(source 的缩写),相当于将纹理坐标的 xy 分量除以 w 分量之后再对纹理贴图进行采样,等价于以下代码:

```
half4 src = tex2D(_ScreenTex, i.grabPos.xy / i.grabPos.w);
```

采样之后使用 Luminance() 函数将 src 进行去色得到单通道图像 grayscale,然后再合成 4 通道图像 dst(destination 的缩写),最后使用 lerp() 函数将 src 和 dst 进行插值计算,通过 _GrayScal 属性控制插值占比。

10.1.3　测试效果

为了方便阅读,下面将完整 Shader 代码展示出来。

```
Shader "Custom/GrabPass"
{
    Properties
    {
        _GrayScale ("Gray Scale", Range(0, 1)) = 0
    }
    SubShader
    {
        Tags {"Queue" = "Transparent"}

        //调用 GrabPass,并定义抓取图像的名称
        GrabPass{"_ScreenTex"}

        Pass
        {
            CGPROGRAM
            #pragma vertex vert
```

```
# pragma fragment frag
# include "UnityCG.cginc"

struct v2f
{
    float4 pos : SV_POSITION;
    float4 grabPos : TEXCOORD0;
};


v2f vert (float4 vertex : POSITION)
{
    v2f o;
    o.pos = UnityObjectToClipPos(vertex);

    //计算抓取图像在屏幕上的位置
    o.grabPos = ComputeGrabScreenPos(o.pos);

    return o;
}

fixed _GrayScale;

//声明抓取图像
sampler2D _ScreenTex;

half4 frag (v2f i) : SV_TARGET
{
    //采样抓取图像
    half4 src = tex2Dproj(_ScreenTex, i.grabPos);

    half grayscale = Luminance(src.rgb);
    half4 dst = half4(grayscale, grayscale, grayscale, 1);

    return lerp(src, dst, _GrayScale);
}
ENDCG
        }
    }
}
```

编写完 Shader 之后开始测试效果。首先将之前一直使用的玩具兔子模型添加到空场景中，然后在它面前再添加一个面片，将刚编写好的 Shader 指定给面片所使用的材质，调节 _GrayScal 参数查看效果。

为了更明显地看到面片，在 Unity 中选中描边显示，最终效果如图 10-1 所示，透过面片所呈现的颜色正是去色效果，而面片之外的颜色为未经处理的正常效果。

图 10-1　GrabPass 的最终渲染效果

10.2　C♯基础语法

之所以在本节插入讲解 C♯,是因为在下一节讲解后期处理的时候需要用到脚本辅助运行。而 C♯并不属于主要讲解的知识点,因此本书只拿出一节的篇幅对其进行简单快速的讲解,只需要达到够用的水平即可。

10.2.1　C♯脚本的基本结构

在 Unity 中,新创建的 C♯脚本会自动引用一些命名空间,命名空间中包含接口和类定义的各种对象,例如列表、队列、位数组等,以便于在脚本中直接使用,这就像是 Shader 中的包含文件一样的概念,一般情况下可不对其进行修改。一个完整的 C♯脚本应该会是这种结构:

```
using System.Collections;
using System.Collections.Generic;
using UnityEngine;

public class NewBehaviourScript : MonoBehaviour
{
    //脚本代码
}
```

其中,NewBehaviourScript 是 C♯脚本的名称,它必须和脚本文件的名称保持一致,如果文件的名称修改了,一定要记得打开脚本进行修改,否则编译会报错。而代码都会编写在这个继承自 MonoBehaviour 的类中。

10.2.2　Properties

C♯也可以像 Shader 一样把频繁修改的参数在面板上开放出来,以便于随时对参数进行调整。

C♯中声明的变量分为 public 和 private 两大类，public 类型的变量会出现在属性面板上，属性就是指的这一类变量。而 private 类型的变量则不会出现在属性面板上，只能在本脚本内进行赋值和访问。

1. 数值类型的属性

在所有属性中最常用的就是数值类型的属性了，一般情况下所使用的数值都是 float 类型，它的语法结构如下：

```
public float name = default;
```

（1）public：将变量作为属性开放到属性面板。

（2）name：属性的名称，用于属性面板显示和脚本中调用。如果定义的名称首字母为小写，在属性面板上会以首字母大写显示，但是在脚本中调用属性的时候还是要按照小写使用。

（3）default：属性的默认值，需要在数值后面加上 f，例如 0.1f，f 表示 float。

当需要对输入的数值进行范围限制的时候，就需要用到滑动条了。就像 Shader 里的 Range(min,max)，在 C♯脚本中，数值类型的属性前加上［Range(min,max)］就可以将当前属性转变为滑动条的形式。注意：这个指令只对下方的第一个属性生效，且只能用于数值类型的属性。当需要多个滑动条的时候，需要在每个属性前都添加这个指令。

2. 开关类型的属性

开关类型的属性只允许输入两个数值，ture 或 false，因此它是 bool 类型的数值，它的语法结构如下：

```
public bool Name = default;
```

其中 default 可以使用的数值有 true 和 false，分别表示开和关。

3. 颜色类型的属性

C♯也可以将颜色开放出来，它的语法结构如下：

```
public Color Name = default;
```

default 为颜色的默认值，表 10-1 整理了所有允许使用的颜色。

表 10-1　C♯中颜色的默认值

默　认　值	颜　　色	默　认　值	颜　　色
Color. black	黑色(0,0,0,1)	Color. green	绿色(0,1,0,1)
Color. white	白色(1,1,1,1)	Color. blue	蓝色(0,0,1,1)
Color. gray	灰色(0.5,0.5,0.5,1)	Color. yellow	黄色(1,1,0,1)
Color. clear	透明(0,0,0,0)	Color. cyan	青色(0,1,1,1)
Color. red	红色(1,0,0,1)	Color. magenta	紫色(1,0,1,1)

4. 关联类型的属性

除了可以开放数值类型的属性，C♯还可以开放对象类型的属性，它的语法结构如下所示：

```
public type Name;
```

type 为关联对象的类型，表 10-2 将常用的对象类型进行了汇总。

表 10-2　常用的对象类型属性

类　　型	关 联 对 象	类　　型	关 联 对 象
Texture2D	项目中的贴图文件	Material	项目中的材质资源
Shader	项目中的 Shader 文件	MeshFilter	场景中的模型对象

5. 所有类型属性汇总

为了方便阅读和记忆，本书将常用的属性汇总在一个名称为 Properties 的 C♯脚本中，以下为脚本的完整代码：

```
using System.Collections;
using System.Collections.Generic;
using UnityEngine;

public class Properties : MonoBehaviour          //类名称要与脚本名称一致
{
    [Range(0.0f, 1.0f)]                          //将数值转变为滑动条，只对下方第一个属性有效
    public float myRange = 0.5f;

    public float myNumber = 0f;                  //数值属性
    public bool myToggle = false;                //bool 型开关属性
    public Color myColor = Color.white;          //颜色属性
    public Texture2D myTexture;                  //关联纹理
    public Shader myShader;                      //关联 Shader 文件
    public Material myMaterial;                  //关联材质
    public MeshFilter myMesh;                    //关联场景中的模型
}
```

将脚本添加到场景中的任意对象上，即可在属性面板上看到开放出来的所有属性，最终样式如图 10-2 所示。

在很多时候，同一个脚本可能会被多个对象使用，但是每次添加脚本到对象上之后都需要重新关联一遍引用的资源，重复性的操作很麻烦。这时可以在 C♯脚本的属性面板里预先关联好引用的默认资源，然后再添加到对象上使用，这样一来就不必每次添加脚本到对象上之后还需要再次关联资源了。脚本属性面板如图 10-3 所示。

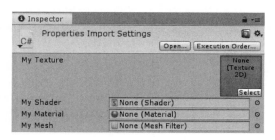

图 10-2　不同属性类型的显示样式　　　　图 10-3　C♯设置面板

10.2.3　C♯中的常用函数

（1）private void Awake()：用于脚本的初始化，在脚本运行过程中最先执行。

（2）private void Start()：在 Update()之前、Awake()之后执行。

（3）private void Update()：每一帧都会执行一遍这个函数。

10.2.4　基于 Shader 资源创建材质

之前都是通过手动的方式创建材质资源，除了手动创建，Unity 还允许程序运行的时候通过 C♯脚本创建材质，C♯的语法结构如下：

```
public Shader ShaderName;
private Material MaterialName;

private void Start()
{
    MaterialName = new Material(ShaderName);
}
```

首先需要开放一个 Shader 属性用于关联 Shader 文件，下面所创建的材质也是基于这个 Shader。然后再声明一个 Material 类型的变量，由于这个变量是脚本内部使用，因此使用 private 关键词使变量不对外开放。最后使用 new Material()函数即可基于关联的 Shader 文件创建出材质。

10.2.5　通过脚本往 Material 中传递变量

通过 C♯脚本创建出材质之后，仍然可以通过脚本往材质中传递变量，语法结构如下：

```
MaterialName.Set + Type("Property_1", Property_2);
```

（1）MaterialName：要接收变量的材质名称。

（2）Set＋Type：Set 是为材质设置变量的关键词，Type 为变量的类型，常用的类型有：Float、Color、Vector、Texture 等。

（3）Property_1：Shader 中要接收变量的名称。

（4）Property_2：脚本中要传递变量的名称。

为了方便阅读和记忆，下面将可以传递的不同变量类型以代码的形式全部展示出来：

```
{
    EffectMaterial.SetFloat("_myFlost", myFlost); //数值
    EffectMaterial.SetColor("_myColor", myColor); //颜色
    EffectMaterial.SetVector("_myVector", myVector); //向量
    EffectMaterial.SetTexture("_myTexture", myTexture); //纹理贴图
}
```

10.2.6　C♯中的数学函数

CG 为用户提供了标准函数库，以便于编写 Shader。同样，C♯也为用户提供了数学函数库，以便于编写脚本时直接使用，例如，返回绝对值、返回最大值或最小值等。

表 10-3 将常用的数学函数进行了汇总。

表 10-3　C♯中的数学函数

函　　　数	描　　　述
PI	著名的数学常数 π，数值为：3.14159265358979……
Abs(f)	返回一个数值的绝对值
Ceil(f)	返回大于或等于 f 的最小整数，也就是对 f 进一取整
Clamp(f,min,max)	将数值范围限定为[min,max]
Clamp01(f)	将数值范围限定为[0,1]
Cos(f)	返回 f 的余弦值
Floor(f)	返回小于或等于 f 的最大整数，也就是对 f 去尾取整
Lerp(a,b,t)	通过 t 对 a、b 进行线性插值计算
Max(a,b,…)	返回两个或多个数值的最大值
Min(a,b,…)	返回两个或多个数值的最小值
Pow(f,p)	返回 f 的 p 次方
Round(f)	返回 f 最接近的整数（四舍五入）
Sign(f)	返回 f 的符号，如果 $f \geqslant 0$，返回 1；反之，返回 -1
Sin(f)	返回 f 的正弦值
Tan(f)	返回 f 的正切值

需要注意的是，在调用函数之前需要添加 Mathf. 关键词才能成功调用。例如：

```
myFloat = Mathf.Clamp01(myFloat);
```

代码实现的效果是：将变量 myFloat 的数值范围限制为[0,1]。

除此表格中的函数之外，Unity 还提供了很多数学函数，由于不经常使用，本书不再展开讲解。感兴趣的读者可自行前往 Unity 官方文档查看相关内容。

10.2.7　其他功能

接下来会用到的 C♯ 的一些其他功能指令：

（1）［RequireComponent（typeof（Camera））］：如果编写的脚本必须依赖于摄像机组件，可以在脚本的最开始位置添加这条指令。当脚本添加到没有摄像机组件的对象上，Unity 会自动在这个对象上添加摄像机组件。

（2）［ExecuteInEditMode］：如果想要编写的脚本在编辑模式下也可以查看到效果，可以在脚本的最开始位置添加这条指令。这时候即使不运行项目，也可以在场景编辑窗口看到脚本运行的效果。

10.3　Post-Processing

在游戏制作过程中，在完成一个场景之后通常会对整体渲染效果进行美化处理，例如：添加 Bloom（光晕）、Vignette（暗角），调节整体亮度、对比度等效果，这就好比拍完照片然后在 Photoshop 里再进行修理一样，这些效果就是后期处理（Post-Processing）。

10.3.1　后期处理的工作流程

后期处理本质上来讲其实就是 Unity 在屏幕最上方叠了一个与屏幕同样尺寸的四边形面片，面片上所显示的内容就是摄像机渲染的图像，而所有的操作也全是基于这个面片进行的。

后期处理虽然是对最终的渲染效果进行整体的处理，但是起到图像处理作用的依然还是 Shader。只是这种 Shader 与之前所讲的有些不同，它不能直接用于渲染模型，而是通过一个 C♯ 脚本添加到摄像机上才能运行。

后期处理的实现逻辑如图 10-4 所示。需要脚本指定给摄像机使用，它将摄像机的渲染图像（RenderImage）以渲染纹理（RenderTexture）的形式传递给关联的 Shader，纹理会在 Shader 的片段着色器中继续进行处理，处理完成的图像最终再传回脚本中，输出到屏幕上。因此，传输图像的 C♯ 脚本与图像处理的 Shader 配合使用才能实现后期处理效果。

了解了后期处理的实现逻辑，下面继续讲解 C♯ 和 Shader 互相配合的工作流程。

在 Unity 中通过调用 OnRenderImage（）函数进行图像传输。渲染图像（RenderImage）从摄像机渲染完成到最终呈现在屏幕上还需要经过 source 和 destination 两个存储区域，这两个区域的作用如下：

（1）source：摄像机渲染完的图像以渲染纹理（RenderTexture）的形式存储在这个区域，等待接下来的进一步处理。

（2）destination：处理完成的图像（其实还是 RenderTexture）存储在这个区域，等待输出到屏幕上进行显示。

它们之间的工作流程如图 10-5 所示，摄像机渲染完成的当前帧暂时存储在 source 中，

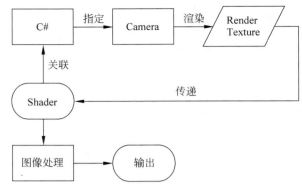

图 10-4   C♯ 与 Shader 的配合方式

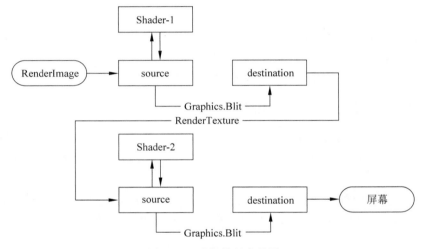

图 10-5   后期处理流程图

显卡调用 Shader 对其进行图像处理。处理完成的图像通过 Graphics.Blit 函数转移到 destination，覆盖上一帧的图像，等待输出到屏幕。而 source 会继续接收下一帧的图像，重复上面的流程。

并且，摄像机是允许添加多个后期处理的。Unity 以堆栈的方式依次执行每一个后期处理，执行顺序按照摄像机组件上后期处理的排序，上边的优先执行。

当有多个后期处理的时候，上一个后期处理执行完毕之后会将结果保存在 RenderTexture 中，传递给下一个后期处理中的 source。下一个后期处理会继续按照上述流程进行重复。因此，增加后期处理的数量也会相应增加 RenderTexture 的数量，这会增加性能消耗。

因此，当需要使用多个后期处理的时候，可以尽量将多个后期处理的效果合并在一个后期处理 Shader 中实现。例如：一般情况下会同时调节图像的"亮度、饱和度、对比度"，将这三个后期处理效果通过一个 Shader 实现，相对而言更节省性能。

10.3.2　后期处理 Shader

前几个小节所讲解的 C♯语法基础以及后期处理的工作流程,就是为这一小节内容做铺垫的。下面就编写一个调节亮度/饱和度/对比度的后期处理效果。

亮度、饱和度和对比度虽然是三种不同算法的后期处理,但是为了减少 RenderTexture 的数量,降低性能的消耗,通常将这三种后期处理合成一个,把图像处理的算法编写在一个 Shader 中。

```
Shader "Hidden/BrightnessSaturationContrast"
{
}
```

将 Shader 名称定义在 Hidden/路径下,可以避免在 Shader 选择的下拉列表中误选后期处理 Shader,如此一来后期处理 Shader 就不会出现在 Shader 选择的下拉列表中了。

```
Properties
{
    _MainTex("MainTex", 2D) = "white"{}
    _Brightness("Brightness", float) = 1
    _Saturation("Saturatioon", float) = 1
    _Contrast("Contrast", float) = 1
}
```

在 Properties 代码块中开放了如下属性:

(1) _MainTex:渲染纹理。

(2) _Brightness 亮度。

(3) _Saturation:饱和度。

(4) _Contrast。

其中_MainTex 是 Unity 固定的属性名称,用于接收摄像机渲染的 RenderTexture。注意:这个属性的名称一定不要写错,否则 Shader 会接收不到摄像机渲染的图像。

```
Cull Off
ZTest Always
ZWrite Off
```

在 Pass 中,为了避免后期处理的面片对场景中已经存在的物体产生影响,所以关闭了几何体剔除和深度写入,并让深度测试总是通过。一般情况下,后期处理 Shader 都会添加这三条渲染状态,这个也要记住。

```
# pragma vertex vert_img        //使用包含文件内置的顶点着色器
# pragma fragment frag
# include "UnityCG.cginc"

sampler2D _MainTex;             //声明 RenderTexture
```

179

```
half _Brightness;
half _Saturation;
half _Contrast;
```

在 CGPROGRAM 中,由于后期处理不需要对顶点着色器进行操作,因此可以直接声明使用 Unity 内置的 vert_img 顶点着色器。该顶点着色器在 UnityCG. cginc 包含文件中被定义,因此需要将其包含进 Shader。然后对开放的所有属性变量进行重新声明,包括接收渲染图像的_MainTex 变量。

打开 UnityCG. cginc 包含文件查找对应的源码,查看 Unity 是如何定义 vert_img 顶点着色器的,源代码如下所示:

```
// Helpers used in image effects. Most image effects use the same
// minimal vertex shader (vert_img).

struct appdata_img
{
    float4 vertex : POSITION;
    half2 texcoord : TEXCOORD0;
    UNITY_VERTEX_INPUT_INSTANCE_ID
};

struct v2f_img
{
    float4 pos : SV_POSITION;
    half2 uv : TEXCOORD0;
    UNITY_VERTEX_INPUT_INSTANCE_ID
    UNITY_VERTEX_OUTPUT_STEREO
};

v2f_img vert_img( appdata_img v )
{
    v2f_img o;
    UNITY_INITIALIZE_OUTPUT(v2f_img, o);
    UNITY_SETUP_INSTANCE_ID(v);
    UNITY_INITIALIZE_VERTEX_OUTPUT_STEREO(o);

    o.pos = UnityObjectToClipPos (v.vertex);
    o.uv = v.texcoord;
    return o;
}
```

从开头的注释可以得知:大部分后期处理都会使用这个内置的顶点着色器,并且这个已经是最简化的顶点着色器了。继续往下看,Unity 先定义了两个结构体,分别是 appdata_img 和 v2f_img。然后,Unity 定义了名称为 vert_img 的顶点函数,函数需要输入 appdata_img 结构体,然后输出 v2f_img 结构体。

以上获取到的信息就已经足够继续编写 Shader 了,至于顶点着色器内部具体做了什么并不需要关心。不过还是建议感兴趣的读者能深入研究。

有一点需要额外注意,由于顶点着色器使用的是 v2f_img 结构体作为输出,因此在片段着色器中也要使用 v2f_img 结构体作为输入。

```
//将 vert_img 的输出结构体 v2f_img 输入到片段着色器
half4 frag(v2f_img i) : SV_Target
{
    //使用 v2f_img 结构体内的纹理坐标对 RenderTexture 采样
    half4 renderTex = tex2D(_MainTex, i.uv);

    //亮度
    half3 finalColor = renderTex.rgb * _Brightness;

    //饱和度
    half luminance = Luminance(finalColor);
    finalColor = lerp(luminance, finalColor, _Saturation);

    //对比度
    half3 grayColor = half3(0.5, 0.5, 0.5);
    finalColor = lerp(grayColor, finalColor, _Contrast);

    return half4(finalColor, 1);
}
```

最核心的图像处理算法在片段着色器中进行,下面先来了解整个图像处理的逻辑流程,如图 10-6 所示。

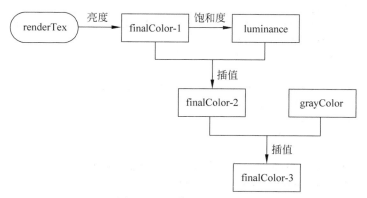

图 10-6　图像的处理流程

第一步,使用 v2f_img 结构体里的纹理坐标 uv 对 _MainTex 进行采样,得到渲染图像 renderTex,然后乘上 _Brightness 属性用于控制图像的亮度,得到图像 finalColor。

第二步,使用 Luminance() 函数将 finalColor 转变为灰度图 luminance,然后与 finalColor 进行插值计算,通过 _Saturation 属性控制图像的饱和度,得到新的图像 finalColor。本案例使用了一个投机取巧的手段,并没有将单通道的 luminance 转变为 rgb 颜色,而是直接将其与 finalColor 进行插值。由于 Unity 会自动进行容错处理,编译的时候会把 half luminance 当作 half3 luminance 处理,因此不会报错。

第三步,定义了一个名称为 grayColor 的纯色图像,颜色为(0.5,0.5,0.5),然后将 grayColor 与 finalColor 做插值运算,通过_Contrast 属性控制图像的对比度,得到最终图像 finalColor。

为了方便阅读,下面将完整代码展示出来:

```
Shader "Hidden/BrightnessSaturationContrast"
{
    Properties
    {
        _MainTex("MainTex", 2D) = "white"{}
        _Brightness("Brightness", float) = 1
        _Saturation("Saturatioon", float) = 1
        _Contrast("Contrast", float) = 1
    }

    SubShader
    {
        Pass
        {
            Cull Off
            ZTest Always
            ZWrite Off

            CGPROGRAM
            # pragma vertex vert_img       //使用包含文件内置的顶点着色器
            # pragma fragment frag
            # include "UnityCG.cginc"

            sampler2D _MainTex;            //声明 RenderTexture
            half _Brightness;
            half _Saturation;
            half _Contrast;

            //将 vert_img 的输出结构体 v2f_img 输入到片段着色器
            half4 frag(v2f_img i) : SV_Target
            {
                //使用 v2f_img 结构体内的纹理坐标对 RenderTexture 采样
                half4 renderTex = tex2D(_MainTex, i.uv);

                //亮度
                half3 finalColor = renderTex.rgb * _Brightness;
```

```
            //饱和度
            half luminance = Luminance(finalColor);
            finalColor = lerp(luminance, finalColor, _Saturation);

            //对比度
            half3 grayColor = half3(0.5, 0.5, 0.5);
            finalColor = lerp(grayColor, finalColor, _Contrast);

            return half4(finalColor, 1);
        }
        ENDCG
    }
}
```

10.3.3　后期处理脚本

本章 10.3.1 节中讲过，后期处理一定要 Shader 配合 C♯脚本才能运行，编写完后期处理 Shader 之后，本节正式开始编写 C♯脚本。

对初学者而言，由于刚开始接触 C♯，并且后期处理的脚本较为复杂，因此本节将详细地讲解。

首先在 Unity 的菜单中依次单击 Asset→Create→C♯ Script 创建一个 C♯文件，并将文件命名为：BrightnessSaturationContrast，然后双击文件打开 Visual Studio 开始编写脚本。

基础框架：

```
using System.Collections;
using System.Collections.Generic;
using UnityEngine;

[RequireComponent(typeof(Camera))]
[ExecuteInEditMode]
public class BrightnessSaturationContrast : MonoBehaviour
{
    //脚本代码
}
```

最开始的三行是 C♯的命名空间，Unity 会为每一个新创建的脚本里自动添加这三行代码，此处不需要做任何修改。

由于后期处理依赖于摄像机组件，因此添加了[RequireComponent(typeof(Camera))]指令。为了在编辑模式调节属性可以直接看到效果，因此又添加了[ExecuteInEditMode]指令。基于 MonoBehaviour 的类也是 Unity 自动填写的，类的名称就是脚本的名称，要编写的代码需要写在其中。

开放属性：

```
public Shader EffectShader;
public float Brightness = 1f;
public float Saturation = 1f;
public float Contrast = 1f;
```

首先开放了一个 Shader 类型的关联属性，用于关联写好的 Shader 文件。然后又开放了三个数值类型的属性，分别用于设置亮度、饱和度、对比度。

基于 Shader 创建 Material：

```
private Material EffectMaterial;

private void Start()
{
    EffectMaterial = new Material(EffectShader);
}
```

Shader 并不能直接用于图像处理，需要基于 Shader 创建出 Material 才可以被使用。因此，首先创建一个名称为 EffectMaterial 的材质变量，用于存储接下来创建出来的 Material。这里需要程序一开始运行的时候就创建出 Material，因此需要把 new Material() 函数写在 private void Start() 函数中。

这种创建材质的方法其实并不是最完美的，不过作为入门使用已经足以满足需求了。后续在第 14 章讲解后期处理案例的时候再介绍一个更加完美的方法。

对渲染图像进行处理：

```
private void OnRenderImage(RenderTexture source, RenderTexture destination)
{
    if (EffectShader)
    {
        EffectMaterial.SetFloat("_Brightness", Brightness);
        EffectMaterial.SetFloat("_Saturation",Saturation);
        EffectMaterial.SetFloat("_Contrast", Contrast);

        Graphics.Blit(source, destination, EffectMaterial);
    }
    else
        Graphics.Blit(source, destination);
}
```

调用 private void OnRenderImage() 函数获取摄像机渲染的图像。在函数中定义了两个 RenderTexture，分别为 source 和 destination，用于存储处理前和处理后的渲染图像。函数中先使用 if … else … 语句判断是否存在 EffectShader，其实也就是判断脚本的 EffectShader 属性是否关联了后期处理的 Shader 文件。

如果关联了 Shader 文件，那么后面的一系列操作就可以正常执行。首先把开放的

Brightness、Saturation 和 Contrast 传递给创建出的 EffectMaterial，然后调用 Graphics. Blit（source，destination，EffectMaterial）函数，对 source 中的图像使用 EffectMaterial 进行处理，然后传递给 destination。

如果没有关联 Shader 文件，则调用 Graphics. Blit（source，destination）函数，source 中的图像不经过任何处理，直接传递给 destination。

限制属性的数值范围：

```
private void Update()
{
    Brightness = Mathf.Clamp(Brightness, 0f, 2f);
    Saturation = Mathf.Clamp(Saturation, 0f, 2f);
    Contrast = Mathf.Clamp(Contrast, 0f, 2f);
}
```

最后，再使用 C# 的数学函数对开放的数值属性进行范围限制。为了更方便调节，可以将 Brightness、Saturation 和 Contrast 这三个属性都限制在区间[0，2]。由于范围限定需要每一帧都生效，因此需要把这些代码写在 private void Update()函数中。到这里，完整的C#脚本就完全编写完成。

为了方便阅读和查看，下面再把完整的 C#代码展示出来：

```
using System.Collections;
using System.Collections.Generic;
using UnityEngine;

[RequireComponent(typeof(Camera))]
[ExecuteInEditMode]
public class BrightnessSaturationContrast : MonoBehaviour
{
    //关联后期处理 Shader
    public Shader EffectShader;

    //亮度、饱和度、对比度属性
    public float Brightness = 1f;
    public float Saturation = 1f;
    public float Contrast = 1f;

    //后期处理的材质
    private Material EffectMaterial;

    //基于 Shader 生成的 Material
    private void Start()
    {
        EffectMaterial = new Material(EffectShader);
    }
```

```
//调用 Shader 进行后期处理
private void OnRenderImage(RenderTexture source, RenderTexture destination)
{
    //判断有无关联 Shader 文件
    //如果有,则进行属性传递
    //如果没有,则不执行任何处理
    if (EffectShader)
    {
        //将脚本中的属性传递给 Shader
        EffectMaterial.SetFloat("_Brightness", Brightness);
        EffectMaterial.SetFloat("_Saturation", Saturation);
        EffectMaterial.SetFloat("_Contrast", Contrast);

        Graphics.Blit(source, destination, EffectMaterial);
    }
    else
        Graphics.Blit(source, destination);
}

//对开放的参数进行范围控制
private void Update()
{
    Brightness = Mathf.Clamp(Brightness, 0f, 2f);
    Saturation = Mathf.Clamp(Saturation, 0f, 2f);
    Contrast = Mathf.Clamp(Contrast, 0f, 2f);
}
}
```

最后通过一张图来总结一下后期处理脚本的代码模块,模块结构如图 10-7 所示。一般来说,大部分后期处理的 C♯脚本都可以按照这个框架编写,如果你对 C♯的使用语法还不是很熟也没有关系,只需要记住这个结构框架,在使用的时候根据具体情况稍作修改就可以了。

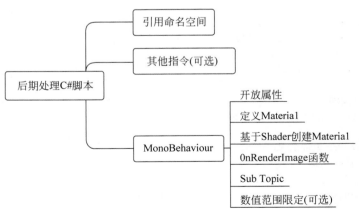

图 10-7　后期处理脚本的组成结构

10.4　后期处理堆栈

Unity 从 2018.1 版本开始为用户提供了全新的后期处理框架,这个框架帮助用户在不需要修改代码块的情况下就可以编写自定义的后期处理特效,并将其插入到堆栈(Stack)。本节将基于最新的后期处理框架将 10.3 节的亮度/饱和度/对比度后期处理效果进行重新编写。

10.4.1　安装 Post Processing 包

想要使用后期处理堆栈,首先需要安装 Unity 提供的 Post Processing 包。安装方法相当简单,依次单击菜单 Window→Package Management,如图 10-8 所示在弹窗左上角的下拉列表中选择"All packages"之后,弹窗左侧列表会加载出所有可以使用的 Package(国内网络需要等待一段时间才能加载出来),其中就有 Post Processing 包。如果项目中没有安装这个包,单击右下角的 Install 按钮即可执行安装。

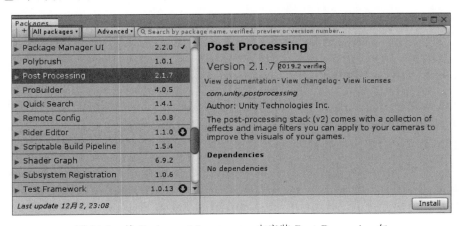

图 10-8　从 Packages Management 中安装 Post Processing 包

10.4.2　设置 Layer 和 Volume

安装完 Post Processing 之后,下面进入设置阶段。

首先,出于性能考虑,需要创建一个专门用于后期处理的空物体,然后为这个空物体设置一个专门的 Layer,例如"Post Processing"。接下来在这个空物体上添加 Component→Rendering→Post-process Volume 组件,如图 10-9 所示,开启"Is Global"选项之后,整个场景都将受到当前后期处理效果的影响。

Post-Process Volume 还需要关联一个 Profile 文件,这个文件用于保存后期处理效果的设置属性,以方便制作时重复使用。单击面板上的"New"按钮可以创建并自动关联一个 Profile 文件,然后就可以在 Add effect 下拉列表中添加后期处理效果了。

Unity 为用户提供了很多常用的后期处理效果,例如 Bloom(光晕)、Depth of Field(景深)、Motion Blur(运动模糊)等,具体使用方法不在本书的讲解范围之内,感兴趣的读者可以自行阅读 Unity 官方文档中关于 PostProcessing 这一部分的内容。

设置完 Post-process Volume 后,还需要在摄像机上添加 Component→Rendering→Post-process Layer 组件,如图 10-10 所示,在 Layer 的下拉列表中选择 Post-Process Volume 所在的 Layer:Post Processing,然后调节 Profile 中后期处理效果的属性,就可以直接查看到效果了。

图 10-9　Post Process Volume 的设置面板 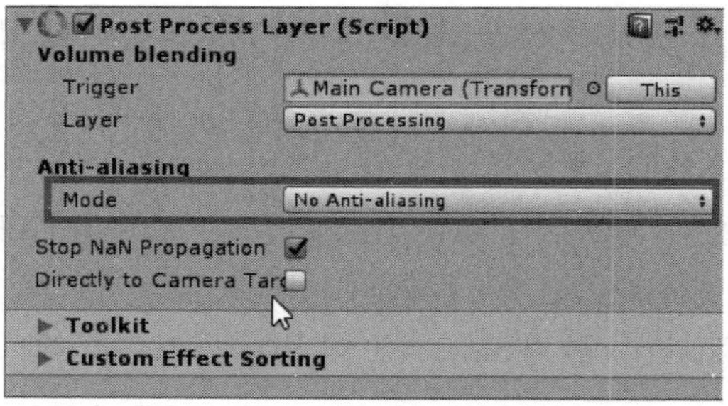　　　　图 10-10　Post Process Layer 的设置面板

10.4.3　编写 Shader

完成了前期的准备工作之后,下面开始编写后期处理 Shader。由于 Unity 提供的框架使用了大量的宏用于抽象不同平台的差异性,因此使用此框架编写 Shader 也会比之前更加简单。但是有一点需要注意的是,这里使用的不再是 CG 语言,而是 HLSL 语言。这是因为 CG 代码片段中添加了很多隐藏且不需要的代码,在切换不同平台的时候可能会导致 Shader 出现错误。

有的读者可能会担心:使用 HLSL 是否意味着只能在 DirectX 设备上才能运行? 其实不是,Unity 会将 HLSL 文件编译成 GLSL、Metal 以及其他的图形 API,因此不必担心它的跨平台兼容性。

下面,首先创建一个名称为 BSC(Brightness/Saturation/Contrast)的 Shader 文件,然后开始编写 Shader。

定义名称:

```
Shader "Hidden/BSC - HLSL"
{
}
```

由于不需要当前 Shader 出现在材质的 Shader 选择下拉列表中,因此将 Shader 的名称定义在 Hidden/路径下。笔者在当前版本的 Unity 中测试发现:如果 Shader 的名称跟文件名称一样,最终 C♯脚本会报错提醒 Shader 无效,至于原因尚未发现。因此,为了区分,此处需要把 Shader 的名称定义为 BSC-HLSL。

包含文件：

```
#include "Packages/com.unity.postprocessing/PostProcessing/Shaders/StdLib.hlsl"
```

在 HLSLINCLUDE…ENDHLSL 代码块中，使用 #include 指令将 StdLib.hlsl 文件包含进来，这个文件是标准库文件（Standard Library 的缩写），里边预先定义了顶点着色器、多种结构体以及编写 Shader 的过程中经常用到的大量数据。

属性声明：

```
TEXTURE2D_SAMPLER2D(_MainTex, sampler_MainTex);
half _Brightness;
half _Saturation;
half _Contrast;
```

直接使用 TEXTURE2D_SAMPLER2D(_MainTex, sampler_MainTex);语句声明摄像机渲染的 Render Texture,这个语句中所使用的宏在 API 文件中被定义,如果读者感兴趣,可以在 PostProcessing/Shaders/API/路径下查找到所有的 API 文件。其他属性的声明方式与普通 Shader 一样。

片段着色器：

```
float4 Frag(VaryingsDefault i) : SV_Target
{
    //采样 RenderTexture
    float4 color = SAMPLE_TEXTURE2D(_MainTex, sampler_MainTex, i.texcoord);

    //亮度
    color.rgb *= _Brightness;

    //饱和度
    float luminance = dot(color.rgb, float3(0.2126729, 0.7151522, 0.0721750));
    color.rgb = lerp(luminance, color.rgb, _Saturation);

    //对比度
    half3 grayColor = half3(0.5, 0.5, 0.5);
    color.rgb = lerp(grayColor, color.rgb, _Contrast);

    return color;
}
```

直接使用包含文件中内置的 VaryingsDefault 结构体作为片段着色器的输入,在着色器中,使用 SAMPLE_TEXTURE2D(_MainTex, sampler_MainTex, i.texcoord)语句对摄像机渲染的 RenderTexture 进行采样,关于亮度、饱和度以及对比度的处理算法与之前一致。

有一点需要额外注意,由于在这里使用的是 HLSL,无法将 UnityCG.cginc 文件包含进 Shader,也就无法使用包含文件中定义的函数,因此只能手动计算灰度图。dot(color.rgb, float3(0.2126729,0.7151522,0.0721750))语句其实是把 color 的 r、g、b 三个分量分别乘上 0.2126729、0.7151522 和 0.0721750,然后将乘积相加。

此处读者可能会有这样的疑惑:为什么不取三个分量的平均值作为灰度图呢?其实并不是不可以,只是使用这种算法得到的灰度图的细节不够丰富,而上述算法得到的灰度图可以保留更多细节。因此还是建议读者使用 dot(color.rgb,float3(0.2126729,0.7151522,0.0721750))算法。

SubShader:

```
SubShader
{
    Cull Off ZWrite Off ZTest Always

    Pass
    {
        HLSLPROGRAM

            #pragma vertex VertDefault
            #pragma fragment Frag

        ENDHLSL
    }
}
```

在 SubShader 中,渲染状态与普通后期处理效果的 Shader 一致:关闭几何体剔除、关闭深度写入、深度测试总是通过。然后在 Pass 中定义顶点着色器为包含文件中内置的 VertDefault,片段着色器为 Frag。

为了方便阅读,下面将完整的 Shader 代码展示出来:

```
Shader "Hidden/BSC - HLSL"
{
    HLSLINCLUDE

        #include "Packages/com.unity.postprocessing/PostProcessing/Shaders/StdLib.hlsl"

        //属性声明
        TEXTURE2D_SAMPLER2D(_MainTex, sampler_MainTex);
        half _Brightness;
        half _Saturation;
        half _Contrast;

        float4 Frag(VaryingsDefault i) : SV_Target
        {
            //采样 RenderTexture
            float4 color = SAMPLE_TEXTURE2D(_MainTex, sampler_MainTex, i.texcoord);
```

```
//亮度
color.rgb *= _Brightness;

//饱和度
float luminance = dot(color.rgb, float3(0.2126729, 0.7151522, 0.0721750));
color.rgb = lerp(luminance, color.rgb, _Saturation);

//对比度
half3 grayColor = half3(0.5, 0.5, 0.5);
color.rgb = lerp(grayColor, color.rgb, _Contrast);

return color;
}

ENDHLSL

SubShader
{
    Cull Off ZWrite Off ZTest Always

    Pass
    {
        HLSLPROGRAM

            #pragma vertex VertDefault
            #pragma fragment Frag

        ENDHLSL
    }
}
}
```

10.4.4　编写 C♯ 脚本

本书由于是基于 Unity 的框架进行编写,因此只对以后可能用到的部分进行讲解,至于那些不需要更改的部分或者涉及底层实现逻辑的部分,本书就不做详细讲解了。

首先创建一个名称为 BSC 的 C♯ 脚本,然后双击文件开始编写代码,由于是基于新的框架编写,因此还是拆分各部分进行讲解。

函数调用：

```
using System;
using UnityEngine;
using UnityEngine.Rendering.PostProcessing;

[Serializable]
```

```
[PostProcess(typeof(BSCRenderer), PostProcessEvent.AfterStack, "Custom/BSC")]
```

最开始的部分依然是对命名空间的引用。为了使脚本能够序列化运行，需要添加[Serializable]指令，然后调用 PostProcess()函数告诉 Unity"接下来我要用一个名称为 BSC 的类——也就是这个脚本的文件名称——保存后期处理的所有属性"。

传入函数的第一个参数 typeof(BSCRenderer)用于关联脚本的第二个模块——渲染模块，括号内的名称一定要与渲染模块的类名称保持一致，否则会导致传递参数失败。关于渲染模块的内容接下来马上会讲到。

第二个参数 PostProcessEvent 用于确定后期处理操作所应用的对象类型或所处时间阶段，Unity 提供了三个数值可以使用：

（1）BeforeTransparent：后期处理效果只会应用于不透明物体，会在透明物体渲染之前执行。

（2）BeforeStack：后期处理会在内置的堆栈之前执行，包括抗锯齿、景深、色调映射等效果。

（3）AfterStack：后期处理会在内置的堆栈之后执行，如果有抗锯齿效果，会在抗锯齿之前执行。

传入函数的第三个参数为后期处理效果在下拉列表中的名称，可以使用"/"符号创建子目录选项，这一点跟 Shader 一样的用法。本案例将名称设置为"Custom/BSC"，在下拉列表中的显示效果如图 10-11 所示。

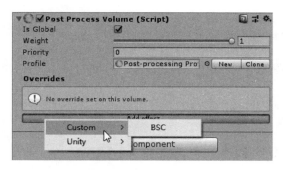

图 10-11　后期处理效果在菜单中的显示名称

除了以上三个必填输入参数，还有第四个可选的参数：allowInSceneView。它的作用跟名称所表达的意思一样，用于控制后期处理能否在场景的 View 窗口直接看到效果。参数有两个数值可以设置：true 或 false，默认值为 true。因为代码中没有设置第四个参数，Unity 会将默认值设置到参数里，因此在编辑的时候可以在场景的 View 窗口直接看到后期处理效果。

设置模块：

```
public sealed class BSC : PostProcessEffectSettings
{
```

```
[Range(0f, 2f), Tooltip("Brightness effect intensity.")]
public FloatParameter Brightness = new FloatParameter { value = 1f };

[Range(0f, 2f), Tooltip("Saturation effect intensity.")]
public FloatParameter Saturation = new FloatParameter { value = 1f };

[Range(0f, 2f), Tooltip("Contrast effect intensity.")]
public FloatParameter Contrast = new FloatParameter { value = 1f };
}
```

这一部分代码就是 PostProcess() 函数指定的、用于保存后期处理所有属性的类,需要注意的是,类的名称一定要与 C♯ 文件的名称保持一致。

在类中定义了所有需要开放的属性:Brightness、Saturation 和 Contrast,并通过 Range(min,max)对数值范围进行了限制。Tooltip("Brightness effect intensity.")指令用于设置鼠标悬浮到界面上所显示的提醒,括号内就是显示的文字。按照编写的代码,当鼠标悬浮在 Brightness 上的时候,提醒效果如图 10-12 所示。后期处理效果在面板上显示的名称"BSC"就是 C♯ 脚本的名称。

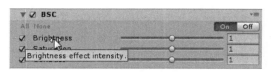

图 10-12　鼠标悬浮在调节属性上的提醒文字

开放属性的语法结构如下所示:

```
public type Name = new type { value = default };
```

(1) public:公开的参数,会出现在属性面板上。

(2) type:参数的类型,下面会通过一个表格对常用的参数类型进行汇总。

(3) Name:参数在属性面板上显示的名称。

(4) default:参数的默认值。

在 Shader 中可以使用的所有变量类型同样都可以在这里使用,如图 10-13 所示,这些类型在 Package\Post Processing\PostProcessing\Runtime 路径下的 ParameterOverride 文件中被定义。

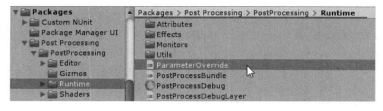

图 10-13　ParameterOverride 文件所在路径

表 10-4 对常用的变量类型进行汇总。

表 10-4　常用的变量类型

类　　型	描　　述
FloatParameter	浮点型数据
BoolParameter	布尔型数据
ColorParameter	颜色数据
Vector2Parameter	二维向量
Vector3Parameter	三维向量
Vector4Parameter	四维向量
TextureParameter	纹理贴图,常用的默认值有：None、Black、White、Transparent

渲染模块：

```
public sealed class BSCRenderer : PostProcessEffectRenderer < BSC >
{
    public override void Render(PostProcessRenderContext context)
    {
        var sheet = context.propertySheets.Get(Shader.Find("Hidden/BSC - HLSL"));
        sheet.properties.SetFloat("_Brightness", settings.Brightness);
        sheet.properties.SetFloat("_Saturation", settings.Saturation);
        sheet.properties.SetFloat("_Contrast", settings.Contrast);

        context.command.BlitFullscreenTriangle(context.source, context.destination, sheet, 0);
    }
}
```

这个名称为 BSCRenderer 的类就是 PostProcess()函数所关联的渲染模块,因此类的名称要与 PostProcess()函数的第一个参数保持一致。同样,PostProcessEffectRenderer < BSC >括号中的代码也要与 C♯脚本的名称保持一致。

在 BSCRenderer 类中,调用 public override void Render()函数将设置模块中的属性参数传递到 Shader 中,需要执行的三步操作如下：

第一步,使用 Shader.Find("Hidden/BSC-HLSL")指令查找后期处理 Shader,括号中的代码为 Shader 所定义的路径及名称。

第二步,传递参数到后期处理 Shader,语法结构如下所示：

sheet.properties.Set + Type("Property_1", settings.Property_2);

（1）Type：变量类型,常用的类型本书在 10.2.5 节——通过脚本往 Material 中传递变量这一节中已做讲解,此处不再赘述。

（2）Property_1：Shader 中的属性名称。

（3）Property_2：设置模块中的属性名称。

第三步,调用 context.command.BlitFullscreenTriangle()函数,将 source 中的 Render

Texture 经过 Shader 处理，然后保存到 destination 中。

至此，C♯脚本已经编写完，为了方便查看和阅读，下面还是按照惯例把完整代码展示出来：

```
using System;
using UnityEngine;
using UnityEngine.Rendering.PostProcessing;

[Serializable]
[PostProcess(typeof(BSCRenderer), PostProcessEvent.AfterStack, "Custom/BSC")]
public sealed class BSC : PostProcessEffectSettings
{
    //开放属性
    [Range(0f, 2f), Tooltip("Brightness effect intensity.")]
    public FloatParameter Brightness = new FloatParameter { value = 1f };

    [Range(0f, 2f), Tooltip("Saturation effect intensity.")]
    public FloatParameter Saturation = new FloatParameter { value = 1f };

    [Range(0f, 2f), Tooltip("Contrast effect intensity.")]
    public FloatParameter Contrast = new FloatParameter { value = 1f };
}

public sealed class BSCRenderer : PostProcessEffectRenderer<BSC>
{
    public override void Render(PostProcessRenderContext context)
    {
        //查找 Shader 文件
        var sheet = context.propertySheets.Get(Shader.Find("Hidden/BSC-HLSL"));

        //传递属性到 Shader
        sheet.properties.SetFloat("_Brightness", settings.Brightness);
        sheet.properties.SetFloat("_Saturation", settings.Saturation);
        sheet.properties.SetFloat("_Contrast", settings.Contrast);

        context.command.BlitFullscreenTriangle(context.source, context.destination, sheet, 0);
    }
}
```

第11章

自定义材质面板

很多时候，通过对材质面板的 UI 样式做简单的调整可以使写出来的 Shader 更加方便易用。虽然 Unity 提供了自定义 MaterialEditor 的方法，但是对于只想单纯地编写一个 Shader 效果的用户来说，如果还需要大费周章地编写 C♯ 反而过于麻烦了。于是 Unity 为用户提供了基础类：MaterialPropertyDrawer，专门用于快速实现自定义材质面板的目的。

因此，本章会主要讲解：不同 DrawerClass 的使用方法、起装饰作用的 PropertiesDrawer 的使用方法，最后还会通过一个完整的 Shader，将所有的 Drawer 效果全部实现。

11.1 不同类型的 DrawerClass

表 11-1 将 MaterialPropertyDrawer 内置不同类型的 DrawerClass 进行了汇总，并且本章会详细讲解表格中所有类型 DrawerClass。

表 11-1 不同类型的 DrawerClass

类　型	描　述
ToggleDrawer	将 float 型数据显示为开关，数值只能是 0 或 1，0 为关闭，1 为开启
EnumDrawer	枚举会将 float 型数据显示为下拉列表，可以用于选择混合系数、比较方法等，也可以自定义
KeywordEnumDrawer	和 EnumDrawer 类似，也是将枚举类型数据显示为下拉列表，但是需要先定义 shader keyword 才能使用
PowerSliderDrawer	指数对应关系的滑动条，滑动条上的数值不再按照线性关系进行对应
IntRangeDrawer	将范围型的数据显示为只能设置整数的滑动条

在编写 Shader 的时候,DrawerClass 需要写在对应属性之前的"[ ]"中,类别的后缀名称"Drawer"不需要添加,因为 Unity 在编辑的时候会自动添加。

11.1.1 Toggle

将 float 类型的数据以开关的形式在材质属性面板上显示,数值只能设置为 0 或 1,0 为关闭,1 为开启。当开关开启,Shader 关键词(keyword)会被 Unity 默认设置为"property name"+"_ON",需要注意的一点是,关键词的所有字母必须大写。例如:

```
[Toggle] _Invert ("Invert color?", Float) = 0
```

Shader 的关键词会被设置为"_INVERT_ON"。

除了使用 Unity 默认的关键词,也可以自定义一个特殊的关键词,例如:

```
[Toggle(ENABLE_FANCY)] _Fancy ("Fancy?", Float) = 0
```

括号内的名称 ENABLE_FANCY 即为自定义的 Shader 关键词。

11.1.2 Enum

枚举(Enum)将 float 类型的数据以下拉列表的形式在材质属性面板上显示,Unity 为用户提供了一些内置的枚举类,例如 BlendMode、CillMode、CompareFunction,举个例子:

```
[Enum(UnityEngine.Rendering.BlendMode)] _Blend ("Blend mode", Float) = 1
```

这是 Unity 内置的所有混合系数的枚举类,默认值为 0 表示选择第一个混合系数,默认值为 1 表示选择第二个混合系数,以此类推。最终在材质面板上的显示效果如图 11-1 所示,这些选项就是 Shader 中可以使用的所有混合系数。

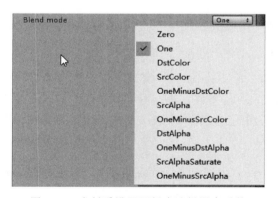

图 11-1 在材质设置面板中选择混合系数

当然,用户也可以自己定义枚举的名称/数值对,但是一个枚举最多只能自定义 7 个名称/数值对。举个例子:

```
[Enum(Off, 0, On, 1)] _ZWrite ("ZWrite", Float) = 0
```

上述例子定义的枚举为"是否深度写入",括号内为定义的名称/数值对,序号 0 对应 Off,序号 1 对应 On,中间用符号","间隔开。默认为序号 0,也就是 Off。

11.1.3　KeywordEnum

关键词枚举(KeywordEnum)跟普通的枚举类似,也是将 float 类型的数据以下拉列表的形式在材质属性面板上显示,只不过关键词枚举会有与之对应的 Shader 关键词,在 Shader 中通过"♯pragma shader_feature "或"♯pragma multi_compile"指令可以开启或者关闭某一部分 Shader 代码。

Shader 关键词格式为:property name_enum name,属性名称+"下画线"+枚举名称,所有英文必须大写,并且最多支持 9 个关键词。举个例子:

```
[KeywordEnum(None, Add, Multiply)] _Overlay ("Overlay mode", Float) = 0
```

括号内的 None,Add,Multiply 是定义的 3 个枚举名称,中间用","符号隔开。默认值为 0,表示默认使用 None。这三个选项所对应的 Shader 关键词分别为:_OVERLAY_NONE、_OVERLAY_ADD 和_OVERLAY_MULTIPLY。

11.1.4　在编译指令中定义关键词

定义了 ToggleDrawer 或者 KeywordEnumDrawer 之后,如果想要正常使用,还需要在编译指令中声明 Shader 关键词。例如,上面定义的 None、Add、Multiply 关键词枚举,在编译指令中的代码如下:

```
♯ pragma shader_feature _OVERLAY_NONE _OVERLAY_ADD _OVERLAY_MULTIPLY
```

不同关键词之间需要用空格间隔开。

另外,也可以使用另一种编译指令定义关键词,代码如下:

```
♯ pragma multi_compile _OVERLAY_NONE _OVERLAY_ADD _OVERLAY_MULTIPLY
```

虽然表面上看似通过一个 Shader 文件实现了不同种情况,但是 Unity 会自动将不同情况编译成不同版本的 Shader 文件,这些不同版本的 Shader 文件被称为 Shader 变体(Variants),上述编译指令中包含三个 Shader 变体。假设再添加一个指令:

```
♯ pragma shader_feature _INVERT_ON
```

本指令包含 Toggle 的关闭与开启两种情况,所以 Unity 最终会编译出 $2 \times 3 = 6$ 个 Shader 变体。因此在使用大量 shader feature 或 multi compile 指令的时候,无形之中会产生大量的 Shader 变体文件。

两种不同编译指令之间的区别如下:

(1) shader_feature:只会为材质使用到的关键词生成变体,没有使用到的关键词不会生成变体,因此无法在运行的时候通过脚本切换效果。

（2）multi_compile：会为所有关键词生成变体，因此可以在运行的时候通过脚本切换效果。

在 Shader 文件的属性设置面板中可以查看到本 Shader 生成的变体数量，如图 11-2 所示，通过开启"Skip unused shader_features"选项可以只查看使用关键词的变体数量，也可以关闭"Skip unused shader_features"选项查看所有关键词的变体数量。如果需要确定具体的关键词是哪些，可以单击"Show"查看。

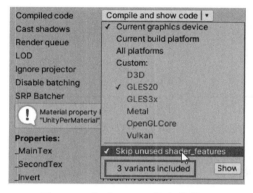

图 11-2　查看 Shader 的变体数量

11.1.5　PowerSlider

指数滑动条（PowerSlider）会将范围型数值的属性显示为非线性对应的滑动条。滑动条上的数值不再按照线性关系进行对应，而是以指数的方式。举个例子：

```
[PowerSlider(3.0)] _Brightness ("Brightness", Range (0.01, 1)) = 0.1
```

这是一个以 3 为指数对应关系的滑动条，其中，括号内的数值为指数，在材质属性面板上最终的效果如图 11-3 所示。

图 11-3　指数滑动条

通过该图不难发现，当数值为 0.5 的时候，滑动块并没有在滑动条的中间位置，这就是非线性对应。

下面先来看一下 $y = x^3$ 的函数曲线，如图 11-4 所示，函数中的变量 x 就是滑动块所在位置，y 就是属性的数值。

从曲线上的 1 号点可以看出，当滑块在 0.5 位置的时候，属性的数值只有 0.1 多一点；从曲线上的 2 号点可以看出，当属性数值为 0.5 的时候，滑块早已经到了 0.8 左右的位置了。这就是指数型滑动条的对应关系。

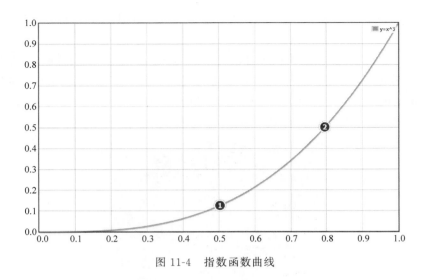

图 11-4　指数函数曲线

11.1.6　IntRange

本书同样也是将数值以滑动条的形式在材质属性面板上显示,只不过数值不再是 float 类型,只能是整数型数值。举个例子:

```
[IntRange] _Alpha ("Alpha", Range (0, 255)) = 100
```

用户只能在滑块上使用区间[0,255]之内的整数数值。

11.2　属性的特性和 Drawer

在实际使用过程中,如果需要对开放出来的属性进行一些限制,可以对属性的特性和 Drawer 进行修改,而这些修改命令需要写在属性语句之前。

表 11-2 将常用的修改命令进行了汇总。

表 11-2　属性特性和 Drawer

指　　令	描　　述
[HideInInspector]	可以添加到任何 Property 之前,使属性在材质面板上隐藏
[NoScaleOffset]	添加在 2D Property 之前,可以在材质面板上隐藏纹理贴图的 Tiling 和 Offset 选项
[Normal]	添加在 2D Property 之前,可以检测关联的纹理贴图是否为法线贴图,如果不是,则会弹出修复提醒
[HDR]	添加在 2D 或 Color Property 之前,可以使属性开启高动态范围(high-dynamic range,简称 HDR)效果,从而使数值突破 1 的限制,常用于自发光属性

11.3 装饰性 PropertyDrawer

除了直接改变 UI 显示样式的 Property Drawer，Unity 还提供了两种装饰性的 Property Drawer，分别为 SpaceDecorator 和 HeaderDecorator。装饰性的 Property Drawer 只起到界面美观作用，不会影响属性本身。

表 11-3 将这两种 PropertyDrawer 进行了汇总。

表 11-3 装饰性 PropertyDrawer

类 型	描 述
SpaceDecorator	在材质属性面板上添加空白行
HeaderDecorator	在材质属性面板上添加标题文字

在编写 Shader 的时候，类别的后缀名称"Decorator"依然不需要添加，因为 Unity 在编辑的时候会自动添加。

11.3.1 SpaceDecorator

SpaceDecorator 可以在属性之前添加空白行，以起到分隔属性的作用。举个例子：

```
[Space] _Prop1 ("Prop1", Float) = 0
```

在材质属性面板上，Prop1 属性前会添加一行空白行。SpaceDecorator 的数量没有限制，也就是说该属性前可以添加任意多行空白行。但是如果想要一次性添加多行空白行，可以在 Space 后边直接写上空白行的数量，举个例子：

```
[Space(20)] _Prop2 ("Prop2", Float) = 0
```

括号内的 20 就是空白行的数量，添加空白行之后的材质面板如图 11-5 所示，Prop1 属性前添加了一行空白行，而 Prop2 属性前添加了 20 行空白行。

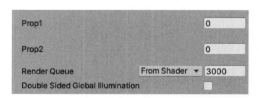

图 11-5 在不同属性之间添加空白行

11.3.2 HeaderDecorator

当 Shader 开放了很多属性的时候，可以使用 HeaderDecorator 在属性前添加一个标题文字，从而对不同类别的属性进行区分。举个例子：

```
[Header(A group ofproperties)] _Prop1 ("Prop1", Float) = 0
```

在 Prop1 属性前添加标题,括号中的"A group of properties"即为标题的文字,最终材质属性面板的显示效果如图 11-6 所示。

图 11-6 在材质设置面板上添加标题

11.4 完整 PropertyDrawer 示例

讲解完所有的 PropertiesDrawer 之后,下面通过一个 Shader 把所有情况进行汇总,以下为完整代码:

```
Shader "Custom/Custom Material Inspector"
{
    Properties
    {
        //在材质面板插入一行标题
        [Header(Custom Material Inspector)]

        //在材质面板插入一行空白行,可以写在单独一行
        [Space]

        _MainTex ("Main Tex", 2D) = "white" {}

        //在材质面板上隐藏 Tiling 和 Offset
        [NoScaleOffset] _SecondTex ("Second Tex", 2D) = "white" {}

        //在材质面板插入 30 行空白行,可以写在单独一行
        [Space(30)]

        //开关
        [Toggle] _Invert ("Invert color?", Float) = 0

        //自定义 Shader 关键词的开关
        [Toggle(ENABLE_FANCY)] _Fancy ("Fancy?", Float) = 0

        // Unity 内置的枚举下拉菜单
        [Enum(UnityEngine.Rendering.BlendMode)] _SrcBlend("Src Blend Mode", Float) = 1
        [Enum(UnityEngine.Rendering.BlendMode)] _DstBlend("Dst Blend Mode", Float) = 1
        [Enum(UnityEngine.Rendering.CullMode)] _Cull ("Cull Mode", Float) = 1
        [Enum(UnityEngine.Rendering.CompareFunction)] _ZTest ("ZTest", Float) = 0
```

```
        //自定义枚举下拉菜单
        [Enum(Off, 0, On, 1)] _ZWrite ("ZWrite", Float) = 0

        //关键词枚举下拉菜单
        [KeywordEnum(None, Add, Multiply)] _Overlay ("Overlay mode", Float) = 0

        //指数滑动条
        [PowerSlider(3.0)] _Brightness ("Brightness", Range (0.01, 1)) = 0.1
    }
    SubShader
    {
        Tags { "Queue" = "Transparent" "RenderType" = "Transparent" }
        Blend [_SrcBlend] [_DstBlend]
        Cull [_Cull]
        ZTest [_ZTest]
        ZWrite [_ZWrite]

        Pass
        {
            CGPROGRAM

            //通过"#pragma shader_feature"定义 _INVERT_ON Shader 关键词
            #pragma shader_feature _INVERT_ON

            //通过"#pragma shader_feature"定义 ENABLE_FANCY Shader 关键词
            #pragma shader_feature ENABLE_FANCY

            //通过"#pragma multi_compile"定义关键词枚举的每一个 Shader 关键词
            #pragma multi_compile _OVERLAY_NONE _OVERLAY_ADD _OVERLAY_MULTIPLY

            #pragma vertex vert
            #pragma fragment frag
            #include "UnityCG.cginc"

            sampler2D _MainTex;
            float4 _MainTex_ST;
            sampler2D _SecondTex;
            float4 _SecondTex_ST;
            float _Brightness;

            struct v2f
            {
                float4 uv : TEXCOORD0;
                float4 vertex : SV_POSITION;
            };

            v2f vert (appdata_base v)
```

```
    {
        v2f o;
        o.vertex = UnityObjectToClipPos(v.vertex);
        o.uv.xy = TRANSFORM_TEX(v.texcoord, _MainTex);
        o.uv.zw = TRANSFORM_TEX(v.texcoord, _SecondTex);
        return o;
    }

    fixed4 frag (v2f i) : SV_TARGET
    {
        fixed4 col = tex2D(_MainTex, i.uv.xy);

        //通过 #if, #ifdef 或者 #if defined 启用某一部分代码
        #if _INVERT_ON
        col = 1 - col;
        #endif

        #if ENABLE_FANCY
        col.r = 0.5;
        #endif

        fixed4 secCol = tex2D(_SecondTex, i.uv.zw);

        #if _OVERLAY_ADD
        col += secCol;
        #elif _OVERLAY_MULTIPLY
        col *= secCol;
        #endif

        col *= _Brightness;

        return col;
    }
    ENDCG
        }
    }
}
```

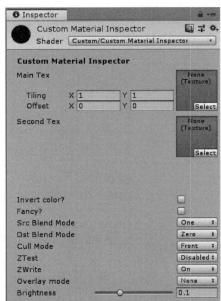

图 11-7　自定义材质面板效果

注意：该示例 Shader 将所有情况汇总在一个文件中的目的只是为了方便进行效果演示，而 Shader 本身并没有实际意义。

使用了本 Shader 之后的材质面板最终显示效果如图 11-7 所示。

## 第12章

Amplify Shader Editor

通过前面的内容安排,本书已经完成 Unity Shader 所有语法和使用方法的讲解。相信读者也已经对 Unity Shader 有了深刻的理解,可能很多读者已经跃跃欲试想要动手编写自己的 Shader 了。但是本书在这里想告诉大家的是:学习 Shader 最难的不是语法和用法,而是效果的实现逻辑。很多时候阻碍使用者的不是某个语法 bug,而是整个逻辑流程的 bug。因此使用者在真正开始编写 Shader 之前一般都会先画一个逻辑流程图,就像是画家在绘画之前会先画线框图一样。只要效果实现的逻辑流程想清楚了,后面再编写代码就很简单了。

Amplify Shader Editor(ASE)就是这样一款"逻辑流程图"插件,它可以帮助用户梳理 Shader 实现效果的逻辑流程,当然很多 Unity 美术人员和开发人员也会用它制作 Shader 效果并直接用于项目中。本章将对这个插件进行讲解。

12.1 相同功能的其他插件

ASE 是受到 Unity 官方推荐的一款 Shader 可视化编辑插件。它提供了节点式的编辑方式,跟 Unreal Engine 的材质编辑系统类似,允许用户编辑 Shader 的同时能够快速修改和预览材质效果。并且通过 ASE 编辑出的 Shader 可以跟 Unity 的着色系统完美地集成在一起,因此不必担心存在编译失败或者不兼容的问题。

当然,具有同样功能的 Shader 可视化编辑插件还有 Shader Forge 和 Shader Graph。

12.1.1 Shader Forge

Shader Forge(SF)在多年前就已经非常著名了,但遗憾的是,自从 2017 年发布了 1.38 版本之后就再也没有更新过了。SF 的开发者在论坛中解释说因为自己要去开发其他项目,因此没有时间继续更新 SF,作者在最后还推荐大家去使用具有同样功能的 ASE。并且 SF 在 Unity 2018 及以后的版本中也已经无法运行了。

直到前段时间,SF 的原开发者突然将 SF 的所有代码开源到了 Github,其他贡献者在源代码的基础上增加了对于 Unity 2018 版本的支持,并且将其升级到 1.40 版本。但是 Unity 2019 及以后的版本依然不支持。

12.1.2 Shader Graph

2018 年,Unity 在推出可编程渲染流水线(Scriptable Render Pipeline)功能的时候一并推出了官方版的 Shader 可视化编辑插件——Shader Graph(SG)。

SG 必须基于 Lightweight RP(2019 版本之后升级为 Universal RP,简称为 URP)或 Hight-Definition RP 模板,如果当前项目不是基于这两个模板创建,就需要在 Package Manager 中单独下载,并且还需要重新设置 Render Pipeline 的配置文件,但是这又会导致旧项目中自定义的 Shader 失效。并且 SG 相对于上述的两个工具而言,文档和教程资源还是比较少的,并且交互也不太友好,因此不适合新手在入门阶段学习。

12.2 ASE 的使用流程

经过整体对比之后,本书最终决定使用 ASE 作为编写 Shader 之前的逻辑梳理工具。下面来讲解如何安装和使用 ASE。

首先要从 Unity 的 Asset Store 把 ASE 下载到当前的项目,本书所使用的版本为 1.7.8。注意,ASE 并不是免费的,Asset Store 官方售价是 60 美元。

如果已有 ASE 的 Package,可以依次单击菜单 Assets > Import Package > Custom Package,然后选择 ASE Package 文件将其导入到项目中。

Package 导入完成之后,依次单击 Window > Amplify Shader Editor > Open Canvas 就可以打开一个新窗口进行 Shader 编辑了。但是需要注意的是,通过这种方式只是打开了一个临时窗口,窗口一旦关闭,所有编辑都会丢失,因此在关闭窗口之前一定要记得保存编辑的 Shader。或者,也可以依次单击菜单 Assets > Create > Amplify Shader > Surface,Unity 会在打开 ASE 编辑窗口的同时自动创建一个 ASE Shader 文件。

ASE 的编辑窗口如图 12-1 所示,为了方便读者查看,下面将窗口区域进行如下划分:

(1)最左侧的是 Shader 属性设置栏,关于 Shader 的所有设置(例如:名称、光照模型、渲染顺序等)都可以在这里进行设置。

(2)中间最大的区域就是节点编辑区域,最终所有的节点都要连接到 Output 上。

(3)最右侧的是节点列表,ASE 将 Shader 中所使用的函数、宏、数学运算等抽象成了一个个的节点,在这里可以查找到所有节点。或者,也可以在编辑区域按下空格键,在弹出的菜单列表中查找节点;另外,ASE 为常用的节点设定了快捷键,用户可以按下对应节点的快捷键,同时左键单击编辑区域的空白位置就可以直接添加节点了。

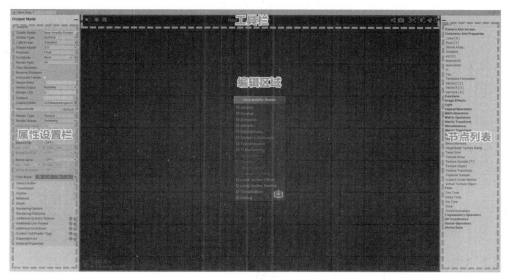

图 12-1　ASE 的完整窗口布局

（4）最上边的是工具栏，保存按钮、截图按钮、聚焦选择等按钮都在这一栏中。

编辑过程中，将节点从右侧列表中拖曳到编辑区域，按照逻辑互相连接在一起，最后连接到 Output 上就可以保存使用了。ASE 的 Shader 文件使用方法与普通 Shader 一样，此处不再赘述。并且 ASE 的 Shader 文件依然可以用 Visual Studio 打开进行二次编写，但是需要注意的是，经过这种方式编写之后的 Shader 文件就再也不能使用 ASE 编辑了。

12.3　Shader 属性设置

在编写 Shader 过程中，有很多关于 Shader 状态的设置（例如：渲染队列、剔除模式、深度测试等）需要添加相应的指令才能实现，而在 ASE 中，只需要打个对勾或者在下拉列表中选择一个选项就可以实现了。本节将把经常用到的一些设置进行详细讲解，如果读者忘记这些设置在 Shader 中的具体作用，在阅读本节之前，请自行回顾第 3 章——ShaderLab 语法基础的相关内容。

12.3.1　General

图 12-2 为 General 设置面板，常用的设置属性如下：

（1）Shader Name：Shader 的名称及其路径，可以使用"/"符号定义所在路径，命名一个恰当的名称有助于在为材质指定 Shader 的时候快速查找到。

（2）Shader Type：Shader 的类型，一般情况下用 Surface Shader。

（3）Light Model：光照模型。可以使用的光照模型有：Standard（金属工作流）、

Standard Specular（高光工作流）、Lambert（漫反射）、Blinn Phong（镜面反射）、Unlit（无光模式）、Custom Lighting（自定义光照）五种。

（4）Cull Mode：剔除模式，有 Cull Back、Cull Front 和 Cull Off。

（5）Cast Shadows：决定是否生成阴影投射 Pass。

（6）Receive Shadows：决定物体是否可以接受投影。

（7）Vertex Output：顶点着色器的输出坐标是基于当前位置进行偏移还是绝对的顶点位置坐标。

（8）Fallback：设置用于回退的 Shader。

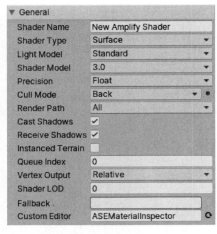

图 12-2　ASE Shader 设置面板

12.3.2　Blend Mode

如图 12-3 所示，关于 Blending 相关的设置在 Blend Mode 面板中，ASE 提供了几个常用的 Blending 预设，在面板的右上角单击箭头就可以弹出下拉列表。

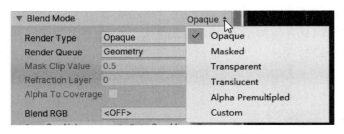

图 12-3　混合模式的预设选择下拉菜单

当然用户也可以根据实际情况自行设置各个选项，设置面板如图 12-4 所示，本节将会对常用的选项进行详解：

（1）Render Type：渲染类型，常用的类型有 Opaque、Transparent、Transparent Cutout 等。

（2）Render QueueL：渲染队列，常用的队列有 Geometry、Alpha Test、Transparent 等。

（3）Mask Clip Value：Alpha Test 的剔除数值，如果 Alpha < MaskClipValue，像素就会被剔除，从而变透明。

（4）Alpha To coverage：为透明测试的物体开启 MSAA（多重采样抗锯齿）。

（5）Blend RGB：Blend Type（混合类型），ASE 提供了一系列的预设，例如 Premultiplied、Additive、Soft Additive 等，方便用户直接使用。

（6）Src、Dst：Blend Factors（混合系数），与 ShaderLab 中的混合系数一致。

（7）Color Mask：颜色通道的写入遮罩，关闭对应通道，对应通道的颜色将不会显示。

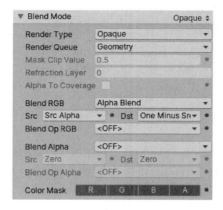

图 12-4 混合模式设置面板

12.3.3 Stencil Buffer

如图 12-5 所示,关于模板测试的设置在 Stencil Buffer 面板中,勾选面板右上角的确认框开启模板测试功能。

（1）Reference：参照值。

（2）Comparison：比较方法,ASE 提供了 Greater、Less、Equal、Always 等比较方法,与 ShaderLab 一致。

（3）Pass：如果深度测试和模板测试都通过,对缓存中的数值所进行的操作,ASE 提供了 Keep、Zero、Replace 等操作,与 ShaderLab 一致。

（4）Fail：如果模板测试没有通过,对缓存中的数值所进行的操作,ASE 提供了 Keep、Zero、Replace 等操作,与 ShaderLab 一致。

（5）ZFail：如果模板测试通过,但是深度测试没有通过,对缓存中的数值所进行的操作,ASE 提供了 Keep、Zero、Replace 等操作,与 ShaderLab 一致。

12.3.4 Tessellation

如图 12-6 所示,关于曲面细分的设置在 Tessellation 面板里,勾选面板右上角的确认框开启曲面细分功能。

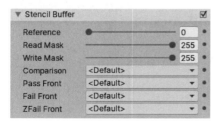

图 12-5 模板缓存设置面板

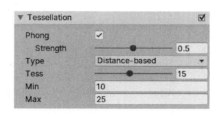

图 12-6 Tessellation 设置面板

（1）Phong：开启 Phong 曲面细分。

（2）Strength：Phong 曲面细分的强度，只有开启 Phong 曲面细分之后才可以设置。

（3）Type：曲面细分类型，ASE 提供了 Distance Based、Fixed、Edge Length 以及 Edge Length Cull 共四种曲面细分类型，不同类型的曲面细分拥有不同的属性设置。

（4）Tess：细分等级，当细分类型为 Edge Length Cull 或 Fixed 时可以设置。

（5）Min、Max：曲面从细分过渡到不细分的最近、最远距离，当细分类型为 Distance Based 时可以设置。

（6）Edge Length：最大边长，当细分类型为 Edge Length 时可以设置。

（7）Max Disp：在视锥体之外的多边形顶点最大置换高度，当细分类型为 Edge Length Cull 时可以设置。

12.3.5　Output

主节点（Output）是所有节点在经过连接之后，最终要输出到的节点，它位于整个界面最中间的位置——节点编辑区域。如图 12-7 所示，ASE 的主节点在 Surface Shader 的基础上又扩展了很多新的输入节点，例如：Reflection、Local Vertex Offset。下面来详细讲解主节点中每个节点的具体作用。

（1）Albedo：反照率，类似于漫反射（Diffuse）。

（2）Normal：表面法线。

（3）Emission：自发光。

（4）Metallic：金属性，灰度值，只能用于金属工作流，0 表示非金属，1 表示金属。

（5）Specular：镜面反射，只能用于高光工作流。

（6）Smoothness：光泽度，灰度值，0 表示非常粗糙，1 表示非常光滑。

（7）Ambient Occlusion：环境光遮蔽，灰度值，0 表示不接受环境光照明和反射，1 表示接收环境光照明和反射。

（8）Transmission：透光效果，模拟光线穿过物体之后的散射效果，可以用于表现细节度比较少的树叶、蜡烛、橡胶等材质。

图 12-7　Output 节点

（9）Translucency：次表面散射（Sub-Surface Scattering, SSS）效果，可以用于表现皮肤材质。

（10）Reflection：折射效果，在屏幕空间对纹理坐标进行偏移，从而产生图像扭曲，可以用于表现玻璃、水等材质。

（11）Opacity：半透明效果，灰度值。

（12）Opacity Mask：透明度测试，灰度值。

（13）Custom Lighting：自定义光照模型。

（14）Local Vertex Offset：模型空间顶点偏移，通常用于实现模型顶点动画。

（15）Local Vertex Normal：模型空间顶点法线。

（16）Tessellation：曲面细分效果，可以动态控制曲面细分等级。

（17）Debug：用于查看预览当前节点的效果，当连到这个节点的时候，ASE 会自动关闭其他所有的节点，并且不进行任何光照计算，只输出本节点的效果。

12.4　常用节点

由于 ASE 可以使用的节点比较多，本节只对入门阶段频繁使用的节点进行分类讲解，至于其他高级的节点将会在第 13 章和第 14 章讲解案例过程中进行讲解。

12.4.1　常数和属性类节点

1. Float

Float 类型的数值变量，快捷键为"1"，节点样式如图 12-8 所示，常用的属性设置如下：

（1）Type：变量的类型，可以设置的选项有 Constant（常数）、Property（开放属性）。

（2）Name：变量的名称，如果该变量的 Type 为 Property，变量名称也会显示在材质属性面板上。

（3）Precision：数值的精度，可以设置的选项有 Inherit（沿用 Output Node 中的精度设置）、Float、Half。

（4）Min、Max：设置数值的最大值和最小值，会在材质属性面板上显示为滑动条。

（5）Default Value：默认数值。

2. Color

颜色变量，节点样式如图 12-9 所示，同样也可以设置变量类型、名称、精度和默认值，快捷键为"5"。

3. Gradient

节点样式如图 12-10 所示，允许用户设置一个渐变色，在制作特效 Shader 的时候会经常用到渐变色，使用这个节点就可以不用再制作渐变色纹理贴图了。

图 12-8　Float 节点

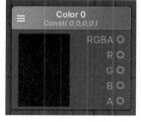

图 12-9　Color 节点

图 12-10　Gradient 节点

4. Vector

向量类的变量，节点样式如图 12-11 所示，ASE 提供了三种向量：Vector2（二维向量）、Vector3（三维向量）、Vector4（四维向量），快捷键分别为：2、3、4。向量同样也可以设置变量类型、名称、精度和默认值。

5. PI

著名的圆周率 π＝3.14159265359，节点样式如图 12-12 所示。

图 12-11　Vector 节点

图 12-12　PI 节点

12.4.2　纹理和坐标类节点

1. Blend Normals

将输入的 Normal A 和 Normal B 两张法线贴图进行叠加，节点样式如图 12-13 所示，算法为：

$$BlendedNormal = normalize(float3(A.xy + B.xy, A.z \cdot B.z))$$

2. Texture Object

纹理节点，用来读取纹理资源。节点样式如图 12-14 所示，常用的属性设置如下：

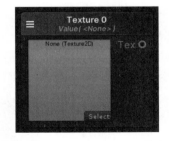

图 12-13　Blend Normals 节点

图 12-14　Texture Object 节点

（1）Name：纹理的名称，会显示在材质属性面板上。

（2）Default Texture：没有指定纹理时候的缺省颜色，可以选择 White(1,1,1,1)、Black(0,0,0,0)、Gray(0.5,0.5,0.5,0.5)和 Bump(0.5,0.5,1,0.5)。

（3）Default Value：默认使用的纹理，通过该 Shader 创建的 Materia 也会自动使用默认的纹理。

3. Texture Sample

纹理采样节点,快捷键为"T",节点样式如图 12-15 所示,可以将"Texture Object"节点连接到 Tex 上,也可以直接选择一张纹理使用。节点的可设置项与"Texture Object"节点类似,并且还可以通过"UV Set"选项选择使用第几套 UV 坐标。

如果需要改变纹理的坐标,需要将"Texture Coordinate"节点链接到 UV 上,这个节点接下来就会讲到。如果需要对一张纹理使用不同的纹理坐标进行采样,就需要将"Texture Object"节点连接到不同的"Texture Sample"节点。注意:尽量不要直接将多个"Texture Sample"节点同时采用同一张纹理资源,这样会额外增加性能消耗。

4. Texture Coordinates

纹理坐标节点,快捷键为"U",节点样式如图 12-16 所示。常用的设置选项有:

(1) Tiling:纹理坐标的平铺值。

(2) Offset:纹理坐标的偏移值。

(3) UV Set:使用第几套 UV 坐标。

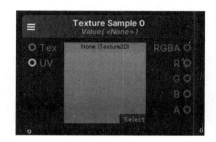

图 12-15　Texture Sample 节点

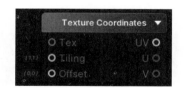

图 12-16　Texture Coordinates 节点

12.4.3　数学运算类节点

ASE 中大部分的数学运算节点都是使用的 CG 标准库里的函数,除此之外,ASE 又自己定义了一些数学运算。

1. Abs

abs()函数,输出输入数值的绝对值。节点样式如图 12-17 所示。

2. Add、Subtract、Multiply、Divide

分别为加、减、乘、除运算,节点样式如图 12-18 所示:

(1) Add:将所有输入相加,可以一次性输入多个数值,快捷键

图 12-17　Abs 节点

为"A"。

(2) Subtract:输入 A 减去输入 B,快捷键为"S"。

(3) Multiply:将所有的输入相乘,可以一次性输入多个数值,快捷键为"M"。

图 12-18　Add、Subtract、Multiply 和 Divide 节点

（4）Divide：输入 A 除以输入 B，快捷键为"D"。

3．Ceil、Floor

（1）Ceil：ceil()函数，输出大于或等于输入数值的最小整数，相当于对输入数值进一取整。

（2）Floor：floor()函数，输出小于或者等于输入数值的最大整数，相当于对输入数值去尾取整。

节点样式如图 12-19 所示。

4．Clamp、Saturate

（1）Clamp：clamp()函数，将输入数值的范围限制为[Min,Max]。

（2）Saturate：saturate()函数，将输入的范围限制为[0,1]，本质上还是使用 Clamp 节点，只不过 ASE 将 Min 和 Max 分别设置为 0、1。

节点样式如图 12-20 所示。

图 12-19　Ceil 和 Floor 节点

图 12-20　Clamp 和 Saturate 节点

5．Fmod

输出 A 除以 B 的余数。节点样式如图 12-21 所示。"Simplified Fmod"节点会在运算的时候忽略结果的正负号，因此相对于"Fmod"节点计算更高效。

6．Fract、Round

（1）Fract：frac()函数，输出输入数值的小数部分，相当于对输入数值去整。

（2）Round：round()函数，输出最近的整数值，相当于对输入的数值四舍五入。

节点样式如图 12-22 所示。

图 12-21　Fmod 和 Simplified Fmod 节点

图 12-22　Fract 和 Round 节点

7. Lerp

lerp()函数,使用 Alpha 对输入的 A、B 进行插值运算,快捷键为"L"。节点样式如图 12-23 所示。

8. Max、Min

(1) Max:max()函数,输出 A、B 的最大值。

(2) Min:min()函数,输出 A、B 的最小值。

节点样式如图 12-24 所示。

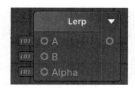

图 12-23　Lerp 节点

图 12-24　Max 和 Min 节点

9. Negate

对输入进行取反,也就是乘以－1。节点样式如图 12-25 所示。

10. One Minus

对输入的纹理或者颜色反相,快捷键为"O"。节点样式如图 12-26 所示。

11. Power

指数运算 pow()函数,输出 Base,快捷键为"E"。节点样式如图 12-27 所示。

图 12-25　Negate 节点

图 12-26　One Minus 节点

图 12-27　Power 节点

12. Remap

将输入的范围从[Min Old,Max Old]转变为[Min New,Max New]。例如:Unpack 法线贴图就是将数值范围从[0,1]转变为[－1,1]。节点样式如图 12-28 所示。

13. Sign

sign()函数,输出输入数值的符号:

(1) 当输入为正值,输出 1。

(2) 当输入为负值,输出－1。

(3) 当输入为 0,输出 0。

节点样式如图 12-29 所示。

14. Step、Smoothstep

(1) Step：step()函数，当 B≥A 时，输出 1；当 B<A 时输出 0。

(2) Smoothstep：当输入小于 Min，输出 Min；当输入大于 Max，输出 Max；当输入在[Min,Max]范围内，输出平滑渐变的[Min,Max]数值。

节点样式如图 12-30 所示。

图 12-28　Remap 节点　　　　图 12-29　Sign 节点　　　　图 12-30　Step 和 Smoothstep 节点

12.4.4　向量运算相关节点

向量运算中的节点也有很多是直接使用 CG 标准库中的函数。

1. Append

将多个低维向量合成一个高维向量，快捷键为"V"。节点样式如图 12-31 所示。

2. Break To Components

分别输出某个向量的所有分量，例如：输入为 XYZ 三维向量，可以输出 X、Y、Z 三个分量。快捷键为"B"。节点样式如图 12-32 所示。

图 12-31　Append 节点　　　　　　图 12-32　Break To Components 节点

3. Component Mask

选择输入向量的某几个分量组成低维向量进行输出。例如：输入为 XYZ 三维向量，可以只输出 XY 二维向量。快捷键为"K"。节点样式如图 12-33 所示。

4. Swizzle

重新组织向量的所有分量，也可以降低向量的维度。例如：输入四维向量 XYZW，输出三维向量 ZYX。快捷键为"Z"。节点样式如图 12-34 所示。

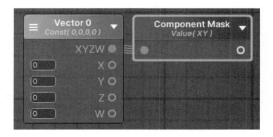 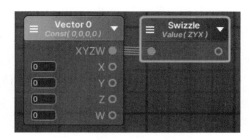

图 12-33　Component Mask 节点　　　　图 12-34　Swizzle 节点

5. Cross、Dot

（1）Cross：cross( )函数，将两个三维向量进行叉乘，快捷键为"X"。

（2）Dot：dot( )函数，将两个向量进行点积，快捷键为"."。

节点样式如图 12-35 所示。

6. Distance

distance( )函数，计算 A、B 两个点之间的距离。节点样式如图 12-36 所示。

图 12-35　Cross 和 Dot 节点　　　　图 12-36　Distance 节点

7. Length

length( )函数，计算输入向量的长度。节点样式如图 12-37 所示。

8. Normalize

normalize( )函数，将输入的向量标准化，快捷键为"N"。节点样式如图 12-38 所示。

图 12-37　Length 节点　　　　图 12-38　Normalize 节点

9. Reflect、Refract

（1）Reflect：反射函数 reflect( )，输入 Incident（入射方向）和 Normal（表面法线方向），输出反射方向，Normal 需要提前标准化。

（2）Refract：折射函数 refract()，输入 Incident（入射方向）、Normal（表面法线方向）和 Eta（折射率），输出折射方向，Incident 和 Normal 都需要提前标准化。

节点样式如图 12-39 所示。

10. Transform Direction

将输入向量从一个坐标空间转换到另一个坐标空间，节点效果如图 12-40 所示。可以转换的坐标空间有：Object（模型空间）、world（世界空间）、View（摄像机空间）、Clip（裁切空间）和 Tangent（切线空间）。

图 12-39　Reflect 和 Refract 节点

图 12-40　Transform Direction 节点

12.4.5　图像处理相关节点

1. Blend Operations

将输入的 Source 和 Destiny 两张纹理进行混合，节点样式如图 12-41 所示。通常用于制作地形材质、墙壁上叠加污垢等效果。

ASE 提供了很多混合处理效果，与 Photoshop 中的图像混合模式类似，并且用户还可以输入 Alpha 变量控制纹理的部分区域不进行混合。

2. Desaturate

对输入的彩色纹理进行去色处理，其中 Fraction 数值用于控制去色程度，数值为 0 时，不对纹理去色；数值为 1 时，完全去色。节点样式如图 12-42 所示。

3. Grayscale

将输入的 RGB 纹理转换为单通道的灰度图，类似于 Luminance() 函数效果。节点样式如图 12-43 所示。

图 12-41　Blend Operation 节点

图 12-42　Desaturate 节点

图 12-43　Grayscale 节点

4. Simple Contrast

调节输入的纹理的对比度，其中 Value 数值用于确定对比度的强度。节点样式如图 12-44 所示。

图 12-44　Simple Contrast 节点

12.4.6　摄像机和屏幕相关节点

1. Grab Screen Position

Grab Pass 所抓取的图像在屏幕上的坐标，节点样式如图 12-45 所示。通常与 Grab Screen Color 节点连用。

2. Grab Screen Color

Grab Pass 所抓取的图像，也就是 Shader 中的 _GrabTexture 变量，节点效果如图 12-46 所示，需要输入 Grab Screen Position 节点作为采样的纹理坐标。

图 12-45　Grab Screen Position 节点

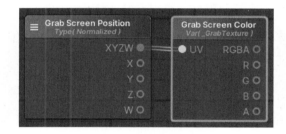

图 12-46　Grab Screen Color 节点

在这里需要额外强调一点，虽然 Grab Screen Position 是四维向量，而采样的纹理坐标需要二维向量，但是将这两个节点直接相连并不会报错。这是因为 ASE 有着很好的容错机制，它在内部会自动将 Grab Screen Position 变量的 zw 分量丢弃，只保留 xy 分量。类似的情况还有很多，下文遇到会再次说明。

3. Screen Position

Screen Position 变量，获取当前屏幕上的坐标，节点样式如图 12-47 所示。可以用来做一些屏幕特效。

4. View Dir

获取当前摄像机在"世界空间"或"切线空间"中的视角方向，节点样式如图 12-48 所示。获取向量的坐标空间可以在属性栏进行设置。

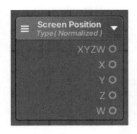

图 12-47　Screen Position 节点

图 12-48　View Dir 节点

12.4.7　顶点数据类节点

1. Vertex Normal

输出模型空间的顶点法线,节点样式如图 12-49 所示。

2. Vertex Position

输出模型空间的顶点坐标,节点样式如图 12-50 所示。

3. Vertex TexCoord

输出模型的 UV 坐标,节点样式如图 12-51 所示。与"Texture Coordinate"节点相比,没有计算平铺与偏移。可以在"UV Channel"选项中选择第几套 UV。

图 12-49　Vertex Normal 节点

图 12-50　Vertex Position 节点

图 12-51　Vertex TexCoord 节点

12.4.8　表面数据类节点

表面数据类的节点大部分都是 Surface Shader Input 结构体内置的变量。

1. Fresnel

菲涅尔效果,节点样式如图 12-52 所示。ASE 提供了三种类型的菲涅尔算法:

（1）Standard：通过 Bias、Scale 和 Power 一共 3 个数值调节效果。

（2）Schilck：通过 F0 调节效果。

（3）Schilck IOR：通过 IOR 调节效果。

2. World Normal

World Normal 变量,输出世界空间法线向量,也可以输入一张法线贴图,以增加物体表面的细节。节点样式如图 12-53 所示。

图 12-52　Fresnel 节点

图 12-53　World Normal 节点

3. World Position

WorldPos 变量,输出世界空间坐标,节点样式如图 12-54 所示。

4. World Reflection

WorldRefl 变量,输出世界空间反射向量,通常用于对 Cubemap 进行采样。也可以输入一张法线贴图,以增加物体表面的反射细节。节点样式如图 12-55 所示。

图 12-54　World Position 节点

图 12-55　World Reflection 节点

12.4.9　时间节点

1. Time

输出 Unity 运行过程中经过的时间,单位为秒。可以更改 Scale 的数值,修改时间经过的速度。节点样式如图 12-56 所示。

2. Time Parameter

Unity 内置的时间变量_Time,节点样式如图 12-57 所示,4 个输出分别为:

图 12-56　Time 节点

(1) t/20。

(2) t。

(3) t * 2。

(4) t * 3。

时间单位为秒。

3．Sin Time、Cos Time

（1）Sin Time：随时间按照正弦曲线往复变化，范围[−1,1]。

（2）Cos Time：随时间按照余弦曲线往复变化，范围[−1,1]。

节点样式如图 12-58 所示。

图 12-57　Time Parameter 节点

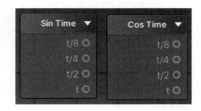

图 12-58　Sin Time 和 Cos Time 节点

12.5　使用 ASE 创建标准 Shader

通过以上小节的讲解，想必大家已经对 ASE 有了一个初步的认识。接下来本节将使用 ASE 创建一个标准的 Specular 工作流 Shader，来作为对于这一章知识的检验与总结。

首先创建一个 ASE Shader，然后双击 Shader 文件进入 ASE 编辑器进行设置。

如图 12-59 所示，在 Shader Name 中定义 Shader 的名称为"Surface/Standard Shader-ASE"，类型（Shader Type）保持默认的 Surface Shader，光照模型（Light Model）使用 Standard Specular，其他设置保持默认即可。

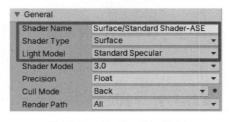

图 12-59　Shader 设置面板

Shader 的完整节点连接如图 12-60 所示。

下面对每一部分节点进行详细讲解。

12.5.1　Albedo

Albedo 部分的节点如图 12-61 所示。添加 Texture Sample 节点，为了与后续添加的其他纹理节点区分开，将名称设置为"Albedo"，而 Default Texture 保持默认的"White"不变。为了在属性中通过一个二维向量控制所有纹理的平铺值（接下来会讲到），因此开启节点的"No Scale Offset"选项（后续添加的所有纹理节点都会开启这个选项），从而在材质面板上隐藏该纹理的 Tiling 和 Offset。

将纹理节点与颜色节点相乘，颜色节点的名称设置为"Albedo Color"，默认值为纯白色，乘积连接到 Output 的 Albedo 上。使用这种方法可以通过颜色节点进一步更改 Albedo 的颜色。并且在使用的时候，假如纹理节点没有指定纹理贴图，那么"Albedo Color"属性的颜色就是 Albedo 的颜色。

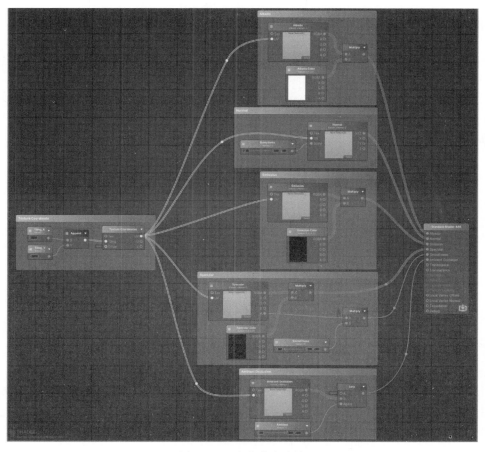

图 12-60　完整节点连接

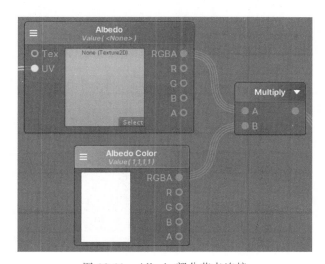

图 12-61　Albedo 部分节点连接

12.5.2 Normal

添加 Texture Sample 节点，名称设置为"Normal"。由于需要使用法线贴图，因此将节点的 Default Texture 设置为"Bump"，并且开启"Unpack Normal Map"选项。开启之后，节点上会出现"Scale"接口，然后将 Float 节点连接到 Scale 上，用于控制法线效果的强度。如图 12-62 所示，Float 节点的名称设置为"Bumpiness"，最小、最大值分别为－2、2，这样数值就变成滑动条的样式了。

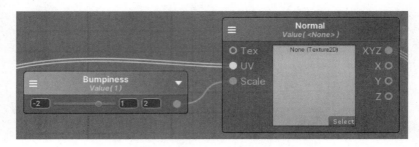

图 12-62　Normal 部分节点连接

12.5.3 Emission

如图 12-63 所示，关于自发光（Emission）效果的连接方法基本上与 Albedo 类似，只不过这里需要把颜色节点的"Default Value"设置成黑色（因为本案例需要物体默认不发光）。默认情况下，颜色属性每个分量的数值区间为[0,1]，而自发光的亮度有时候会超过 1，因此还需要开启颜色节点的"HDR"选项，这样在使用的时候就可以设置亮度大于 1 的颜色了。

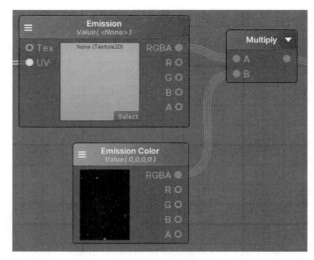

图 12-63　Emission 部分节点连接

12.5.4 Specular

在 Unity 内置的 Standard Specular Shader 中，Specular 与 Smoothness 信息同时取自同一张纹理贴图，其中 rgb 通道的颜色信息为 Specular，a 通道的亮度信息为 Smoothness。本案例也按照 Unity 的这种方法编辑 Shader。

如图 12-64 所示，Specular 部分也是与 Albedo 类似的连接方法，只不过这里需要物体默认是没有镜面反射的，因此将 Specular Color 颜色节点的"Default Value"设置为黑色。

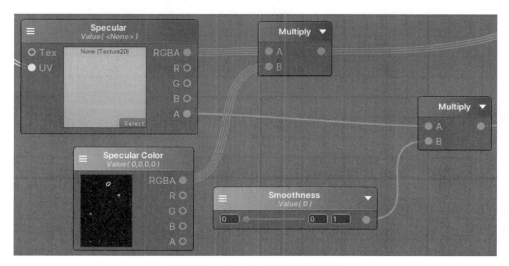

图 12-64　Specular 部分节点连接

对于光滑度来说，白色表示绝对光滑，黑色表示绝对粗糙。因此通过将纹理的 a 通道与一个名称为"Smoothness"的 Float 节点相乘，用于控制灰度图的亮度，从而控制光滑度。由于本案例需要物体表面默认是绝对粗糙的，因此将 Float 节点的"Default Value"设置为 0，并且限制数值的输入范围为[0,1]。

12.5.5 Ambient Occlusion

AO 的链接方法与其他输出节点不太一样，为了更好地理解链接逻辑，首先讲解 AO 的工作原理：AO 全称 Ambient Occlusion（也被称为环境光遮挡），用于控制物体对间接照明的接受程度，信息以灰度值进行保存，白色表示完全接受间接照明，黑色表示完全不接受间接照明。

Unity 内置的 Standard 和 Standard Specular 材质是这样的处理逻辑：当没有关联 AO 贴图的时候，模型完全接受间接照明（说明贴图默认颜色为白色），当关联 AO 贴图之后，又可以通过一个数值进行控制。数值为 1 的时候模型按照贴图计算 AO，数值为 0 的时候模型完全接受间接照明（又是白色）。

下面按照 Unity 的这种逻辑编辑 Shader 效果。如图 12-65 所示，添加 Lerp 节点，A 输入设置为白色,B 输入连接 AO 贴图,然后通过一个 Float 对 A、B 进行线性插值。因为本案例希望默认使用的是 AO 贴图,因此将 Float 节点的"Default Value"设置为 1,并且限制数值的输入范围为[0,1]。最终将插值结果连接到 Output 节点的 AO 上。

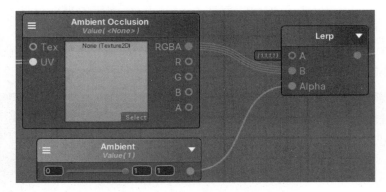

图 12-65　AO 部分节点连接

12.5.6　Texture Coordinate

如图 12-66 所示,使用 Append 节点将两个 Float 节点(名称分别为 Tiling_X 和 Tiling_Y)合成二维向量,然后连接到 Texture Coordinate 节点的 Tiling 上,再连接到所有 Texture 节点的 UV 上。如此便可通过 Tiling_X 和 Tiling_Y 这两个属性统一控制所有纹理贴图的平铺值。

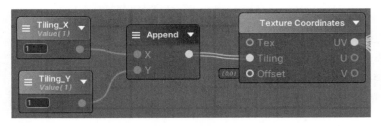

图 12-66　纹理坐标节点连接

12.5.7　属性排序及最终效果

连接完所有节点之后还需要做最后一项操作,那就是对所有开放的属性进行重新排序,以便于后续调节材质的时候更方便地使用。

在 Output Node 设置面板的最后一栏可以找到 Material Properties 列表,本 Shader 中所有开放的属性都会在这里显示。拖动属性前的图标可以更改属性的排列顺序,最终排序如图 12-67 所示。

编辑完 Shader 之后,一定不要忘记保存。将 Shader 文件保存到项目中后,下面基于当前 Shader 创建出一个材质,最终材质面板如图 12-68 所示。

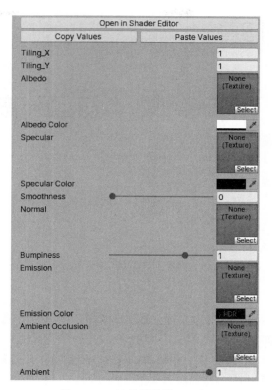

图 12-67　属性名称及排列顺序　　　　图 12-68　材质属性设置面板

　　感兴趣的读者可以自行测试 Shader 的效果，如果不出意外，新编辑的 Shader 在效果上会跟 Unity 内置的 Standard Specular Shader 一致。

第13章

初 级 案 例

经过第 12 章对于 ASE 的讲解和练习使用之后,相信读者手上又多了一个编写 Shader 的辅助工具——ASE。从这一章开始将正式进入实际应用案例的讲解。

本书会先从一些简单的案例开始讲解,并且随着讲解进度会逐渐减少对基础知识的重复描述,在必要的时候会首先使用 ASE 梳理 Shader 效果的实现逻辑。如果读者遗忘了基础知识,建议翻阅对应的章节自行回顾。

接下来要讲解的案例中,有些是本人工作过程中所用到的,有些是研究过程中学习总结的。不同的人对于同样的效果肯定会有不同的实现方式,因此读者在学习过程中也要多角度思考并灵活运用。

13.1　流光效果

在游戏中当玩家把武器强化到一定级别之后,会出现一条或者多条绚丽的光束在不停地缠绕着武器流动;或者当玩家通关之后,掉落在地上的奖品也会出现类似效果的光束;再或者当游戏角色获得某种 Buff 之后,角色身上也会出现类似效果。像这种用来表现特殊状态的流动特效被称为"流光",本案例就来讲解这样的 Shader 效果。

13.1.1　实现逻辑

使用一张绚丽的纹理贴图并设定一个适合的 Blending 模式,即可实现静止的流光效果。至于流光的动态效果,实现逻辑也非常简单。通过_Time 变量使纹理坐标沿着一个固定的方向持续递增,然后使用该纹理坐标对上述纹理贴图进行采样,采样之后的纹理效果就会随着时间持续偏移,于是就产生了流动的效果。

13.1.2 使用 ASE 实现效果

初步理解了实现逻辑，接下来就通过 ASE 来详细梳理实现逻辑，并重现流光效果。

首先创建一个 ASE Shader 文件，并将文件命名为"Light Flow_ASE"。然后进入 ASE 对 Shader 进行设置。

1. Shader 设置

按照图 13-1 所示进行设置，将 Shader 的路径及名称设置为 Samples/Light Flow_ASE。由于流光特效不需要进行光照计算，因此需要将 Shader Type 设置为"Legacy/Unit"，也就是顶点-片段着色器。

在 SubShader 设置面板中，如图 13-2 所示，关闭 Cull Mode 选项使物体的背面也可以被渲染，然后将预设的混合模式设置为"Additive"，其实也就是 Blend One One 混合指令。

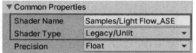

图 13-1 Shader 设置面板

因为本 Shader 使用了 Blending 效果，因此需要在 Tags 设置面板中添加上"RenderType"和"Queue"标签。如图 13-3 所示，需要将 Shader 的渲染类型和队列都设置为"Transparent"。

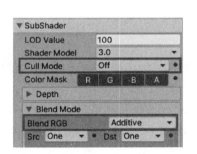

图 13-2 SubShader 设置面板

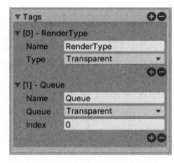

图 13-3 Tags 设置面板

2. 节点连接

设置完 Shader 之后，下面开始讲解节点连接。

首先添加一个"Time Parameters"节点，然后使用它的 X 分量（也就是 t/20）乘上一个名称为"Flow Speed"的数值变量用来控制时间递增的速度。

由于并不确定在使用的时候光束是沿纹理坐标的 X 方向还是 Y 方向流动，因此需要把这两个方向的效果都实现，在使用的时候再根据需要进行选择。

将时间分别与纹理坐标的 X 分量和 Y 分量相加，分别用来控制 X 方向和 Y 方向的偏移，然后再与纹理坐标的另外一个分量重新组成二维坐标，最后分别连接到"Static Switch"节点上。Static Switch 节点的设置如图 13-4 所示，由于节点在材质面板上默认是以开关的形式显示的，而本案例希望的显示方式为下拉选项，因此需要将 Type 设置为"Keyword

Enum", 也就是第 11 章自定义材质面板中讲过的"关键词枚举"。接下来将枚举的名称设置为"Flow Direction", 并将关键词设置为"X"和"Y"。

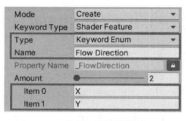

设置完以上选项之后, 把节点连接到纹理节点的 UV 上, 在使用的时候就可以根据需要选择对应偏移方向的纹理坐标了。

把采样之后的结果再乘上一个名称为"Color"的颜

图 13-4　关键词枚举设置面板

色用来控制流光的颜色和亮度。至此, ASE 的节点连接全部完成, 完整连接如图 13-5 所示。

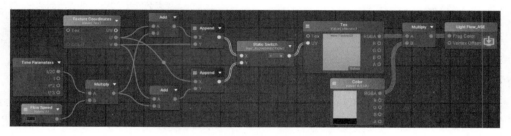

图 13-5　流光效果完整节点连接

13.1.3　测试 Shader 效果

在 ASE 中编辑完 Shader 之后, 现在开始测试效果。在本次案例中将通过编辑完的 Shader 模拟武器的流光效果。

首先需要准备一把武器(本案例使用的是一把宝剑), 然后需要在 3D 软件中按照光效的流动轨迹环绕宝剑创建出光带模型, 模型如图 13-6 所示。

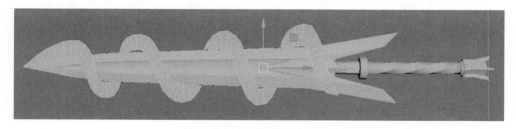

图 13-6　光带模型制作效果

需要注意的是, 带状模型的 UV 一定要完全打直。什么叫打直?就是横向的 UV 保持水平, 纵向的 UV 保持垂直, 不能有任何弯曲。本案例中光带模型的 UV 经过横向排布之后又标准化在第一象限。

准备好模型之后还需要准备一张表现光束的纹理贴图, 贴图要求必须是可重复的 (Tiling), 或者也可以称之为无缝的(Seamless), 只有这样的贴图才会在增加平铺值的时候不会出现纹理接缝。

　　如果在挑选纹理的时候不确定纹理是否无缝，可以通过 Photoshop 的位移功能进行检查，依次选择菜单滤镜>其他>位移命令，在弹出的设置窗口中更改水平或者垂直位移距离之后，就可以看到纹理边界是否有接缝了。

　　由于在本案例中创建的光带模型的 UV 是横向排布的，因此光束贴图也需要横向摆放，纹理效果如图 13-7 所示。

　　将宝剑模型、带状模型、光束贴图都导入 Unity 中，然后调节好材质参数，最终效果如图 13-8 所示。在编辑窗口开启了 Animated Materials 选项，就可以看到宝剑上的光束在源源不断地流动了。

图 13-7　流光效果的纹理贴图

图 13-8　武器流光的最终渲染效果

13.1.4　编写 Shader

13.1.2 节已经详细讲解了流光效果的完整实现逻辑，并且也已经在 ASE 中重现了流光效果，接下来这一节将直接进入完整 Shader 代码的讲解。

1. 完整 Shader 代码

```
Shader "Samples/Light Flow"
{
    Properties
    {
        _Tex("Texture", 2D) = "white" {}
        _Color("Color", Color) = (0, 1, 1, 1)

        //关键词枚举,0 为 X 方向,1 为 Y 方向
        [KeywordEnum(X,Y)] _DIRECTION("Flow Direction", float) = 0
        _Speed("Flow Speed", float) = 1
    }
    SubShader
    {
        Tags {"RenderType" = "Transparent" "Queue" = "Transparent"}

        Blend One One
        Cull Off
```

```
Pass
{
    CGPROGRAM
    # pragma vertex vert
    # pragma fragment frag

    //定义枚举关键词
    # pragma shader_feature _DIRECTION_X _DIRECTION_Y

    # include "unityCG.cginc"

    struct v2f
    {
        float2 texcoord : TEXCOORD0;
        float4 vertex : SV_POSITION;
    };

    sampler2D _Tex;
    float4 _Tex_ST;
    fixed4 _Color;
    float _Speed;

    v2f vert (appdata_base v)
    {
        v2f o;

        o.texcoord = TRANSFORM_TEX(v.texcoord, _Tex);
        o.vertex = UnityObjectToClipPos(v.vertex);

        return o;
    }

    float4 frag (v2f i) : SV_Target
    {
        float2 texcoord;

        //判断流动方向
        # if _DIRECTION_X
        texcoord = float2(i.texcoord.x + _Time.x * _Speed,
                    i.texcoord.y);
        # elif _DIRECTION_Y
        texcoord = float2(i.texcoord.x,
                    i.texcoord.y + _Time.x * _Speed);
        # endif

        return tex2D(_Tex, texcoord) * _Color;
```

```
        }
    ENDCG
    }
  }
}
```

2. Shader 代码讲解

在 Properties 代码块中,首先开放了流光效果的贴图属性_Tex 和颜色属性_Color。

```
[KeywordEnum(X,Y)] _DIRECTION("Flow Direction", float) = 0
```

为了方便选择光束的流动方向,需要在属性_DIRECTION 之前添加[KeywordEnum(X,Y)]关键词枚举指令,这样就可以在材质面板上通过下拉选项进行选择了。然后开放的属性还有_Speed,用于调节光束的流动速度。

由于 Shader 效果需要使用 Blending 功能,因此需要在 SubShader 的标签中将渲染类型和渲染队列全部设置为"Transparent"。然后把混合模式设置为 One One,并关闭几何体剔除功能。

```
#pragma shader_feature _DIRECTION_X _DIRECTION_Y
```

在编译指令中,添加 shader_feature 指令定义了流动方向 X 和 Y 的枚举关键词分别为_DIRECTION_X 和_DIRECTION_Y。除此之外,也可以使用 multi_compile 指令,关于这两个指令之间的区别,本书在第 11 章自定义材质面板中也已经讲过,已经遗忘的读者可以回过头去再复习一遍。

在顶点着色器中,通过 TRANSFORM_TEX() 宏计算出光束的纹理坐标,使用UnityObjectToClipPos()函数得到裁切空间顶点坐标,然后传递给片段着色器。

```
//判断流动方向
#if _DIRECTION_X
texcoord = float2(i.texcoord.x + _Time.x * _Speed, i.texcoord.y);
#elif _DIRECTION_Y
texcoord = float2(i.texcoord.x, i.texcoord.y + _Time.x * _Speed);
#endif
```

在片段着色器中,根据枚举关键词进行判断:当流动方向为 X 时,时间变量会加到纹理坐标的 X 分量上;当流动方向为 Y 时,时间变量会加到纹理坐标的 Y 分量上。然后使用计算后的纹理坐标对光束纹理进行采样,最终乘上颜色属性,返回到片段着色器。

13.1.5 使用扩展

流光效果的应用范围非常广泛,只要更换一个模型或者一张其他的光束纹理贴图,即可实现另外一个特效。例如,图 13-9 所示的传送阵就是流光效果的另一个案例。图 13-9(a)为最终渲染效果,地面的法阵是使用 Unity 内置的透明 Shader 实现的,上面的光束是通过面片交叉摆放实现的,模型如图 13-9(b)所示。

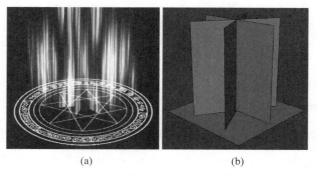

(a) (b)

图 13-9　传送阵的最终渲染效果与模型效果

光束效果所使用的纹理贴图如图 13-10 所示。

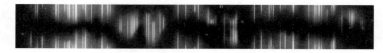

图 13-10　传送阵的纹理贴图

更换不同的资源可以实现不同的效果,但是 Shader 效果的内在逻辑依然是不变的,因此,建议读者在学习 Shader 的过程中一定要学会举一反三,灵活运用。

13.2　描边效果

在游戏中,为了表现道具的选中状态,通常会在被选中的物体上添加一圈描边效果。在 Unity 中编辑 3D 场景的时候,如果开启了"Selection Outline(选中描边)"选项,被选中的物体也会有类似的描边效果,如图 13-11 所展示的效果。

这一节的案例将讲解如何通过 Shader 实现物体的描边效果。

13.2.1　实现逻辑

描边效果 Shader 有多种实现方式,可以通过后期处理实现,也可以通过 MatCap 实现。本案例是通过两个 Pass(可以理解为两层图像)实现的。当 Shader 中有多个 Pass 时,每个 Pass 会按

图 13-11　Unity 选中物体的描边效果

照顺序依次执行,于是后面 Pass 绘制的图像会覆盖前面 Pass 绘制的图像。本案例正是利用这一特性实现描边效果的,实现逻辑如图 13-12 所示。

第一层,将模型的顶点位置沿着法线方向膨胀一段距离,距离可以作为属性开放出来,方便在使用的时候随时调节。然后再为膨胀之后的模型指定一个纯色进行着色,着色不需

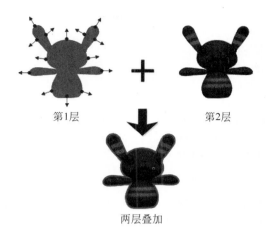

第1层   +   第2层

两层叠加

图 13-12　描边效果的实现逻辑

要参与任何灯光交互。将颜色也开放为属性,方便使用的时候更改颜色。

第二层,模型以正常效果进行显示。为了实现比较好的渲染效果,本例将使用 Surface Shader,并使用 Standard Specular 光照模型。

在正常的情况下,第一层膨胀之后的模型会将第二层的模型完全笼罩起来,因此第二层的模型是无法通过深度测试的,最终只会显示第一层膨胀之后的效果。为了解决这个问题,就需要想办法让第二层的模型通过深度测试。解决方法有如下两种:

(1)更改第二层的深度值比较方法(例如,Always、Greater),但是这样做会导致其他物体在进行深度测试的时候出现错误,因此排除此方法。

(2)关闭第一层的深度写入,如此一来,深度缓存中没有第一层模型的深度值,第二层模型自然就可以通过深度测试了。

两种方法经过对比之后,最终选择第二种方法。但是这又会引发另外一个问题。本书在第 7 章透明效果中提到过,当物体关闭深度写入之后,后面被遮挡的物体就无法知道自己被遮挡住,本该测试失败的情况,现在反而通过了深度测试,因此绘制图像的时候就会覆盖掉已经绘制好的第一层模型。

为了避免这个新出现的问题,需要使该模型在所有不透明物体绘制完成之后再进行绘制,因此更改 Shader 的渲染队列为 Transparent,如此一来绘制的图像就不会被后面的物体覆盖了。

13.2.2　编写 Shader

理解了整个效果的实现逻辑,接下来就按照逻辑思路开始编写 Shader。以下只讲解几个比较重要的部分,基础的部分将直接省略。

1. 开放属性

正常效果相关属性:

```
[Header(Texture Group)]
[Space(10)]
_Albedo ("Albedo", 2D) = "white" {}
[NoScaleOffset]_Specular ("Specular(RGB-A)", 2D) = "black" {}
[NoScaleOffset]_Normal ("Normal", 2D) = "bump" {}
[NoScaleOffset]_AO ("Ambient Occlusion", 2D) = "white" {}
```

讲解:

Properties 代码块开放了常规 Specular 工作流所需的贴图有 Albedo、Specular、Normal 和 AO,至于 Smoothness 属性,本案例参照 Unity 内置的 Standard Specular Shader,将其合并到了 Specular 贴图的 alpha 通道中。

本案例将通过 Albedo 纹理贴图的 Tiling 和 Offset 控制所有的纹理贴图,也就是使用 Albedo 的纹理坐标对所有纹理贴图进行采样,因此除了 Albedo,其他所有纹理贴图的 Tiling 和 Offset 都会失效,于是在这些贴图属性前添加了[NoScaleOffset]指令以隐藏 Tiling 和 Offset。

为了对属性进行类别区分,在这些属性之前添加[Header(Texture Group)]指令,从而在材质面板上显示"Texture Group"文字以起到分组提醒的作用。

描边相关属性:

```
[Header(Outline Properties)]
[Space(10)]
_OutlineColor ("Outline Color", Color) = (1,0,1,1)
_OutlineWidth ("Outline Width", Range(0, 0.1)) = 0.01
```

讲解:

除了开放正常效果所需的贴图属性,本案例还开放了两个用于控制描边效果的属性,分别为:描边颜色_OutlineColor,描边宽度_OutlineWidth。

为了对属性进行类别区分,同样在这些属性之前添加[Header(Outline Properties)]指令,从而在材质面板上显示"Outline Properties"文字以起到分组提醒的作用。

2. SubShader 标签

代码:

```
Tags { "RenderType" = "Opaque" "Queue" = "Transparent"}
```

讲解:

本案例属于不透明效果,因此将渲染类型设置为"Opaque"。为了使物体在所有不透明物体之后再进行绘制,还需要将渲染队列设置为"Transparent"。

3. 描边 Pass

代码：

```
Pass
{
    ZWrite Off

    CGPROGRAM
    #pragma vertex vert
    #pragma fragment frag
    #include "UnityCG.cginc"

    struct v2f
    {
        float4 vertex : SV_POSITION;
    };

    fixed4 _OutlineColor;
    fixed _OutlineWidth;

    v2f vert(appdata_base v)
    {
        v2f o;
        v.vertex.xyz += v.normal * _OutlineWidth;
        o.vertex = UnityObjectToClipPos(v.vertex);

        return o;
    }

    fixed4 frag(v2f i) : SV_Target
    {
        return _OutlineColor;
    }

    ENDCG
}
```

讲解：

在描边效果的 Pass 中，为了不遮挡住后面的 Pass，需要将深度写入关闭。

在顶点着色器中，将顶点的法线向量乘以_OutlineWidth 属性，用于控制法线向量的长度，乘积与顶点坐标相加，使顶点沿着法线方向偏移，从而产生膨胀的效果，这里的算法与9.3.1 节顶点修改函数中的实现逻辑类似。

在片段着色器中不需要做任何计算，直接返回_OutlineColor 属性即可。

4. 正常 Shader 效果

代码：

```
CGPROGRAM
```

```
#pragma surface surf StandardSpecular fullforwardshadows

struct Input
{
    float2 uv_Albedo;
};

sampler2D _Albedo;
sampler2D _Specular;
sampler2D _Normal;
sampler2D _AO;

void surf (Input IN, inout SurfaceOutputStandardSpecular o)
{
    fixed4 c = tex2D (_Albedo, IN.uv_Albedo);
    o.Albedo = c.rgb;

    fixed4 specular = tex2D (_Specular, IN.uv_Albedo);
    o.Specular = specular.rgb;
    o.Smoothness = specular.a;

    o.Normal = UnpackNormal(tex2D (_Normal, IN.uv_Albedo));
    o.Occlusion = tex2D (_AO, IN.uv_Albedo);
}
```

讲解：

使用 Surface Shader 编写模型的正常效果。在编译指令中，定义光照模型为 StandardSpecular，然后添加 fullforwardshadows 指令，使物体支持所有灯光类型的投影。

在表面着色器中，使用 Albedo 的纹理坐标 uv_Albedo 对所有的贴图进行了采样，然后分别输出到对应的表面属性上。其中 Smoothness 被合并在 Specular 纹理的 alpha 通道中，因此将 specular.a 输出到 Smoothness。

13.2.3 效果测试

为了方便读者阅读和研究，下面将完整的 Shader 代码进行展示：

```
Shader "Samples/Outline"
{
    Properties
    {
        [Header(Texture Group)]
        [Space(10)]
        _Albedo ("Albedo", 2D) = "white" {}
        [NoScaleOffset]_Specular ("Specular (RGB-A)", 2D) = "black" {}
        [NoScaleOffset]_Normal ("Normal", 2D) = "bump" {}
        [NoScaleOffset]_AO ("Ambient Occlusion", 2D) = "white" {}
```

```
    [Header(Outline Properties)]
    [Space(10)]
    _OutlineColor ("Outline Color", Color) = (1,0,1,1)
    _OutlineWidth ("Outline Width", Range(0, 0.1)) = 0.01
}

SubShader
{
    Tags { "RenderType" = "Opaque" "Queue" = "Transparent"}

    //---------- Outline Layer ----------
    Pass
    {
        ZWrite Off

        CGPROGRAM
        #pragma vertex vert
        #pragma fragment frag
        #include "UnityCG.cginc"

        struct v2f
        {
            float4 vertex : SV_POSITION;
        };

        fixed4 _OutlineColor;
        fixed _OutlineWidth;

        v2f vert(appdata_base v)
        {
            v2f o;
            v.vertex.xyz += v.normal * _OutlineWidth;
            o.vertex = UnityObjectToClipPos(v.vertex);

            return o;
        }

        fixed4 frag(v2f i) : SV_Target
        {
            return _OutlineColor;
        }

        ENDCG
    }

    //---------- Regular Layer ----------
```

```
CGPROGRAM
# pragma surface surf StandardSpecular fullforwardshadows

struct Input
{
    float2 uv_Albedo;
};

sampler2D _Albedo;
sampler2D _Specular;
sampler2D _Normal;
sampler2D _AO;

void surf (Input IN, inout SurfaceOutputStandardSpecular o)
{
    fixed4 c = tex2D (_Albedo, IN.uv_Albedo);
    o.Albedo = c.rgb;

    fixed4 specular = tex2D (_Specular, IN.uv_Albedo);
    o.Specular = specular.rgb;
    o.Smoothness = specular.a;

    o.Normal = UnpackNormal(tex2D (_Normal, IN.uv_Albedo));
    o.Occlusion = tex2D (_AO, IN.uv_Albedo);
}

ENDCG
    }
}
```

编写完 Shader 之后按照如下步骤测试效果：

（1）创建一个新场景。

（2）在场景中添加两个模型，分别为玩具兔子和猴子头模型。

（3）基于新编写的 Shader 创建出两个材质，并将材质分别赋予场景中的两个模型。

（4）将材质关联上对应的贴图并调节材质参数。

最终效果如图 13-13 所示，从图中可以看出，兔子和猴子都显示出了描边效果，并且描边的颜色和宽度可以随意更改。

图 13-13　最终描边渲染效果

测试完没有问题之后就可以把 Shader 交付给负责 Unity 程序的同事了,后续他们可以通过 C♯ 控制材质的 Outline Width 变量,从而在特定情况下显示与隐藏模型的描边了。

13.3 遮挡半透效果

在游戏中经常会出现如图 13-14 所示的效果,当角色跑到其他物体(例如建筑、墙、石头等)背后的时候,被物体遮挡的部分会出现半透高亮的效果,而没有被遮挡的部分依然正常显示,这种效果被称为遮挡半透效果,或者也被称为 X-Ray,本案例将讲解这种效果的实现方式。

13.3.1 实现逻辑

遮挡半透效果中其实包含了两种显示效果,即半透高亮效果和正常显示效果,因此需要在一个 Shader 中实现这两种效果,并且还需要在被遮挡和不被遮挡两种不同的条件下分别执行对应的效果。实现逻辑如图 13-15 所示。

图 13-14 游戏中的遮挡半透效果

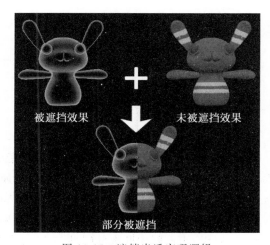

图 13-15 遮挡半透实现逻辑

看到这里可能有读者能够马上发现,这个效果的实现思路与 13.2 节——描边效果类似,也是通过两个 Pass 实现的。如果你能想到这些,那么恭喜你,你已经完全掌握了 13.2 节的内容,并且这一节的内容你也会很容易理解。下面来讲解这两个效果。

(1) 被遮挡效果:通过图片可以发现,被遮挡的部分并没有被剔除,而是显示为中间半透、边缘发亮,类似于菲涅尔的效果。于是需要将这个 Pass 的深度测试比较方法设定为 Greater,使被遮挡之后依然可以通过深度测试。

(2) 未被遮挡效果:这一部分其实就是正常的 Shader 效果。本案例继续使用 Surface Shader 编写,并且光照模型还是使用 Standard Specular。当然,也可以根据实际情况将这一部分的代码替换为其他效果。

当物体没有被遮挡的时候,遮挡效果的 Pass 就不会通过深度测试,于是只会显示未被遮挡的正常效果;当物体被遮挡的时候,遮挡效果的 Pass 就会通过深度测试,而未被遮挡的正常效果则不会通过深度测试,因此不会覆盖已经绘制的遮挡效果。

13.3.2　编写 Shader

1. 开放属性

代码:

```
Properties
{
    [Header(The Blocked Part)]
    [Space(10)]
    _Color ("X - Ray Color", Color) = (0,1,1,1)
    _Width ("X - Ray Width", Range(1, 2)) = 1
    _Brightness ("X - Ray Brightness",Range(0, 2)) = 1

    [Header(The Normal Part)]
    [Space(10)]
    _Albedo("Albedo", 2D) = "white"{}
    [NoScaleOffset]_Specular ("Specular (RGB - A)", 2D) = "black"{}
    [NoScaleOffset]_Normal ("Nromal", 2D) = "bump"{}
    [NoScaleOffset]_AO ("AO", 2D) = "white"{}
}
```

讲解:

Properties 代码块开放了半透效果的颜色、宽度、亮度属性,名称分别为_Color、_Width、_Brightness。为了对属性进行分组展示,在属性的最开始位置添加[Header(The Blocked Part)]语句,使材质面板上显示"The Blocked Part"文字,从而与其他的属性区分开来。

下半部分属性是未被遮挡部分的正常效果,本案例将使用 Standard Specular 光照模型的 Surface Shader,因此开放的属性与 13.2 节描边效果案例中正常效果部分所开放的属性一样,这里不再赘述了。

2. SubShader 标签

代码:

```
Tags { "RenderType" = "Opaque" "Queue" = "Geometry"}
```

讲解:

本案例为不透明效果,因此按照不透明效果的常规设置,将渲染类型设置为"Opaque",渲染队列设置为"Geometry"。

在这里读者可能会问:"被遮挡的效果不是半透明的吗,为什么不将渲染队列设置为 Transparent 呢?"本书在第 7 章——透明效果中讲过: Transparent 渲染队列与 Geometry

最主要的区别是图像的绘制顺序,其目的是使半透物体后面的物体也能绘制出来。而在本案例所要实现的效果中,遮挡半透效果并不需要显示后面的物体,因此也就不必更改渲染队列了。

3. 被遮挡效果 Pass

渲染状态代码:

```
Pass
{
    ZTest Greater
    ZWrite Off

    Blend SrcAlpha OneMinusSrcAlpha

    CGPROGRAM
    # pragma vertex vert
    # pragma fragment frag
    # include "UnityCG.cginc"

    ......

    ENDCG
}
```

讲解:

在渲染状态中将深度测试的比较方法设置为 Greater,从而使物体即使被遮挡也会显示出来。之所以需要关闭深度写入,是为了不改变深度缓存中的深度值,从而正常效果的 Pass 依然能够进行正确的深度测试。

如果没有关闭深度写入,当物体被遮挡的时候,Shader 中被遮挡效果的 Pass 通过测试之后会将深度值写入缓存。正常效果的 Pass 在进行深度测试的时候,由于深度值与缓存中的数值相等,并且默认的比较方法为 LEqual(小于或等于),因此会通过测试覆盖掉之前的遮挡效果,所以最终就不会显示被遮挡的半透效果了。

半透效果需要通过 Blending 实现,因此使用 Blend SrcAlpha OneMinusSrcAlpha 指令开启常规的图像混合效果。

最后,在 CGPROGRAM 中定义了顶点着色器和片段着色器,并将 UnityCG. cginc 包含了进来。

顶点着色器代码:

```
struct v2f
{
    float4 vertexPos : SV_POSITION;
    float3 viewDir : TEXCOORD0;
    float3 worldNor : TEXCOORD1;
```

```
};

v2f vert(appdata_base v)
{
    v2f o;
    o.vertexPos = UnityObjectToClipPos(v.vertex);
    o.viewDir = normalize(WorldSpaceViewDir(v.vertex));
    o.worldNor = UnityObjectToWorldNormal(v.normal);

    return o;
}
```

讲解：

为了方便理解，在开始讲解这一部分之前先讲解菲涅尔（Fresnel）效果的简单模拟算法，计算公式如下：

$$Fresnel = (1 - saturate(\boldsymbol{n} \cdot \boldsymbol{v}))^{width} \cdot Brightness$$

（1）$\boldsymbol{n}$：物体在世界空间中的法线向量。

（2）$\boldsymbol{v}$：摄像机在世界空间中的视角方向。

（3）Width：菲涅尔效果边缘的宽度。

（4）Brightness：菲涅尔效果边缘的亮度。

在 v2f 结构体中，除了定义裁切空间顶点坐标 vertexPos 外，还定义了世界空间视角方向 viewDir 和世界空间法线向量 worldNor。

在顶点着色器中，需要准备菲涅尔公式中所需要的所有顶点数据。首先需要将顶点坐标变换到裁切空间，然后通过 WorldSpaceViewDir() 函数得到世界空间视角方向。由于该函数并没有对向量进行标准化处理，因此还需要再调用 normalize() 函数。最后使用 UnityObjectToWorldNormal() 函数得到世界空间法线向量，菲涅尔计算公式中所有需要的顶点数据准备完成。

片段着色器代码：

```
fixed4 _Color;
fixed _Width;
half _Brightness;

float4 frag(v2f i) : SV_Target
{
    // Fresnel 算法
    half NDotV = saturate( dot(i.worldNor, i.viewDir));
    NDotV = pow(1 - NDotV, _Width) * _Brightness;

    fixed4 color;
    color.rgb = _Color.rgb;
    color.a = NDotV;
    return color;
}
```

讲解：

在片段着色器之前,需要在 CG 代码块中将所需的所有属性变量重新声明了一遍。在片段着色器中,完全按照菲涅尔的计算公式求得变量 NDotV。在这里,肯定会有读者不太清楚 Fresnel 算法的计算逻辑,下面将通过 ASE 来分析整个算法。

首先将世界空间的法线向量与视角方向做点积运算,点积其实就是计算两个向量之间方向的相似程度,方向越相似数值越大,方向垂直则为零,这是点积的几何意义。计算结果如图 13-16 所示 Dot 节点的缩略图,面向摄像机的部位数值最大,然后向四周逐渐降低,直到侧向摄像机的部位数值变为零。

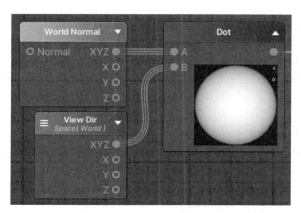

图 13-16　法线与视角方向的点积预览

点积运算之后还需要使用 Saturate 节点将计算结果的数值区间限制在[0,1],然后再使用 One Minus 节点将数值反相,结果如图 13-17 One Minus 节点的缩略图所示,白色部位会变为黑色,黑色部位会变为白色。

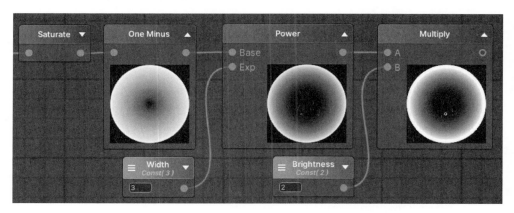

图 13-17　边缘高亮效果的节点连接

图 13-18 为 $y=a^x (0<a<1)$ 的函数曲线,大于 0 且小于 1 的数值经过指数运算之后数值会越来越小。因此,可以通过指数运算使菲涅尔运算的边缘范围缩小,然后再乘上

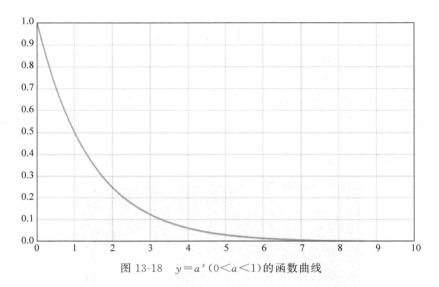

图 13-18　$y = a^x (0 < a < 1)$ 的函数曲线

Brightness 变量用于提高菲涅尔边缘的亮度。

最后将 NDotV 赋值给返回值的 a 分量,使视角中心部位半透,而视角边缘部位不透,并且将_Color 属性赋值给返回值的 rgb 分量,用于控制被遮挡效果的颜色。

4. 未被遮挡部分的效果

使用 Surface Shader 编写未被遮挡部分的效果,并且使用 Standard Specular 光照模型,所编写的代码与 13.2 节——描边效果案例中正常效果部分所编写的代码一样,因此就不再重复粘贴了。

13.3.3　效果测试

为了方便读者阅读和研究,下面将完整的 Shader 代码展示出来:

```
Shader "Samples/X - Ray"
{
    Properties
    {
        [Header(The Blocked Part)]
        [Space(10)]
        _Color ("X - Ray Color", Color) = (0,1,1,1)
        _Width ("X - Ray Width", Range(1, 2)) = 1
        _Brightness ("X - Ray Brightness",Range(0, 2)) = 1

        [Header(The Normal Part)]
        [Space(10)]
        _Albedo("Albedo", 2D) = "white"{}
        [NoScaleOffset]_Specular ("Specular (RGB - A)", 2D) = "black"{}
        [NoScaleOffset]_Normal ("Nromal", 2D) = "bump"{}
```

```
        [NoScaleOffset]_AO ("AO", 2D) = "white"{}
    }
    SubShader
    {
        Tags{"Queue" = "Transparent"}

        //---------- The Blocked Part ----------
        Pass
        {
            ZTest Greater
            ZWrite Off

            Blend SrcAlpha OneMinusSrcAlpha

            CGPROGRAM
            #pragma vertex vert
            #pragma fragment frag
            #include "UnityCG.cginc"

            struct v2f
            {
                float4 vertexPos : SV_POSITION;
                float3 viewDir : TEXCOORD0;
                float3 worldNor : TEXCOORD1;
            };

            fixed4 _Color;
            fixed _Width;
            half _Brightness;

            v2f vert(appdata_base v)
            {
                v2f o;
                o.vertexPos = UnityObjectToClipPos(v.vertex);
                o.viewDir = normalize(WorldSpaceViewDir(v.vertex));
                o.worldNor = UnityObjectToWorldNormal(v.normal);

                return o;
            }

            float4 frag(v2f i) : SV_Target
            {
                // Fresnel算法
                half NDotV = saturate( dot(i.worldNor, i.viewDir));
                NDotV = pow(1 - NDotV, _Width) * _Brightness;

                fixed4 color;
```

```
                color.rgb = _Color.rgb;
                color.a = NDotV;
                return color;
            }
        ENDCG
    }

    //---------- The Normal Part ----------
    CGPROGRAM
    #pragma surface surf StandardSpecular
    #pragma target 3.0

    struct Input
    {
        float2 uv_Albedo;
    };

    sampler2D _Albedo;
    sampler2D _Specular;
    sampler2D _Normal;
    sampler2D _AO;

    void surf(Input IN, inout SurfaceOutputStandardSpecular o)
    {
        o.Albedo = tex2D(_Albedo, IN.uv_Albedo).rgb;

        fixed4 specular = tex2D(_Specular, IN.uv_Albedo);
        o.Specular = specular.rgb;
        o.Smoothness = specular.a;

        o.Normal = UnpackNormal(tex2D(_Normal, IN.uv_Albedo));
    }
    ENDCG
    }
}
```

编写完 Shader 之后按照以下步骤测试效果：

（1）在空场景中添加两个模型，分别为玩具兔子和猴子头模型。

（2）基于编写好的 Shader 创建出两个材质，并将材质分别赋予场景中的两个模型。

（3）将材质关联上纹理贴图并调节材质参数。

最终效果如图 13-19 所示，从图中可以看出，被山体遮挡住的部位都呈现除了半透的效果，并且半透效果的颜色和亮度可以随意调节。

图 13-19 遮挡半透的最终渲染效果

13.4 Tri-Planar Mapping 效果

在使用 Unity 的地形系统绘制山体的时候,如果山坡过于陡峭,经常会出现纹理拉伸的现象,如图 13-20 所示方框内的效果。

图 13-20 地形系统会出现纹理拉伸现象

有时候可能会遇到一些 UV 不规范、甚至连 UV 都没有的模型,这种模型如果使用普通的 Shader 渲染,贴上纹理之后肯定会出现拉伸或者不显示纹理的现象,遇到这种情况就需要编写一个特殊的 Shader 对纹理进行采样了。

纹理映射方式有很多种,例如:Plane Mapping(平面映射)、Sphere Mapping(球体映射)等。大多数情况下是由 3D 美术人员在 3D 软件中预先处理好模型的 UV,GPU 在渲染的时候直接读取对应的信息即可。当然在 GPU 中也可以进行简单的纹理映射,本案例将使用 Tri-Planar Mapping(三面映射)的方式对模型进行纹理映射。

13.4.1 实现逻辑

Tri-Planar Mapping 使用世界空间中 X、Y、Z 三个方向的坐标平面对模型进行映射,如图 13-21 所示(图片来源于网络),映射之后得到三套二维坐标,X、Y、Z 三个方向分别对应

YZ、XZ、XZ 坐标,然后将这三套坐标用作纹理坐标分别对纹理贴图进行采样,于是得到三个方向的采样结果。为了方便描述,下面将采样结果分别定义为:colorYZ、colorXZ、colorXY。

三个方向的采样结果分别在模型对应的方向上显示,例如:X 方向上显示 colorYZ;Y 方向上显示 colorXZ;Z 方向上显示 colorXY,最终就不会出现纹理拉伸的问题了。

至于如何确定模型的顶点是朝向哪个方向,当然还是得利用点积运算的几何意义进行判断。将世界空间中的顶点法线与 X 方向$(1,0,0)$进行点积运算,点积结果越大说明越朝向 X 方向,越是偏向其他方向则点积结果越接近于零。Y 方向和 Z 方向同理。

图 13-21　Tri-Planar Mapping 的映射逻辑

这种做法在判断顶点方向的同时还可以解决不同方向的交界位置出现纹理接缝的问题。但是需要注意的一点是:模型背面的顶点法线方向与坐标方向相反,因此在做点积运算之前需要提前把顶点的法线向量取绝对值。

13.4.2　使用 ASE 实现效果

理解了 Tri-Planar Mapping 的实现逻辑,下面使用 ASE 详细梳理实现逻辑,并实现 Tri-Planar Mapping 效果。

首先创建一个 ASE Shader,并将文件命名为 Tri-Planar Mapping_ASE,然后双击 Shader 文件进入 ASE 进行编辑。

为了方便后续查找使用,将 Shader 的路径及名称设置为 Samples/Tri-Planar Mapping_ASE。本案例使用 Surface Shader 类型,光照模型为 Lambert,除此之外,其他设置保持不变。设置完 Shader 之后,下面开始最重要的节点连接工作。

1. 纹理坐标

由于需要对 Albedo 和 Normal 这两张纹理贴图进行采样,因此需要多次调用纹理坐标,为了使工作区域干净整洁,本案例将引入 Register Local Var(变量寄存器)节点和 Get Local Var(变量获取)节点。

在编辑 Shader 过程中,如果某个变量后续会被频繁用到,可以使用 Register 节点将该变量进行存储,Register 节点的快捷键为"R"。在后续用到的时候,通过 Get 节点就可以获取到该变量进行重复使用了,Get 节点的快捷键为"G"。这样做可以避免因为有太多连线而导致工作区域混乱的现象。

纹理坐标的相关节点如图 13-22 所示,使用的是世界空间而不是模型空间中的顶点坐标作为纹理坐标。选择世界空间的好处是:当物体缩放之后,由于物体在世界空间中的顶点坐标随之更改,因此纹理坐标也会动态缩放,这样做可以保证所有物体的纹理都是一致的。

然后乘上一个名称为 Tiling 的 Float 节点,并将该节点开放为属性,用于使用的时候统

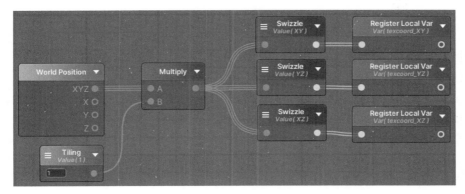

图 13-22　将世界坐标用作纹理坐标

一调整纹理的平铺值。

对于相乘之后的结果,使用 Swizzle 节点分别获取 Z 方向上的平面 XY、X 方向上的平面 YZ、Y 方向上的平面 XZ,然后分别使用 Register 节点将这三个纹理坐标存储为 texcoord_XY、texcoord_YZ 和 texcoord_XZ,等待后续调用。

2. 纹理采样

到目前为止,已经得到了纹理采样需要用到的三个纹理坐标,下面使用这三个纹理坐标对 Albedo 进行采样,节点连接如图 13-23 所示。使用三个 Get 节点用来分别获取 texcoord

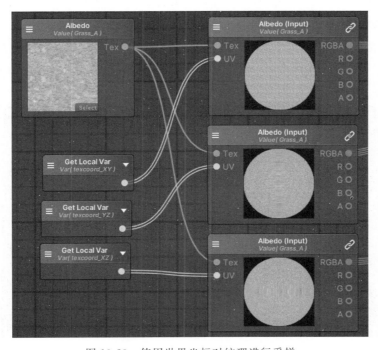

图 13-23　使用世界坐标对纹理进行采样

_XY、texcoord_YZ 和 texcoord_XZ 变量。为了降低性能消耗,案例中使用的三个 Texture Sample 节点同时对同一个 Texture Object 节点采样。由于已经开放了 Tiling 变量用于控制纹理的平铺值,因此需要关闭 Texture Object 节点的 No Scale Offset 选项。这样一来,Albedo 纹理贴图在材质面板上就不会显示 Scale 和 Offset 选项了。

为了验证纹理的采样效果,下面为 Texture Object 节点关联一张草地的纹理贴图,然后在场景中添加一个 Unity 内置的 Sphere 查看采样结果。

分别将 texcoord_XY、texcoord_YZ 和 texcoord_XZ 这三个纹理坐标对应草地贴图的采样结果连接到 Output 的 Debug 上,查看 Unity 场景中 Sphere 的效果如图 13-24 所示。三个方向所对应的坐标平面效果正常,只有边缘位置(图中箭头所示位置)出现拉伸现象。

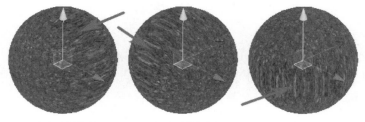

Z方向采样效果　　　　　　X方向采样效果　　　　　　Y方向采样效果

图 13-24　不同方向上的纹理采样效果

接下来要做的是将这三个方向的采样结果混合为一个,从而解决边缘的纹理拉伸问题。

3. 确认顶点朝向

如何混合多张纹理贴图,最先想到的是使用 Lerp 节点。但是想要使用 Lerp 节点除了需要提供混合所需要的纹理之外,还需要一个混合因数——Alpha。Alpha 的节点连接如图 13-25 所示。混合三张纹理需要用到两次 Lerp 节点,因此需要两个 Alpha 因子。首先将

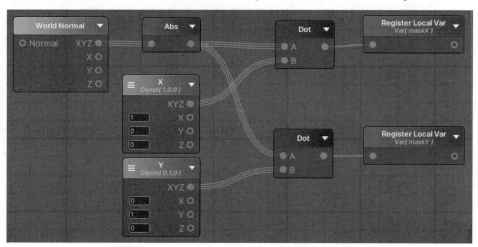

图 13-25　混合因数的节点连接

世界空间下的法线向量取绝对值,然后再利用点积运算的几何意义确定顶点的朝向。将取绝对值之后的世界法线分别与 X 方向$(1,0,0)$和 Y 方向$(0,1,0)$进行点积,于是就可以确定朝向 X 方向和 Y 方向的顶点了。

　　将点积之后的结果分别连接到 Output 节点的 Debug 上,再次查看场景中 Sphere 的效果。如图 13-26 所示,世界法线与两个方向点积之后的结果正是顶点所对应的朝向。由于 Normal 纹理贴图也需要进行三个方向的纹理混合,因此使用 Register 节点分别将点积之后的结果存储为 maskX 和 maskY,等待需要的时候直接调用。

X方向顶点　　　　　　Y方向顶点

图 13-26　不同方向上的混合因数效果

4. 混合纹理采样

　　目前位置已经得到混合三张纹理所需的两个 Alpha 因子,下面就使用这两个 Alpha 因子开始纹理混合,节点连接如图 13-27 所示。首先添加两个 Get 节点分别获取到 maskX 和 maskY 变量,然后使用 maskX 混合 Z 方向采样结果和 X 方向采样结果。

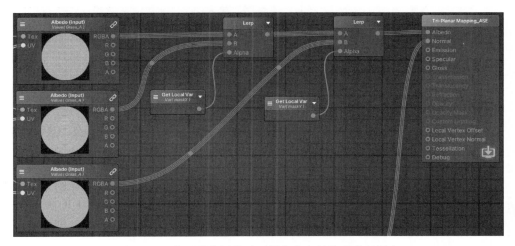

图 13-27　使用混合因数对不同方向上的纹理进行混合

　　为了检测效果,将混合结果连接到 Debug 节点上,查看场景中的 Sphere 效果。如图 13-28 所示,X 方向和 Z 方向的纹理拉伸现象已经消失,只剩下 Y 方向(图中箭头位置)还存在纹理拉伸的问题。

接下来使用maskY将第一次混合的结果与Y方向采样结果继续混合,然后将混合结果再次连接到Debug节点上,查看场景中的Sphere效果。如图13-29所示,从图中可以看出,Y方向的纹理拉伸现象也已经消失。

图13-28　混合Z方向和X方向之后的纹理效果　　　图13-29　混合所有方向之后的纹理效果

将最终的混合结果连接到Output节点的Albedo上,至此关于Albedo部分的节点连接已经完成。

5. ASE 完整节点

本案例所中Normal纹理的节点连接大致与Albedo相同,因此就不再赘述了。只不过需要在Normal的Scale接口上连接一个Float节点,并将其名称设置为Bumpiness,然后开放为属性,用于使用的时候调节法线强度。

为了方便读者阅读和学习,下面把完整的节点连接展示出来,如图13-30和图13-31所示。

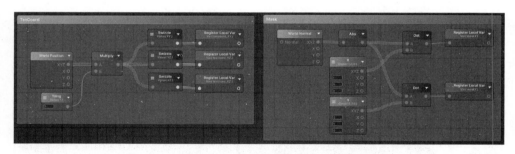

图13-30　Tri-Planar效果的完整节点连接第一部分

当然,如果读者需要,也可以在本案例的基础上继续扩展。例如:有些情况下需要地形的水平方向为草地或者雪地的纹理,而垂直方向为岩石的纹理,这时候可以把Y方向的纹理采样开放为单独的纹理贴图。其他更多的扩展效果还需要大家在实际使用的过程中根据自己想要实现的效果自行思考。

13.4.3　编写 Shader

在13.4.2节中已经使用ASE充分验证了Tri-Planar Mapping的实现逻辑,下面将开始编写Shader,实现Tri-Planar Mapping效果。由于本案例的代码比较简单,因此直接从

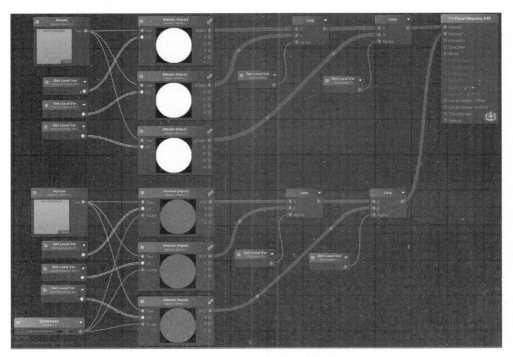

图 13-31　Tri-Planar 效果的完整节点连接第二部分

完整的 Shader 代码开始讲解。

1. 完整 Shader 代码

```
Shader "Samples/Tri - Planar Mapping"
{
    Properties
    {
        _Tiling ("Tiling", float) = 1
        [NoScaleOffset]_Albedo ("Albedo", 2D) = "white" {}
        [NoScaleOffset]_Normal ("Normal", 2D) = "bump" {}
        _Bumpiness ("Bumpiness", Range(0.01, 10)) = 1
    }
    SubShader
    {
        CGPROGRAM
        #pragma surface surf Lambert fullforwardshadows

        struct Input
        {
            float3 worldPos;
            float3 worldNormal;
            INTERNAL_DATA
```

```
        };

        float _Tiling;
        sampler2D _Albedo;
        sampler2D _Normal;
        half _Bumpiness;

        void surf (Input IN, inout SurfaceOutput o)
        {
            float3 texCoord = IN.worldPos * _Tiling;

            // -------------------- Mask --------------------
            float3 normal = abs(WorldNormalVector(IN, o.Normal));
            fixed maskX = saturate(dot(normal, fixed3(1, 0, 0)));
            fixed maskY = saturate(dot(normal, fixed3(0, 1, 0)));

            // -------------------- Albedo --------------------
            fixed4 colorXY = tex2D (_Albedo, texCoord.xy);
            fixed4 colorYZ = tex2D (_Albedo, texCoord.yz);
            fixed4 colorXZ = tex2D (_Albedo, texCoord.xz);

            fixed4 c;
            c = lerp(colorXY, colorYZ, maskX);
            c = lerp(c, colorXZ, maskY);

            o.Albedo = c.rgb;

            // -------------------- Normal --------------------
            fixed3 normalXY = UnpackNormal(tex2D(_Normal, texCoord.xy));
            fixed3 normalYZ = UnpackNormal(tex2D(_Normal, texCoord.yz));
            fixed3 normalXZ = UnpackNormal(tex2D(_Normal, texCoord.xz));

            fixed3 n;
            n = lerp(normalXY, normalYZ, maskX);
            n = lerp(n, normalXZ, maskY);

            o.Normal = n * half3(_Bumpiness, _Bumpiness, 1);
        }
        ENDCG
    }
    FallBack "Diffuse"
}
```

2. Shader 代码讲解

Properties 代码块中开放了用于调节纹理的平铺值的 _Tiling 属性，然后又开放
_Albedo 和 _Normal 属性。由于不需要用到贴图自身的平铺和偏移属性，因此添加

[NoScaleOffset]指令将其隐藏。最后还开放了用于调节法线强度的_Bumpiness属性。

在编译指令中定义着色器类型为Surface Shader，光照模型为Lambert。为了使物体能够接收所有类型的灯光投影，还需要添加fullforwardshadows指令。

```
struct Input
{
    float3 worldPos;
    float3 worldNormal;
    INTERNAL_DATA
};
```

在Input结构体中定义了世界空间顶点坐标worldPos和法线向量worldNormal，由于使用Normal贴图会改变物体的表面法线，因此worldNormal后需要添加INTERNAL_DATA指令，并且在表面函数中使用法线向量的时候，还需要使用WorldNormalVector(IN, o.Normal)指令进行调用。关于这一部分的内容在8.4.1节——表面函数输入结构体中已经讲过，遗忘的读者可以自行翻阅回顾。

```
float3 texCoord = IN.worldPos * _Tiling;

// -------------------- Mask --------------------
float3 normal = abs(WorldNormalVector(IN, o.Normal));
fixed maskX = saturate(dot(normal, fixed3(1, 0, 0)));
fixed maskY = saturate(dot(normal, fixed3(0, 1, 0)));
```

在表面函数中，将世界空间顶点坐标与平铺值相乘，得到纹理坐标texCoord等待纹理采样的时候使用。获取世界空间法线向量并进行绝对值处理得到normal，将normal分别与X方向fixed3(1,0,0)和Y方向fixed3(0,1,0)做点积运算，然后使用saturate()函数将点积结果的范围限制在[0,1]，就可以得到X方向的Alpha因子maskX和Y方向的Alpha因子maskY。

```
fixed4 colorXY = tex2D (_Albedo, texCoord.xy);
fixed4 colorYZ = tex2D (_Albedo, texCoord.yz);
fixed4 colorXZ = tex2D (_Albedo, texCoord.xz);

fixed4 c;
c = lerp(colorXY, colorYZ, maskX);
c = lerp(c, colorXZ, maskY);

o.Albedo = c.rgb;
```

使用texCoord的xy分量、yz分量、xz分量分别对Albedo贴图进行采样，然后得到物体在Z、X、Y方向的投影采样分别为colorXY、colorYZ、colorXZ。接着使用maskX将colorXY和colorYZ进行混合，然后使用maskY将第一次混合后的结果与colorXZ继续混合，最终将混合后的rgb分量赋值给o.Albedo。

关于 Normal 部分的代码与 Albedo 相似,控制法线强度的方法也已经在 9.2 节——"Surface Shader 中使用法线贴图"中讲过,因此就不再重复讲解了。

13.4.4　测试 Shader 效果

将本案例开始位置所展示的地形更换为刚编写好的 Shader,然后重新关联贴图并调节材质参数,最终的效果如图 13-32 所示。从图中可以看出,之前纹理拉伸的问题已经得到了解决,并且其他再陡峭的山坡都没有出现纹理拉伸现象。

图 13-32　Tri-Planar 最终渲染效果

13.5　MatCap 效果

在 13.4 节——Tri-Planar Mapping 效果是通过世界空间顶点坐标对纹理贴图进行采样,本案例将讲解一个使用法线向量对纹理进行采样的效果——MatCap。

MatCap 全称 Materail Capture,翻译过来就是材质捕捉的意思。如图 13-33(图片来源于 MODO Online Help)所示,它将贴图中间圆形的区域直接映射到屏幕中的物体上,使物体的渲染效果跟贴图的质感一模一样。

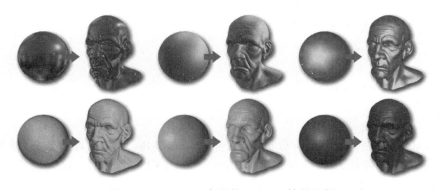

图 13-33　MODO 官网的 MatCap 效果示例

MatCap 另外一个非常重要的优点是：计算量非常少，能够在保证渲染效果的同时将性能消耗降到最低。因此当需要渲染顶点数非常多的模型的时候，很多软件都会采用 MatCap 这种方式，例如著名的数字雕刻软件——ZBrush，当模型细分到上百万顶点数之后依然可以流畅运行，由此足以说明 MatCap 的计算速度非常高效。

13.5.1　实现逻辑

MatCap 的实现逻辑非常简单，使用顶点在摄像机空间的法线向量对纹理进行采样，然后将采样结果直接返回给片段着色进行输出即可实现 MatCap 效果。由于不需要灯光照明计算，因此运行效率非常高。除此之外，MatCap 还有一个优点，那就是没有 UV 坐标的物体也可以正常渲染。

13.5.2　使用 ASE 实现效果

了解了 MatCap 的实现逻辑，下面就使用 ASE 实现 MatCap 效果。

首先创建一个 ASE Shader，并将文件命名为 MatCap_ASE。然后双击 Shader 文件进入 ASE 编辑器，按照如图 13-34 所示对 Shader 进行设置，黑框内的部分为修改的选项。

为了在使用的时候方便查找，将该 Shader 的路径及名称设置为：Samples/MatCap_ASE。由于 MatCap_ASE 不需要进行照明计算，因此将"Shader Type"设置为"Legacy/Unlit"，也就是使用顶点-片段着色器。最后，为了使物体能够产生阴影投射，将 Fallback 设置为 Unity 内置的 Diffuse。

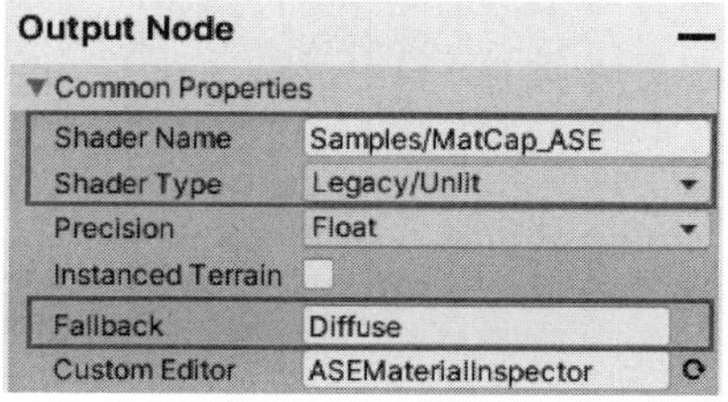

设置完 Shader 之后，下面开始连接节点。

图 13-34　Shader 设置面板

首先使用"Transform Direction"节点将顶点法线从模型空间变换到摄像机空间，注意，变换之后的法线并没有标准化，因此还需要在节点设置中开启"Normalize"选项。

因为法线向量每个分量的数值区间为 $[-1, 1]$，而对纹理进行采样所需的坐标区间为 $[0, 1]$，于是使用"Scale And Offset"节点更改法线向量的数值范围，它的计算公式如下：

$$Output = Input \times Scale + Offset$$

将"Scale And Offset"节点的 Scale 和 Offset 都设置为 0.5，就可以将区间从 $[-1, 1]$ 映射到 $[0, 1]$ 了。接下来将映射后的结果连接到 MatCap 纹理节点的 UV 接口上，ASE 的容错机制会自动将法线向量的 z 分量去除，将其变为二维向量之后再对纹理进行采样，因此不会报错。

由于 MatCap 效果不需要更改纹理的平铺和偏移，因此需要在 MatCap 纹理节点的设置中开启"No Scale Offset"选项。

最后，将采样结果连接到 Output 节点的 Frag Color 上，节点连接全部完成。完整的连接如图 13-35 所示。

图 13-35　MatCap 的完整节点连接

13.5.3　编写 Shader

在 13.5.2 节中通过 ASE 对 MatCap 效果进行了逻辑梳理,想必读者已经完全理解了其中的实现逻辑。下面将先展示完整的 Shader 代码,然后对重要的部分进行讲解。

1. 完整 Shader 代码

```
Shader "Samples/MatCap"
{
    Properties
    {
        [NoScaleOffset]_MatCap ("MatCap", 2D) = "white" {}
    }
    SubShader
    {
        Tags { "RenderType" = "Opaque" "Queue" = "Geometry"}

        Pass
        {
            CGPROGRAM
            #pragma vertex vert
            #pragma fragment frag

            #include "UnityCG.cginc"

            struct v2f
            {
                float2 texcoord : TEXCOORD0;
                float4 vertex : SV_POSITION;
            };

            sampler2D _MatCap;

            v2f vert (appdata_base v)
            {
                v2f o;
```

```
            //使用 UNITY_MATRIX_MV 的逆转置矩阵
            //变换非统一缩放物体的法线向量
            float4 normal = mul(UNITY_MATRIX_IT_MV, float4(v.normal, 0));
            o.texcoord = normalize(normal.xyz).xy;

            o.vertex = UnityObjectToClipPos(v.vertex);

            return o;
        }

        fixed4 frag (v2f i) : SV_Target
        {
            //范围 [-1, 1] => [0, 1]
            float2 texcoord = i.texcoord * 0.5 + 0.5;

            return tex2D(_MatCap, texcoord);
        }
        ENDCG
    }
  }
  Fallback "Diffuse"
}
```

2. Shader 代码讲解

Properties 代码块开放一个名称为_MatCap 的 2D 属性,并添加[NoScaleOffset]指令将纹理的平铺和偏移属性隐藏。

在 v2f 结构体中,除了定义裁切空间顶点坐标 vertex,还定义了一个名称为 texcoord 的变量,用于存放顶点在摄像机空间中的法线向量。

```
v2f vert (appdata_base v)
{
    v2f o;

    //使用 UNITY_MATRIX_MV 的逆转置矩阵
    //变换非统一缩放物体的法线向量
    float4 normal = mul(UNITY_MATRIX_IT_MV, float4(v.normal, 0));
    o.texcoord = normalize(normal.xyz).xy;

    o.vertex = UnityObjectToClipPos(v.vertex);

    return o;
}
```

在顶点着色器中,使用 UNITY_MATRIX_IT_MV(模型—摄像机变换矩阵的逆转置矩阵)矩阵将顶点法线从模型空间变换到世界空间,标准化之后将 xy 分量保存为 v2f 结构体的 texcoord 变量。

注意，将法线向量从模型空间变换到摄像机空间，要使用 UNITY_MATRIX_IT_MV 矩阵，而不是 UNITY_MATRIX_ MV 矩阵，这是为了避免非统一缩放的物体（也就是 x、y 和 z 不相等的缩放）变换完法线之后法线向量不再垂直于切线。

如图 13-36 所示，球体在经过非统一缩放之后，顶点法线会从 N1 变为 N2。因此，为了防止非统一缩放物体的法线向量出现问题，在进行空间变换的时候需要使用对应变换矩阵的逆转置矩阵。由于证明过程比较复杂，已经超出了入门 Shader 的讲解范围，因此只需要记住结果就好了。如果读者感兴趣，可以到网上自行搜索证明过程。

```
fixed4 frag (v2f i) : SV_Target
{
    //范围 [-1, 1] => [0, 1]
    float2 texcoord = i.texcoord * 0.5 + 0.5;

    return tex2D(_MatCap, texcoord);
}
```

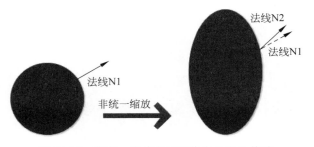

图 13-36　非统一缩放之后法线向量发生偏移

在片段着色器中，将 texcoord 的数值区间从[−1，1]映射为[0，1]，然后使用映射之后的纹理坐标对_MatCap 纹理进行采样，并将采样结果返回给片段着色器。

最后，为了使物体能够产生阴影投射，将 FallBack 设置为内置的 Diffuse。

13.5.4　测试 Shader 效果

淡波亮作（博客名）在他的博客中提供了一系列免费的 MatCap 纹理贴图，本案例的 MatCap 纹理正是来源于此。准备好资源之后按照如下步骤测试效果：

（1）在空场景中添加两个玩具兔子模型。

（2）使用 MatCap_ASE 和 MatCap 这两个 Shader 文件分别创建出两个材质，并为这两个材质分别关联两张不同的 MatCap 纹理。

（3）将这两个材质分别赋予场景中的两个模型。

最终效果如图 13-37 所示。无论从什么视角查看模型，并且不论场景中的灯光如何，玩具兔子始终保持 MatCap 纹理上所显示的效果。

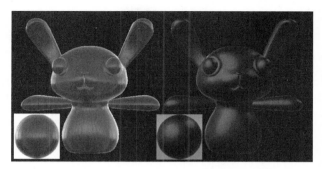

图 13-37 使用不同 MatCap 贴图的渲染效果

13.6 物体切割效果

还记得在之前的一次产品功能设计中收到这样一个功能需求：希望能够在 X、Y、Z 三个方向上自由拖动一个切割平面，切割平面与物体相交之后，外壳从切割面的位置开始完全消失，从而显示出物体内部的结构，类似于图 13-38 所示效果。

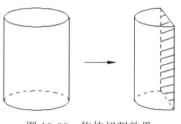

图 13-38 物体切割效果

在很多虚拟现实项目中，单个物体在进行结构展示的时候会经常用切割效果，本案例就来讲解这个效果。

13.6.1 实现逻辑

物体切割效果的实现方式非常简单，将需要被切掉的部分标记一个小于零的数值，然后调用 clip() 函数就可以将其剔除，从而达到切割的效果。

但是如何实现自由拖动切割面的功能呢？这就需要用到 C♯ 脚本的帮助了。

首先通过脚本获取到切割面的坐标传递给 Shader，然后在 Shader 中将模型的顶点坐标与切割面的坐标进行比较，当切割面的坐标小于顶点的坐标，说明切割面还没有切割到这一顶点，因此这一顶点以及后面的点都会保留下来；反之则说明切割面已经到达这一顶点，因此这一顶点以及前边的点都会被裁切掉。

需要注意的是：由于模型的顶点数量有限，为了使裁切能够达到像素级别的精确度，需要在片段着色器中进行坐标比较。

13.6.2 使用 ASE 实现效果

了解了实现方式之后，下面开始在 ASE 中详细梳理实现逻辑，并重现物体切割的效果。首先创建一个 ASE Shader 文件，并将名称命名为"Object Cutting_ASE"，然后双击文件进入 ASE 编辑器进行编辑。

1. Shader 设置

本案例需要被切割的物体背面也能够显示出来，而不是完全穿透的，因此需要将"Cull Mode"关闭，设置面板如图 13-39 所示。

物体切割使用的是 clip() 函数，对应的是 Output 节点的"Opacity Mask"接口，如图 13-40 所示，只有将"Blend Mode"设置成"Masked"才能启用这个接口。接下来需要将下面的 "Mask Clip Value"设置为一个趋近于 0 的正数，本案例使用的是 0.001，至于原因在接下来会讲到。

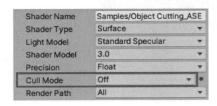 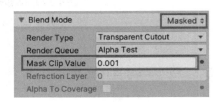

图 13-39　Shader 设置面板　　　　　图 13-40　混合模式设置面板

2. Albedo

当物体被切割之后，由于 Shader 关闭了的几何体剔除功能，因此物体背面会呈现出跟正面类似的效果。但是为了达到比较好的视觉体验，希望将物体背面所显示的颜色能够跟正面进行区分，于是添加"Switch by Face"节点来实现这一目的。

"Switch by Face"节点会根据物体朝向摄像机的正反面而自动调整输出结果，它在片段着色器中进行计算，因此也是精确到像素级别，使用方式如图 13-41 所示。将 Albedo 纹理连接到"Switch by Face"节点的"Front"接口，然后将"Back"接口设置为(0,0,0,0)。最后把 "Switch by Face"节点连接到 Output 节点的 Albedo 接口上，于是物体正面会显示正常效果，而背面则显示纯黑色。

图 13-41　Albedo 属性的 Switch by Face 节点连接

3. Specular 和 Smoothness

如图 13-42 所示，Specular 和 Smoothness 的连接方法与 Albedo 类似。由于模型的 Specular 纹理同时保存了 Specular 和 Smoothness 信息，因此经过"Switch by Face"节点判断完正反面之后，还需要使用"Swizzle"节点将 rgb 通道与 a 通道区分开，然后分别连接到

图 13-42　Specular 属性的 Switch by Face 节点连接

Output 节点的 Specular 和 Smoothness 接口上。

4. 透明测试

连接如图 13-43 所示，为了能够接收到脚本传入的坐标信息，需要添加一个三维向量节点，并将其命名为"Position"。由于脚本传递的是切割面在世界空间中的坐标，因此在进行数值对比的时候需要使用世界空间顶点坐标"World Position"节点。

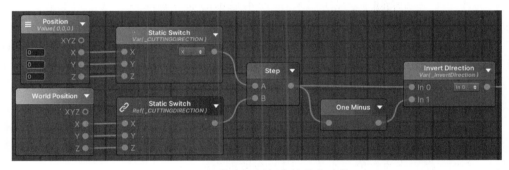

图 13-43　模型切割部分的节点连接

为了在使用时候可以自由选择 X、Y、Z 切割方向，于是添加"Static Switch"节点将切割方向以下拉列表的形式开放出来，节点设置如图 13-44 所示。因为是要在最终发布的应用中修改切割方向，也就是说需要保留 Unity 编译出来的所有 Shader 变体，因此将 Keyword Type 设置为"Multi Cimpile"。将类型设置为"Keyword Enum"，并将枚举名称设置为"Cutting Direction"，然后将三个枚举关键词分别设置为 X、Y、Z。

选择 Position 的其中一个分量与 World Position 坐标对应的分量进行数值比较，即可实现物体在某一方向上的切割效果。

为了能够通过一个关键词枚举同时控制 Position 和 World Position 这两个坐标分量的选择，需要将第二个添加出来的"Static Switch"节点按照图 13-45 所示进行设置。将节点的模式设置为"Reference"，然后在"Reference"中选择第一个关键词枚举——Cutting Direction。这样一来，第二个关键词枚举就会以引用的状态存在了，也就不再是一个独立的新枚举了。

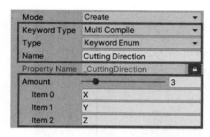

图 13-44　关键词枚举属性设置

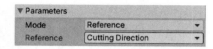

图 13-45　节点的引用设置

坐标值比较的方法是通过"Step"节点完成的，将 Position 连接到 A 接口，World Position 连接到 B 接口，当切割平面还没有移动到该顶点的时候，World Position 大于 Position，因此"Step"节点返回数值 1；反之则 World Position 小于 Position，因此节点返回数值 0。于是物体不需要被剔除的部分就会被标记上数值 1，而需要被剔除的部分就会被标记上 0。

为了提高功能的操作性，可以再添加一个反转切割方向的功能，也就是说在使用的时候可以将物体原本被剔除的部分显示出来，而原本显示的部分剔除掉。这个功能实现起来也很简单，就是使用"One Minus"节点将"Step"节点输出的数值反转即可。

为了方便在使用的时候自由切换，通过"Toggle Switch"节点开放出一个开关选项，并将名称设置为"Invert Direction"。将未反转的数值连接到"Toggle Switch"节点的 In0 接口，而反转之后的数值连接到 In1 接口。最后把"Toggle Switch"节点连接到 Output 节点的"Opacity Mask"接口。

在设置 Shader 的时候已经将"Mask Clip Value"设置成了 0.001，到目前为止物体需要剔除和不需要剔除的部分也已经分别标记了数值 0 和 1，最后在调用 clip(value-0.001)函数的时候，需要隐藏部分的数值会小于 0，因此会被剔除掉。

5. 完整节点连接

为了使读者有一个整体的 Shader 框架和清晰的逻辑思路，下面将完整的节点连接图展示出来，如图 13-46 所示。

13.6.3　C♯脚本

本案例切割平面的坐标需要通过 C♯脚本传递到 Shader 中，接下来开始编写这个脚本。需要注意的是，下面所编写的脚本最终是添加到被切割物体上运行的。完整脚本代码如下所示。

1. 脚本代码

```
using System.Collections;
using System.Collections.Generic;
using UnityEngine;
```

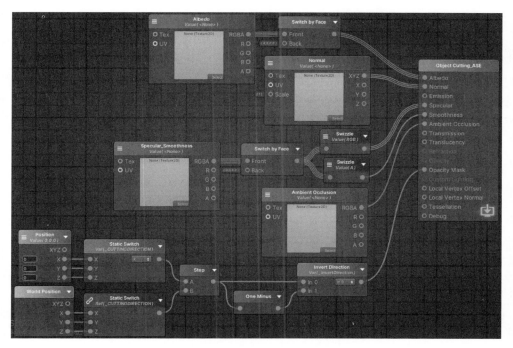

图 13-46　物体切割效果的完整节点连接

```
[ExecuteInEditMode]
public class GetPosition : MonoBehaviour
{
    public GameObject CuttingPosition;

    private Material Material;
    private Vector3 Center = new Vector3(0, 0, 0);
    void Start()
    {
        //获取当前物体材质
        Material = this.GetComponent<Renderer>().sharedMaterial;
    }

    void Update()
    {
        if (CuttingPosition)

            //获取 CuttingPosition 的坐标并传递给 Shade
            Material.SetVector("_Position", CuttingPosition.transform.position);
        else
            Material.SetVector("_Position", Center);
    }
}
```

2. 代码讲解

在开始的位置添加［ExecuteInEditMode］指令，使脚本能够在编辑状态执行，方便测试切割效果。

接下来开放了一个 GameObject 类型的变量，名称为 CuttingPosition，用于获取场景中某个物体的数据。开放出属性之后，脚本的设置面板如图 13-47 所示，在编辑的时候就可以将场景中的切割面拖入到该脚本中了。

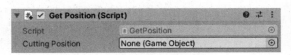

图 13-47　GetPosition 脚本的参数设置面板

然后创建一个名称为 Material 的材质，用于保存被切割物体的材质，另外还有一个名称为 Center 的三维向量，用于保存世界中心的坐标 Vector3(0,0,0)。

在 Start() 中，使用 this. GetComponent < Renderer >(). sharedMaterial 获取到当前物体的材质，然后赋值给 Material 变量。

在 Update()中做了一个判断，当 CuttingPosition 不为空的时候，也就是将切割平面拖到脚本上之后，才会将它的坐标传递给 Material 中的_Position 变量；否则，就将 Center 传递给_Position 变量。传递坐标的方法与 Post Processing 中传递参数的方法类似，这里就不再赘述了。而获取切割平面坐标是通过 CuttingPosition. transform. position 实现的。

13.6.4　测试效果

C♯脚本编写完成之后，接下来按照如下步骤测试效果：

(1) 创建一个新场景。

(2) 将玩具兔子模型添加到场景中。

(3) 将 Shader 指定到兔子模型所使用的材质上。

(4) 将 C♯脚本添加到兔子上。

(5) 在场景中创建一个空物体(Empty Object)，并将其命名为"Position"。

(6) 将空物体拖曳到兔子玩具上的脚本中，如图 13-48 所示。

图 13-48　将切割面物体拖入到 GetPosition 脚本中

拖动空物体"Position"的位置，然后切换材质中的切割方向，效果如图 13-49 所示。从图中可以看出，玩具兔子的正 x 轴、正 y 轴、正 z 轴方向被切割了。

开启反转切割方向选项之后，效果如图 13-50 所示。从图中可以看出，玩具兔子的负 X 轴、负 Y 轴、负 Z 轴方向被切割了。

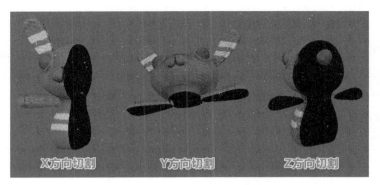

图 13-49 X、Y、Z 正方向切割物体

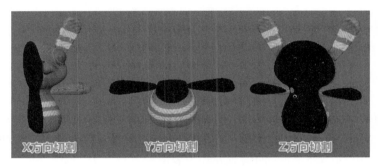

图 13-50 X、Y、Z 负方向切割物体

13.6.5 编写 Shader

经过 13.6.4 节的测试,已经可以确定 13.6.1 节的逻辑是完全正确的,接下来就开始编写 Shader 代码。

1. 开放属性

```
Properties
{
    [Header(Textures)][Space(10)]
    [NoScaleOffset] _Albedo ("Albedo", 2D) = "white" {}
    [NoScaleOffset] _Reflection ("Specular_Smoothness", 2D) = "black" {}
    [NoScaleOffset] _Normal ("Normal", 2D) = "bump" {}
    [NoScaleOffset] _Occlusion ("Ambient Occlusion", 2D) = "white" {}

    [Header(Cutting)][Space(10)]
    [KeywordEnum(X, Y, Z)] _Direction ("Cutting Direction", Float) = 1
    [Toggle] _Invert ("Invert Direction", Float) = 0
}
```

在 Properties 代码块中通过[Header(Textures)] 和[Header(Cutting)]指令将所有属

性划分成了两组,一组是 Albedo、Normal 等必须的纹理贴图属性,另一组是与切割效果相关的属性。

为了在使用的时候可以自由选择切割方向,使用关键词枚举[KeywordEnum(X,Y,Z)]开放出一个名称为_Direction 的选择列表。为了能够反转切割方向,使用[Toggle]开放出一个名称为_Invert 的开关。

2. 渲染状态及编译指令

```
SubShader
{
    Tags { "RenderType" = "TransparentCutout" "Queue" = "AlphaTest" }
    Cull Off

    CGPROGRAM
    #pragma surface surf StandardSpecular addshadow fullforwardshadows
    #pragma target 3.0

    #pragmamulti_compile _DIRECTION_X _DIRECTION_Y _DIRECTION_Z
}
```

由于本案例会用到透明测试功能,所以将渲染类型设置为 TransparentCutout,并将渲染队列设定为 AlphaTest。为了能够看到物体背面,还需要关闭多边形剔除功能。

在编译指令中,定义 Shader 的编写方式为表面着色器。为了使被切割部分的物体显示正常的投影,添加 addshadow 指令。为了使物体支持所有类型的灯光阴影,还需要添加 fullforwardshadows 指令。

在进行正反面判断的时候需要用到 VFACE 语义(接下来会详细讲解),这个语义要求编译目标的级别至少为 3.0,因此添加 target 3.0 指令。

接下来,使用 multi_compile 定义了三个切割方向的枚举关键词,分别为_DIRECTION_X、_DIRECTION_Y、_DIRECTION_Z。但是在这里并没有声明开关_Invert 的关键词,因为有更为方便的用法,下面会讲到。

3. 属性变量及结构体

```
float3 _Position;

struct Input
{
    float2 uv_Albedo;
    float3 worldPos;
    fixed face : VFACE;
};
```

在重新声明属性变量的时候,定义了一个与 ASE 中一样名称的_Position 变量,用于存放 C♯ 脚本传递来的切割平面坐标。

在 Input 结构体中,除了声明了世界空间顶点坐标 worldPos,还使用新语义 VFACE 声明了一个名称为 face 的变量,当渲染的物体为单面片模型(例如:树叶、布料等)的时候,会经常表现正反面不同的效果,这时候就会用到 VFACE 语义,下面着重讲解这个语义。

VFACE 语义保存着物体表面朝向的信息,在片段着色器的输入结构体中使用。当正面朝向摄像机的时候,VFACE 语义返回的正值;当背面朝向摄像机的时候则返回负值。这个功能特性只能当 shader model 为 3.0 及以上才可以使用,因此需要添加♯pragma target 3.0 指令。

4. 表面着色函数

```
void surf (Input i, inout SurfaceOutputStandardSpecular o)
{
    fixed4 col =  tex2D(_Albedo, i.uv_Albedo);
    o.Albedo =    i.face > 0 ? col.rgb : fixed3(0,0,0);

    //判断切割方向
    # if _DIRECTION_X
        col.a = step(_Position.x, i.worldPos.x);
    # elif _DIRECTION_Y
        col.a = step(_Position.y, i.worldPos.y);
    # else
    col.a = step(_Position.z, i.worldPos.z);
    # endif

    //判断是否反转切割方向
    col.a = _Invert? 1 - col.a : col.a;

    clip(col.a - 0.001);

    fixed4 reflection = tex2D(_Reflection, i.uv_Albedo);
    o.Specular = i.face > 0 ? reflection.rgb : fixed3(0,0,0);
    o.Smoothness = i.face > 0 ? reflection.a : 0;

    o.Normal = UnpackNormal(tex2D(_Normal, i.uv_Albedo));

    o.Occlusion = tex2D(_Occlusion, i.uv_Albedo);
}
```

在表面函数中,先对 Albedo 纹理进行采样,并将采样结果存储到 col。然后通过 i.face > 0? col.rgb:fixed3(0,0,0)语句进行判断。先来讲解这个判断语法,问号前的部分表示判断条件,然后通过冒号将两个判断结果间隔开来。当条件为 true 的时候,返回冒号前的结果;当条件为 false 的时候,返回冒号后的结果。当 i.face 大于 0,也就是物体正面朝向摄像机,则将 col 输出到表面结构体的 Albedo 中;反之,也就是物体背面朝向摄像机,则将黑色(0,0,0)输出到 Albedo 中。

接下来,判断物体的切割方向。当切割方向为_DIRECTION_X,将_Position 的 x 分量与 worldPos 的 x 分量进行比较;当切割方向为_DIRECTION_Y,将_Position 的 y 分量与 worldPos 的 y 分量进行比较;否则,将_Position 的 z 分量与 worldPos 的 z 分量进行比较。

至于坐标比较的方法,使用的是 step( ) 函数。当切割面达到该顶点的时候,_Position 大于 worldPos,于是输出的数值为 0;反之则输出数值为 1。最后将比较之后的数值保存在 col.a 中。

判断完切割方向之后,通过_Invert?1 - col.a : col.a 进行反转切割方向相关的计算,使用语法与刚才判断正反面一样。由于开关_Invert 属于 Bool 型变量,当开启反转开关,_Invert 的值为 true,于是返回的判断结果为 1-col.a,使 0 变为 1,1 变为 0;当关闭反转开关,_Invert 的值为 false,于是返回原始结果。

判断完之后的数值在 clip( )函数中减去 0.001,从而使需要物体隐藏部位的数值小于 0,最终被剔除。

后面使用 Albedo 的纹理坐标对_Reflection 纹理进行采样,其中采样结果的 rbg 分量为 Specular 信息,a 分量为 Smoothness 信息。使用与 Albedo 一样的判断方法进行正反面判断,然后将反面的 Specular 和 Smoothness 都设置为 0。Normal 和 Occlusion 则不需要进行正反面判断。

5. 完整 Shader 代码

为了方便读者整体查看和研究,下面将完整的 Shader 代码展示出来:

```
Shader "Samples/Object Cutting"
{
    Properties
    {
        [Header(Textures)] [Space(10)]
        [NoScaleOffset] _Albedo ("Albedo", 2D) = "white" {}
        [NoScaleOffset] _Reflection ("Specular_Smoothness", 2D) = "black" {}
        [NoScaleOffset] _Normal ("Normal", 2D) = "bump" {}
        [NoScaleOffset] _Occlusion ("Ambient Occlusion", 2D) = "white" {}

        [Header(Cutting)] [Space(10)]
        [KeywordEnum(X, Y, Z)] _Direction ("Cutting Direction", Float) = 1
        [Toggle] _Invert ("Invert Direction", Float) = 0
    }
    SubShader
    {
        Tags { "RenderType" = "TransparentCutout" "Queue" = "AlphaTest" }
        Cull Off

        CGPROGRAM
        #pragma surface surf StandardSpecular addshadow fullforwardshadows
        #pragma target 3.0

        #pragma multi_compile _DIRECTION_X _DIRECTION_Y _DIRECTION_Z
```

```
sampler2D _Albedo;
sampler2D _Reflection;
sampler2D _Normal;
sampler2D _Occlusion;

float3 _Position;
fixed _Invert;

struct Input
{
    float2 uv_Albedo;
    float3 worldPos;
    fixed face : VFACE;
};

void surf (Input i, inout SurfaceOutputStandardSpecular o)
{
    fixed4 col = tex2D(_Albedo, i.uv_Albedo);
    o.Albedo =   i.face > 0 ? col.rgb : fixed3(0,0,0);

    //判断切割方向
    #if _DIRECTION_X
        col.a = step(_Position.x, i.worldPos.x);
    #elif _DIRECTION_Y
        col.a = step(_Position.y, i.worldPos.y);
    #else
    col.a = step(_Position.z, i.worldPos.z);
    #endif

    //判断是否反转切割方向
    col.a = _Invert? 1 - col.a : col.a;

    clip(col.a - 0.001);

    fixed4 reflection = tex2D(_Reflection, i.uv_Albedo);
    o.Specular = i.face > 0 ? reflection.rgb : fixed3(0,0,0);
    o.Smoothness = i.face > 0 ? reflection.a : 0;

    o.Normal = UnpackNormal(tex2D(_Normal, i.uv_Albedo));

    o.Occlusion = tex2D(_Occlusion, i.uv_Albedo);
}
ENDCG
    }
}
```

因为本小节在编写 Shader 代码的时候,已经将接收切割平面坐标的变量定义为与 13.6.2 节中一样的名称,因此 13.6.3 节编写的 C♯ 脚本同样也适用于本 Shader。

第14章

进 阶 案 例

在第 13 章中讲解的都是一些比较初级的 Shader 效果,本章内容将逐步提高 Shader 的复杂程度和难度,并且在讲解过程中会逐渐减少对于基础知识的重复讲解,缩短非必要的篇幅。

14.1　消融效果

在游戏中经常会看到这样的现象:死亡的怪物通常不是瞬间消失,而是先从身体的某一部位开始,逐渐蔓延至全身,最后完全消失,有点类似于烧成灰烬的感觉,这种效果叫作消融(Dissolve),本案例就来讲解这样的效果。

14.1.1　实现逻辑

消融效果主要利用了 Shader 中的 clip() 函数,也就是透明测试功能,它在 ASE 中叫作"Opacity Mask",本书在 13.6 节——物体切割效果就是基于这个函数实现的。关于透明测试的使用方式,本书在 7.4 节——透明测试效果中已经做了详细讲解,遗忘了的读者请自行复习。

消融的动态效果是基于一张 Noise(噪点)纹理进行计算的,Noise 纹理的灰度值区间为 $[0,1]$。开始先将灰度图加上一个数值 $v=1$,使纹理上灰度值的区间变为 $[1,2]$,然后逐渐减小 v 值,当 $v=-1$ 的时候纹理上灰度值的区间就会变为 $[-1,0]$。把纹理变化的过程传给 clip() 函数就可以实现模型逐渐消融的效果了,并且在使用的时候还可以通过 v 值控制消融的程度,数值 v 的范围就是 $[-1,1]$。

14.1.2 资源准备

消融的动态效果需要基于一张 Noise 纹理进行计算,下面按照如下步骤制作一张这样的 Noise 纹理:

(1)在 Photoshop 中创建一个 512×512 的灰度图。

(2)依次点击菜单滤镜→渲染→云彩,为当前图层生成 Noise 纹理。

(3)依次点击菜单图像→自动色调,使图像中最暗的像素灰度值达到 0、最亮的像素灰度值达到 255。

(4)导出资源到 Unity 项目。

最终的 Noise 纹理如图 14-1 所示。

除此之外,为了增加视觉效果,还需要在消融的同时为边缘附加燃烧效果,因此还需要准备一个燃烧的渐变纹理。本纹理还是在 Photoshop 中制作,选择渐变工具,渐变的颜色设置如图 14-2 所示,参照火焰效果从外焰到焰心设置渐变色。

(1)最左侧是最亮的白色外焰。

(2)稍微靠右一点的是黄色的内焰。

(3)中间位置是红色的焰心。

(4)最右侧是还没有燃烧到的黑色区域。

图 14-1 Noise 纹理贴图

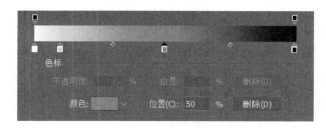

图 14-2 Photoshop 中的渐变设置

需要注意的一点是,渐变纹理导入 Unity 之后,需要将纹理的 Wrap Mode(包裹模式)设置为"Clamp",设置面板如图 14-3 所示。

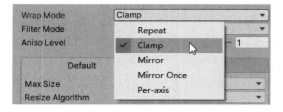

图 14-3 纹理贴图的包裹模式设置面板

Wrap Mode 的默认选项为 Repeat，它与 Clamp 的效果对比如图 14-4 所示。

（1）Repeat：当纹理坐标大于等于 1 的时候，纹理会从 0 坐标位置重新采样，例如坐标 $(1.2,1.6)$ 会与 $(0.2,0.6)$ 采样到同一个像素，重复贴图会使用这个选项。

（2）Clamp：当纹理坐标大于 1 的时候，纹理会维持 1 坐标位置的采样，例如坐标 $(1.2,1.6)$ 会与 $(1,1)$ 采样到同一个像素，为了消除 Cubemap 的接缝纹理，一般会使用这个选项。

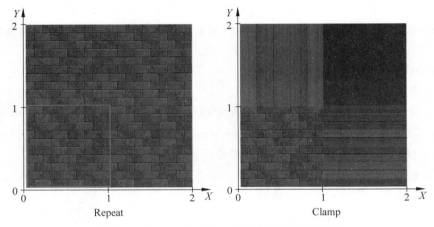

图 14-4　Repeat 和 Clamp 包裹模式的对比效果

本案例为了避免 x 坐标为 1 的时候采样到渐变纹理最左侧的白色像素，因此将 Wrap Mode 设置成 Clamp。

14.1.3　使用 ASE 实现效果

准备好所需要的纹理资源之后，下面开始使用 ASE 梳理消融效果的实现逻辑。首先创建出一个 ASE Shader 文件，并将其命名为 Dissolve_ASE。然后双击文件进入 ASE 编辑器进行 Shader 设置。

为了在使用的时候方便查找，将 Shader 的路径及名称设置为 Samples/Dissolve_ASE。本次案例使用 Surface Shader，光照模型为 Specular，并将 Blend Mode 设置为"Masked"，从而开启 Output 节点的 Opacity Mask 功能。除此之外其他设置保持不变。设置完 Shader 之后，下面开始最重要的连接节点工作。

1. Clip Mask

因为整个消融效果都是基于 clip 进行的，因此需要首先连接出 Clip Mask，节点连接如图 14-5 所示。首先添加一个纹理节点，并将名称设置为"Dissolve Noise"，下面的节点都是基于这张纹理进行 Clip 计算的。

本案例还需要一个数值（逻辑讲解中的数值 v）控制物体的消融程度，当数值为 0 的时候模型完全显示，增大到 1 的时候模型彻底消融。于是添加一个数值节点，并将名称设置为"Dissolve"，范围设置为 $[0,1]$，然后连接到"Scale And Offset"节点，将 Scale 和 Offset 分别

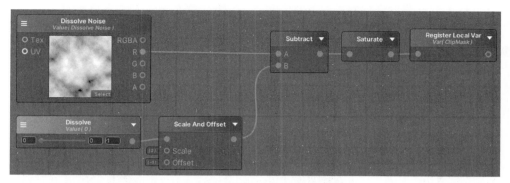

图 14-5　透明测试部分节点连接

设置为 2 和－1，从而将数值范围映射成[－1,1]。

　　Noise 纹理节点与映射范围之后的结果进行相减就可以通过 Dissolve 控制纹理的数值
了。当 Dissolve 为 0，纹理上的数值大于 1；当 Dissolve
增加到 1，纹理上的数值小于 0。

　　为了将纹理的数值区间限制在[0,1]，相减的结果
再连接到 Saturate 节点，然后使用"Register"节点将结
果保存为"ClipMask"，方便后续再次调用，最后使用
Get 节点获取到这个变量连到 Output 节点 Opacity
Mask 上，消融效果的节点大致上已经连接完成。

　　在继续编辑燃烧效果之前，先来测试一下到目前
为止的效果。为了使效果更加直观，需要将 Albedo、
Specular 等 PBS 需要用到的贴图属性都开放出来，然
后使用玩具兔子模型查看效果。调节材质的 Dissolve
属性，效果如图 14-6 所示。从图中可以看出，兔子模型
已经从某一部位开始逐渐消融了。

图 14-6　物体的消融效果

2．消融边缘的燃烧效果

　　到目前为止已经实现了基本的消融效果，为了使效果更加酷炫，现在为消融的边缘再加
上燃烧的效果，节点连接如图 14-7 所示。

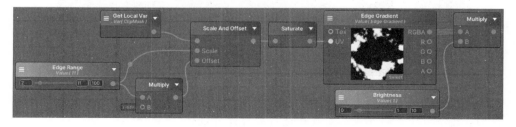

图 14-7　边缘燃烧部分节点连接

使用 Get 节点获取到保存的"ClipMask"变量,下面将基于这个变量开始计算。

首先使用"Scale And Offset"节点对 ClipMask 的数值范围重新进行映射,使白色区域和黑色区域增大、中间灰度的区域缩小,计算公式如下:

$$Output = Input \times Scale - 0.5 \times Scale$$

读者需要针对不同的 Noise 纹理资源设定适合的 Scale 值,因此本案例开放出一个名称为"Edge Range"的数值变量进行控制。调整数值之后的效果如图 14-8 所示。

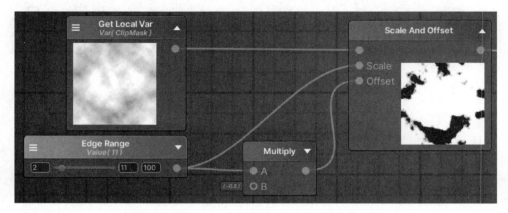

图 14-8　将 Noise 纹理的数值区间重新进行映射

重新映射范围之后,数值的范围肯定会超出[0,1],因此使用 Saturate 节点重新对范围进行限制,然后使用限制范围后的结果对渐变纹理进行采样,采样逻辑如图 14-9 所示。黑色区域为消融的部分,会采样到渐变纹理最左侧的白色;白色区域为正常显示的部分,会采样到渐变纹理最右侧的黑色;而居于黑色和白色之间的区域会以线性的方式对渐变纹理进行采样,呈现出黄色到红色的渐变颜色。

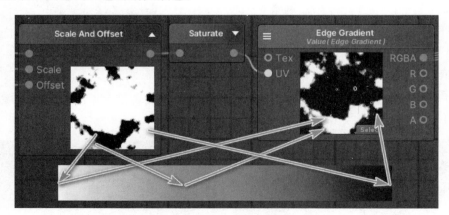

图 14-9　Noise 纹理与渐变纹理的映射关系

注意:之所以使用一维坐标对纹理进行采样没有报错,是因为 ASE 的容错机制会先自动将一维坐标转变为分量相等的二维纹理,然后再进行采样。

为了控制燃烧的亮度,将采样后的结果与名称为"Brightness"数值变量相乘,然后将相乘之后的结果连到 Output 节点的 Emission 上。

到此为止,消融效果的所有节点已经全部连接完,现在再查看场景中的玩具兔子,效果如图 14-10 所示。从图中可以看出,消融的边缘已经呈现出燃烧的效果了。

图 14-10　物体消融的最终渲染效果

3. ASE 完整节点

为了方便大家阅读和学习,下面把完整的节点连接展示出来,完整连接如图 14-11 所示。

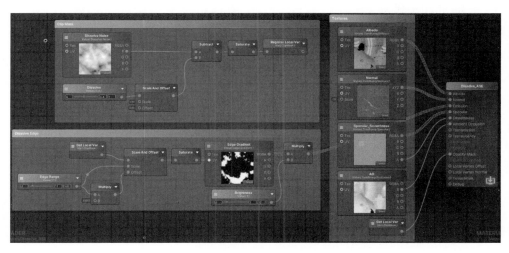

图 14-11　消融效果的完整节点连接

14.1.4　使用扩展

讲解完 ASE 之后再补充一点额外知识,如果想要更加炫酷的视觉效果,可以添加 Bloom 后期处理特效。本书关于后期处理的使用方法已经在 10.4 节——后期处理堆栈中讲解过,忘记了的读者一定要去复习。

添加了 Bloom 后期处理之后,适当调节对应的参数,最终效果如图 14-12 所示。与之前的效果进行对比,能明显地看出燃烧的部位发出了更加耀眼的光芒。

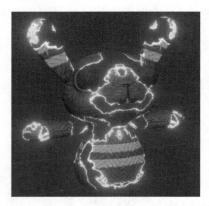

图 14-12　开启 Bloom 后期处理之后的消融效果

14.1.5　编写 Shader

在 14.1.3 节中已经通过 ASE 将消融效果进行了重现,想必读者也已经理解了消融效果的详细实现逻辑,下面将直接进入完整 Shader 代码的讲解。

1. 完整 Shader 代码

```
Shader "Samples/Dissolve"
{
    Properties
    {
        // -------------------- PBS Textures --------------------
        [Header(PBS Textures)]
        [Space(10)]
        [NoScaleOffset]_Albedo("Albedo", 2D) = "white" {}
        [NoScaleOffset]_Specular("Specular_Smoothness", 2D) = "black" {}
        [NoScaleOffset]_Normal("Normal", 2D) = "bump" {}
        [NoScaleOffset]_AO("AO", 2D) = "white" {}

        // -------------------- Dissolve Properties --------------------
        [Header(Dissolve Properties)]
        [Space(10)]
        _Noise("Dissolve Noise", 2D) = "white" {}
        _Dissolve("Dissolve", Range(0, 1)) = 0
        [NoScaleOffset]_Gradient("Edge Gradient", 2D) = "black" {}
        _Range("Edge Range", Range(2, 100)) = 6
        _Brightness("Brightness", Range(0, 10)) = 1
    }
```

```
SubShader
{
    Tags
    {
        "RenderType" = "TransparentCutout" "Queue" = "AlphaTest"
    }

    CGPROGRAM
    #pragma surface surf StandardSpecular  addshadow fullforwardshadows

    struct Input
    {
        float2 uv_Albedo;
        float2 uv_Noise;
    };

    sampler2D _Albedo;
    sampler2D _Specular;
    sampler2D _Normal;
    sampler2D _AO;

    sampler2D _Noise;
    fixed _Dissolve;
    sampler2D _Gradient;
    float _Range;
    float _Brightness;

    void surf (Input IN, inout SurfaceOutputStandardSpecular o)
    {
        // Clip Mask
        fixed noise = tex2D(_Noise, IN.uv_Noise).r;
        fixed dissolve = _Dissolve * 2 - 1;
        fixed mask = saturate(noise - dissolve);
        clip(mask - 0.5);

        // Burn Effect
        fixed texcoord = saturate(mask * _Range - 0.5 * _Range);
        o.Emission = tex2D(_Gradient, fixed2(texcoord, 0.5)) * _Brightness;

        fixed4 c = tex2D (_Albedo, IN.uv_Albedo);
        o.Albedo = c.rgb;

        fixed4 specular = tex2D(_Specular, IN.uv_Albedo);
        o.Specular = specular.rgb;
        o.Smoothness = specular.a;

        o.Normal = UnpackNormal(tex2D(_Normal, IN.uv_Albedo));
```

```
                o.Occlusion = tex2D(_AO, IN.uv_Albedo);
            }
        ENDCG
    }
}
```

2. Shader 代码讲解

在 Properties 代码块中开放的属性与 ASE 一致,然后再添加[Header()]指令对不同类别属性进行划分。其中"PBS Textures"部分包含模型正常显示所需要的贴图属性,例如:Albedo、Specular、Normal 等;"Dissolve Properties"部分包含消融效果所需要设置的属性,例如:Noise 纹理、消融程度、边缘燃烧的渐变纹理等。

由于消融效果需要用到透明测试功能,因此在 SubShader 标签中将渲染类型设置为 TransparentCutout,并将渲染队列设置为 AlphaTest。

在编译指令中,声明使用 Surface Shader 进行编写,光照模型为 StandardSpecular。为了使未通过透明测试的部位产生正确的投影,需要添加 addshadow 指令,为了使物体能够支持所有类型灯光的阴影,还需要添加 fullforwardshadows 指令。

```
// Clip Mask
fixed noise = tex2D(_Noise, IN.uv_Noise).r;
fixed dissolve = _Dissolve * 2 - 1;
fixed mask = saturate(noise - dissolve);
clip(mask - 0.5);
```

在表面着色器中,首先对 Noise 纹理进行采样得到 noise,然后对消融程度_Dissolve 属性的范围重新进行映射得到 dissolve 变量。使用 noise 减去 dissolve,然后再通过 saturate()函数对其进行范围限制,就可以得到用于 clip 计算的 mask。由于 ASE 中默认会将透明测试的阈值设置为 0.5 而不是 0,也就是说只有数值大于 0.5 的像素才会通过测试,因此需要在clip()运算中减掉 0.5。

```
// Burn Effect
fixed texcoord = saturate(mask * _Range - 0.5 * _Range);
o.Emission = tex2D(_Gradient, fixed2(texcoord, 0.5)) * _Brightness;
```

燃烧效果的计算也比较简单,使用燃烧边缘_Range 对 mask 的数值范围重新进行映射,然后通过 saturate()函数对其进行范围限制,即可得到纹理采样坐标 texcoord。由于渐变纹理的垂直方向都是一样的颜色,采样的时候无论纹理坐标的 Y 值为多少都是一样的结果,因此给 texcoord 补充任意一个数值(例如 0.5),把它变成二维坐标之后再对渐变纹理_Gradient 进行采样。采样结果乘上燃烧的亮度_Brightness,最终指定给输出结构体的 Emission。

模型未消融部分的 Shader 代码与本书 13.2 节——描边效果案例类似,这里就不再赘述了。

14.2 动态液体效果

记得之前参与一个"化学实验 3D 演示"项目的时候接到这样一个需求：桌面上放有玻璃仪器，仪器中装有液态试剂，运行过程中仪器中的试剂会倒入其他的仪器中，要求真实地模拟出倾倒液态试剂的动态效果。

上述所描述的效果被称作液态 Shader，游戏中也经常用到类似的效果，例如：炼金术士在炼药的时候倾倒各种药水的效果。在本节的案例讲解就来实现这样的液体 Shader。

14.2.1 实现逻辑

如图 14-13 所示，首先需要设定一个固定不变的坐标位置作为参照点，要求无论模型如何移动和旋转，这个点的相对位置都不会发生改变，因此将物体中心点在模型空间中的坐标设定为参照点。

接下来使用 clip() 函数将 Y 方向上大于参照点的部分剔除，用剩下的部分来模拟水平液面效果。由于需要确保无论如何旋转模型，液面始终保持水平状态，因此关于裁切部分的计算需要在世界空间中进行。

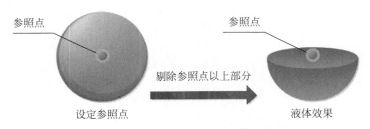

图 14-13 通过裁切实现液体效果

下面再做个假设：假设选取的参照点不是物体的中心点，而是其他坐标位置（例如：物体靠下的位置），结果会怎样？效果如图 14-14 所示，当把参照点设定在物体靠下的位置时，裁切之后的液体效果只剩下一小部分。但是当把物体旋转（图中旋转了 180°）之后，物体的参照点会移动到上方，于是裁切之后的液体效果会剩下很大一部分。

从图中的对比中可以很明显地看到旋转物体前后液体效果的变化，然而这并不是本案例所期望的结果，因此一定要选取模型的中心点作为参照点。

14.2.2 模型准备

在编写 Shader 之前还需要准备一个药水瓶的模型。这个药水瓶的模型有一点特殊，如图 14-15 所示，药水瓶除了正常的瓶盖和玻璃瓶两部分之外，还需要一个模型专门用来表现液体效果。在制作液体模型的时候可以复制出一个玻璃瓶模型，然后稍微缩小，放在玻璃瓶内作为液体模型。

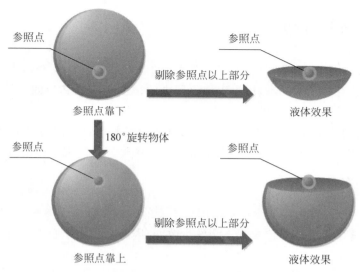

图 14-14   参照点不在物体中心点会导致的效果

图 14-15   玻璃瓶的模型效果

　　液体模型需要做以下两点特殊设置：

　　（1）由于液面以上的模型部分会被 clip() 函数剔除，为了避免俯视的时候背面剔除导致穿帮，需要将液体模型的面法线反转，也就是朝向瓶子内部，这样子无论从什么角度都可以看到完整的液体。

　　（2）为了保证在旋转的过程中液体模型中心点的相对位置保持不变，需要将模型的中心点居中。

　　将瓶盖、玻璃瓶、液体这三部分模型分别指定 3 个不同的材质，然后整体导入到 Unity项目中等待使用。

14.2.3   使用 ASE 实现效果

　　准备好资源之后，接下来就使用 ASE 编辑 Shader。首先创建一个 ASE Shader 文件，并将文件命名为"Dynamic Liquid_ASE",然后双击文件进入 ASE 进行 Sahader 设置。

1. Shader 设置

将 Shader 的 路 径 及 名 称 定 义 为 " Samples/ Dynamic Liquid _ ASE",然后将光照模型设置为 "Standard Specular"。

关于 Blending 部分的设置如图 14-16 所示。首先 将 Blend Mode 设置为"Custom",这样就可以自行设 定这一部分的所有选项了。接下来,将渲染类型和渲 染队列都设置为"Transparent",然后将透明度测试的 数值设定为非常接近于零的数值(例如:0.01),至于 原因,在接下来用到的时候再进行讲解。最后将 RGB

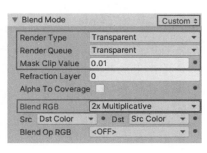

图 14-16　Shader 的混合模式设置面板

的混合指令设置为 2x Multiplicative,也就是 Blend DstColor SrcColor 混合指令,这种混合 模式可以使液体的半透效果更加通透,然后在 Depth 中将深度写入关闭。

2. 液体的水平面

如图 14-17 所示,根据 14.2.1 节——实现逻辑中讲解的思路,需要将物体中心点的坐 标位置变换到世界空间中进行计算。物体中心点的位置其实就是模型空间的原点坐标(0, 0,0),由于变换矩阵为齐次坐标,因此需要在原点坐标的最后面补上 w 分量 1。将坐标输入 到"Object To World"节点里就可以将其变换到世界空间中了。

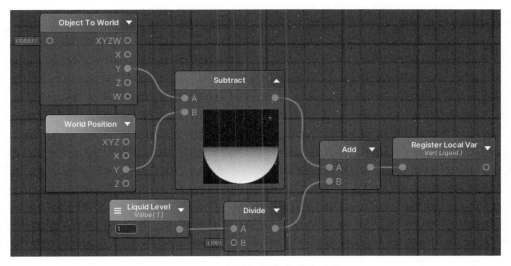

图 14-17　水平面部分的节点连接

在 Unity 中,顶点所处的位置越高,y 坐标的数值越大,相反,顶点所处的位置越低,y 坐标的数值小。将原点坐标的 y 分量与顶点坐标的 y 分量在世界空间中相减,便可以得到 以下结果:以中心点所在平面为分界线,上半部分数值全部小于零,并且越往上数值越小;

下半部分数值全部大于零,并且越往下数值越大。从"Subtract"节点的预览图中可以很清楚地看到结果,这就是水平液面的效果。

为了实现对于水平面高度的控制,添加一个名称为"Liquid Level"的数值节点。在Unity中,1个单位就是1米,而药水瓶模型基本上都是十几厘米左右,这就会导致即使输入很小的数值都会使液体变满,因此本案例将Liquid Level除以100以缩小数值的范围,然后与液体的水平液面效果相加,用来控制水平面的高度。最后使用"Register"节点将相加之后的结果存储为"Liquid",方便后续获取。

3. 液体的波纹效果

为了丰富Shader的视觉效果,下面为液体添加波纹效果,节点连接如图14-18所示。

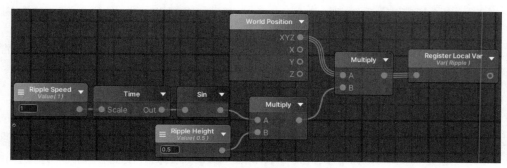

图14-18　波纹部分的节点连接

添加一个名称为"Ripple Speed"的数值节点,连接到"Time"节点的Scale上用于控制时间的递增速度,然后再输出给Sin节点得到如图14-19所示连续变化的数值,从图中可以看出,随时间的推移,Sin的输出结果在[−1,1]之间连续循环。

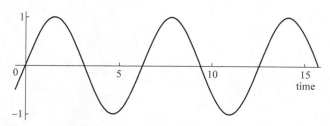

图14-19　正弦函数曲线

将Sin的结果乘上一个名称为"Ripple Height"的数值节点用于控制峰值的高低,然后与世界空间顶点坐标相乘,使顶点坐标的每个分量在正负值之间来回切换。如果读者想象不出算法所呈现的效果时,ASE的节点预览功能就发挥出了不可替代的作用。

现在打开"Multiply"节点的预览图,为了区分开每个分量以方便单独查看效果,下面临时使用三个"Component Mask"节点将X、Y、Z分量分别提取出来,预览效果如图14-20所示。从预览图中可以看出,随着时间变化,坐标的X分量在左右之间来回切换;Y分量在上下之间来回切换;Z分量在前后之间来回切换。

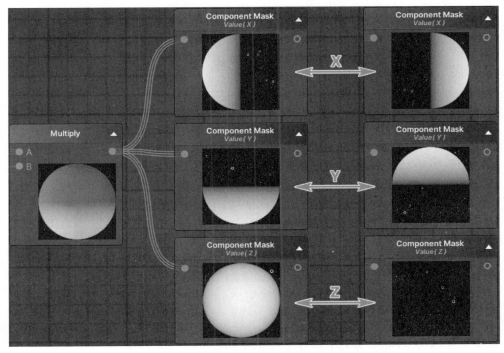

图 14-20　不同方向上的波纹预览效果

最后使用"Register"节点将相乘之后的结果存储为"Ripple",方便后续获取。

4. 效果整合

如图 14-21 所示,使用 Get 节点分别获取到液面效果 Liquid 变量和波纹效果 Ripple 变量,然后将两个变量相加在一起就可以得到持续波动的波纹效果。

为了区分开不同方向的波纹效果,使用两个"Component Mask"节点将不同分量分别提取出来,其中 Y 分量用不到,因此不再关注它。X、Z 分量的预览效果如图 14-22 所示,从

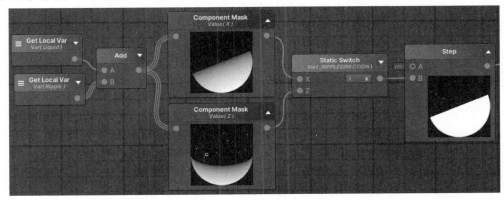

图 14-21　液面部分与波纹部分进行效果整合

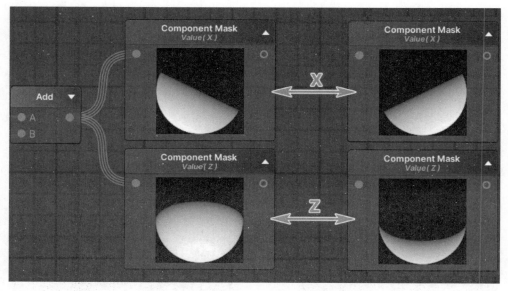

图 14-22　整合之后不同方向的液体预览效果

预览图中可以看出，随着时间变化，坐标的 X 分量在左右之间来回晃荡；坐标的 Z 分量在前后之间来回晃荡，这就是液体加上波纹之后的效果了。

但是现在并不能确定在使用的时候会用到哪个方向的波纹效果，因此使用 Static Switch 节点开放出一个下拉列表，方便使用的时候根据需要自行选择波纹方向。关于节点的设置如图 14-23 所示，将节点的类型设置为"Keyword Enum"，名称设置为"Ripple Direction"，然后将枚举关键词分别设置为 X 和 Y。

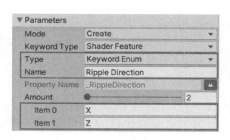

图 14-23　关键词枚举设置面板

到目前为止，波纹效果的数值范围依然是 $[-\infty, +\infty]$，在调用 clip() 函数之前需要对数值进行处理，因此将选择之后的结果连接到 Step 节点的 B 接口，并将 A 接口的数值设置为 0。当 B≥A 时，输出结果为 1；当 B＜A 时，输出结果为 0。最后，有液体的部位数值为 1；没有液体的部位数值为 0。

将计算之后的结果连接到 Output 节点的"Opacity Mask"接口，由于在一开始设置 Blend Mode 的时候就已经将透明度测试的数值设置成了 0.01，所以没有液体的部位经过计算之后数值小于零，会被裁切掉，而有液体的部位才会保留下来。

5. 完整节点连接图

为了对液体的渲染效果进行控制，还需要开放一个名称为"Color"的颜色节点用于调节液体的颜色，然后再开放一个名称为"Specular"的颜色节点，其中 rgb 分量用于控制 Specular，a 分量用于控制 Smoothness。

最后,为了方便读者查看和学习,下面把完整的节点连接图也展示出来,如图 14-24 所示。

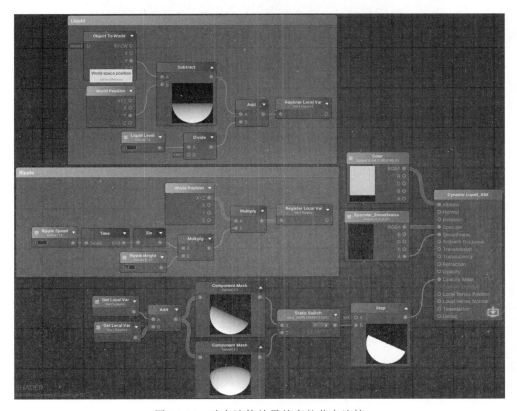

图 14-24　动态液体效果的完整节点连接

14.2.4　测试 Shader

编辑完 ASE Shader 之后,接下来就按照如下步骤测试 Shader 的效果。

(1) 将 14.2.2 节准备好的瓶子模型添加到场景中。

(2) 将玻璃瓶、瓶盖、液体这三部分模型分别赋予 3 个不同的材质,其中玻璃瓶和瓶盖使用 Unity 内置的 Shader,而液体使用刚编辑完的 ASE Shader。

(3) 将玻璃瓶的材质调节成透明玻璃效果,瓶盖的材质调节成橡胶效果。

(4) 将液体材质调节颜色、液面高度、波纹高度等属性。

最终效果如图 14-25 所示,开启 Animated Materials 选项之后,液体会不断产生动态的波纹效果,并且无论如何旋转药水瓶,液面始终保持水平状态。

14.2.5　编写 Shader

在 14.2.3 节通过 ASE 实现了液体效果,接下来将进入完整 Shader 代码的讲解。

图 14-25　动态液体的最终渲染效果

1. 完整 Shader 代码

```
Shader "Samples/Dynamic Liquid"
{
    Properties
    {
        _Color("Color", Color) = (1, 0, 0, 1)
        _Specular("Specular_Smoothness", Color) = (0, 0, 0, 0)
        _Level("Liquid Level", float) = 0

        //定义关键词枚举的名称
        [KeywordEnum(X,Z)] _Direction("Ripple Direction", float) = 0

        _Speed("Ripple Speed", float) = 1
        _Height("Ripple Height", float) = 1
    }
    SubShader
    {
        Tags{"RenderType" = "Transparent" "Queue" = "Transparent"}
        Blend DstColor SrcColor
        ZWrite Off

        CGPROGRAM
        #pragma surface surf StandardSpecular noshadow

        //定义关键词
        #pragma shader_feature _DIRECTION_X _DIRECTION_Z

        struct Input
        {
            float3 worldPos;
        };

        fixed4 _Color;
```

```
            fixed4 _Specular;
            half _Level;

            half _Speed;
            half _Height;

            void surf (Input IN, inout SurfaceOutputStandardSpecular o)
            {
                //液面效果
                float3 pivot = mul(unity_ObjectToWorld, float4(0, 0, 0, 1));
                float liquid = pivot.y - IN.worldPos.y + _Level * 0.01;

                //波纹效果
                float3 ripple = sin(_Time.y * _Speed) * _Height * IN.worldPos;

                //根据波纹的不同方向进行判断
                #if _DIRECTION_X
                liquid += ripple.x;
                #else
                liquid += ripple.z;
                #endif

                //像素剔除
                liquid = step(0, liquid);
                clip(liquid - 0.001);

                o.Albedo = _Color.rgb;
                o.Specular = _Specular.rgb;
                o.Smoothness = _Specular.a;
            }
        ENDCG
    }
}
```

2. Shader 代码讲解

```
Properties
{
    _Color("Color", Color) = (1, 0, 0, 1)
    _Specular("Specular_Smoothness", Color) = (0, 0, 0, 0)
    _Level("Liquid Level", float) = 0

    //定义关键词枚举的名称
    [KeywordEnum(X,Z)] _Direction("Ripple Direction", float) = 0

    _Speed("Ripple Speed", float) = 1
    _Height("Ripple Height", float) = 1
}
```

Properties 代码块开放了_Color 属性用于调节液体的颜色、_Specular 属性用于调节液体的反射和光泽度、_Level 属性用于调节水平面的高度。

为了方便在使用的时候随意选择波纹的波动方向,使用关键词枚举开放出一个下拉列表进行选择,枚举名称定义为_Direction,关键词为 X 和 Z。最后又开放出_Speed 属性用于调节波纹的波动速度,_Height 属性用于调节波纹的波动高度。

由于液体属于半透效果,因此需要在 SubShader 的标签中将渲染类型和渲染队列全部设置为"Transparent"。

在编辑指令中,声明使用表面着色器,光照模型使用 StandardSpecular。由于液体效果不需要被其他物体投上阴影,因此添加上 noshadow 指令,最后使用 shader_feature 定义枚举的关键词为_DIRECTION_X 和_DIRECTION_Z。

```
float3 pivot = mul(unity_ObjectToWorld, float4(0, 0, 0, 1));
float liquid = pivot.y - IN.worldPos.y + _Level * 0.01;
```

在表面着色器中,使用 unity_ObjectToWorld 矩阵将模型的中心点(0,0,0,1)变换到世界空间中得到变量 pivot,然后使用 pivot 的 y 分量减去世界空间顶点坐标的 y 分量得到液面效果,最后加上缩小了 100 倍的液面高度_Level 属性控制液面的高度。

```
float3 ripple = sin(_Time.y * _Speed) * _Height * IN.worldPos;
```

将_Time.y 乘上属性_Speed 用于控制时间的递增速度,然后调用 sin() 函数产生范围在[−1,1]的连续数值,最后与_Height 属性和世界空间顶点坐标相乘,用于控制波纹的波动高度。

```
//根据波纹的不同方向进行判断
#if _DIRECTION_X
liquid += ripple.x;
#else
liquid += ripple.z;
#endif

//像素剔除
liquid = step(0, liquid);
clip(liquid - 0.001);
```

根据波纹的波动方向进行判断,当选择为_DIRECTION_X 时,将波纹效果的 x 分量与液体相加;当选择为_DIRECTION_Z 时,将波纹效果的 Z 分量与液体相加。判断之后的结果通过 step() 函数得到非 0 即 1 的数值,然后调用 clip() 函数进行裁切,函数中进行相减的数值与 ASE 中保持一致,使用 0.01。

最后,将_Color 属性指定给表面结构体的 Albedo,_Specular 属性的 rgb 分量指定给表面结构体的 Specular,_Specular 属性的 a 分量指定给表面结构体的 Smoothness。

14.3 Billboard 效果

在引擎中使用粒子系统(Particle)的时候,无论从什么角度查看粒子效果,每一个粒子始终都是朝向摄像机的,这种效果被称为 Billboard(广告牌)。不单单只有粒子系统,Billboard 效果在很多地方都有应用,例如模拟灯光光晕的面片会让它始终朝向摄像机;再例如场景中作为远处背景的树,会使用面片加透明贴图的方式从而节省资源,因此也需要它始终朝向摄像机。

Billboard 效果有两种类型:

第一种,能够在水平和垂直方向旋转,角度完全朝向摄像机的,这种类型为 Spherical(球体),字面意思就是旋转范围为球体,粒子大多是这种类型。

第二种,只在水平方向旋转,垂直方向固定的,这种类型为 Cylindrical(圆柱体),字面意思就是旋转范围为圆柱体,上面所说的很远距离的树就是使用的这种类型。

14.3.1 实现逻辑

Billboard 效果有两种实现方式:

(1)脚本控制:通过脚本控制面片的旋转,使面片的旋转角度与摄像机一致,从而使面片始终面向摄像机。

(2)Shader 效果:在顶点着色器中修改顶点的坐标位置,使顶点朝着摄像机的旋转角度偏移,从而使面片整体朝向摄像机。

本书的定位是 Shader 效果讲解书籍,因此本案例选择的是第二种实现方法。那么如何确定顶点修改之后的坐标位置呢?那就需要重新计算面片旋转之后的坐标系了。

假设面片初始状态是竖直放置并且朝向摄像机的,Unity 中的内置的 Quad 就刚好符合要求。如图 14-26 所示,通过摄像机的位置与面片的位置可以得到面片朝向摄像机的方向向量,或者称它为前方向量。接下来用到叉乘的几何意义:两个向量叉积所得到的向量垂直于这两个向量所在的平面。使用前方向量与一个临时的上方向量叉乘就可以得到右方向

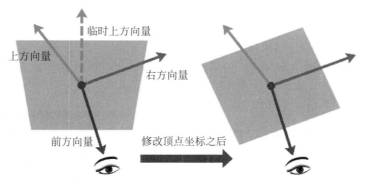

图 14-26　Billboard 动态计算面片的坐标系

量,这个临时的上方向量就是面片原本的上方向量(0,1,0)。然后将右方向量再与前方向量叉乘就可以得到最终的上方向量。最后将顶点在新的坐标系上重新移动位置就可以使面片整体朝向摄像机了。

14.3.2　使用 ASE 实现雪花效果

了解了大致的实现逻辑,接下来就使用 ASE 编辑 Billboard Shader,实现半透效果的雪花特效。首先创建一个 ASE Shader 文件,并将文件命名为"Billboard_ASE",然后双击文件进入 ASE 进行 Shader 设置。

1. Shader 设置

如图 14-27 所示,将 Shader 的路径及名称定义为"Samples/Billboard_ASE"。由于 Billboard 不需要进行光照计算,因此将 Shader Type 设置为"Legacy/Unit",也就是顶点-片段着色器。这里有一个非常重要的设置就是"Vertex Position",它有两个选项:

（1）Relative(相对位置)。

（2）Absolute(绝对位置)。

由于本案例是通过修改顶点的位置来控制面片的朝向,顶点的坐标是准确的,因此要将该选项设置为 Absolute。

透明 Shader 需要在 Depth 栏中关闭深度写入,然后选择"Soft Additive"混合模式,也就是 Blend OneMinusDstColor One 混合指令。最后在 Tags 栏中将渲染类型和队列全部设置为"Transparent"。

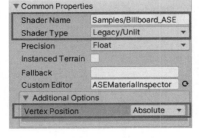

图 14-27　Shader 设置面板

这里有一点需要特殊说明,当场景中有多个 Billboard 面片的时候,Unity 出于性能考虑会将这些面片进行批量处理,这就会导致面片的中心点改变从而使 Billboard 在计算顶点坐标的时候出现错误。为了避免这个问题,可以在 Tags 栏添加"DisableBatching"标签以禁用 Unity 的批量处理,设置面板如图 14-28 所示。

2. 前方向量

设置完 Shader 之后,接下来就开始最主要的节点连接工作。其实 ASE 原本已经内置了 Billboard 节点,节点样式如图 14-29 所示,节点的效果和功能完全符合使用要求,但是为了讲解其中的内在逻辑,本案例会手动编辑一个 Billboard Shader。

图 14-28　添加标签关闭批处理

图 14-29　Billboard 节点

Billboard 效果的突破点就是得到面片朝向摄像机的方向向量，节点连接如图 14-30 所示，首先使用"World Space Camera Pos"节点获取到摄像机在世界空间的位置，由于方向计算需要在同一个坐标空间下进行，因此使用"Transform Position"节点将其从世界空间转变到模型空间。

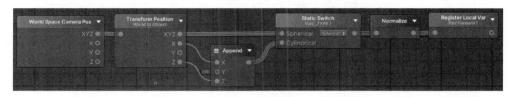

图 14-30　前方向量的节点连接

接下来需要用到向量的计算公式：

$$ForwardVector = CameraPos - Pivot$$

本书在 14.2 节——动态液体效果案例中讲过，物体的中心点 Pivot 其实就是坐标原点 (0,0,0)，减去零其实就是没有减，因此在节点连接的时候可以直接省略这一步计算。

Billboard 有 Spherical 和 Cylindrical 两种类型，两者之间的区别就是垂直方向是否跟随摄像机旋转，下面使用"Static Switch"节点开放一个下拉选择列表，用于在使用的时候根据情况选择所需的类型，节点设置如图 14-31 所示，方框内为修改的部分。

Spherical 类型始终朝向摄像机，因此直接把前方向量连接到"Spherical"接口；Cylindrical 类型垂直方向不朝向摄像机，因此使用"Append"节点将前

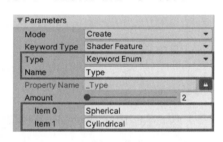

图 14-31　关键词枚举设置面板

方向量的 X 和 Z 分量合并，并将 Y 分量设置为 0，然后连接到"Cylindrical"接口。最后使用"Normalize"节点标准化处理之后保存为 Forward 变量。

3. 右方向量

如图 14-32 所示，得到前方向量之后，接下来将其与一个临时的上方向量(0,1,0)叉乘得到右方向量。通过这种临时获取上方向量的方法在大部分情况下都是可以得到正确的右方向量的，但是除了一种情况：当摄像机完全在面片正上方或者正下方的时候。这个时候前方向量会与临时上方向量重合在一条直线上，因为缺少一个不共线的向量，因此叉乘无法得到正确的右方向量。

那么如何避免这个特殊情况的发生呢？因为本案例并不打算对摄像机进行视角限制，因此总有可能将摄像机移动到物体的正上方或者正下方。既然无法避免这种特殊情况的发生，那么就需要对这种情况进行特殊处理，这时候就需要用到"If"节点进行情况判断了。

当摄像机在面片正上方或者正下方的时候，前方向量的绝对值无限逼近于(0,1,0)，于是可以只选取 Y 分量进行判断。为了避免浮点数的精度问题导致误差，因此并不会使用

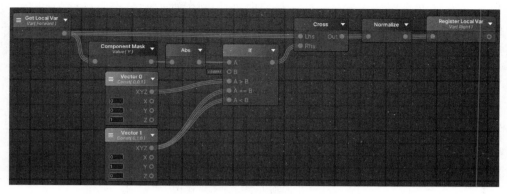

图 14-32 右方向量的节点连接

"是否等于 1"这样的条件进行判断,而是使用 0.999 进行数值范围的判断。当小于等于
0.999 时,使用(0,1,0)作为临时上方向量;而当大于 0.999 时,则将上方向量也相应地旋转
90°,于是临时上方向量变为(0,0,1)。

根据左手法则,将前方向量与临时的上方向量进行叉积运算,就可以得到右方向量了,
最后使用"Normalize"节点标准化处理之后将其保存为"Right"变量。

4. 上方向量

如图 14-33 所示,有了前方向量和右方向量,就可以通过叉乘得到最终的上方向量了,
然后使用"Normalize"节点标准化处理之后将其保存为"Up"变量。

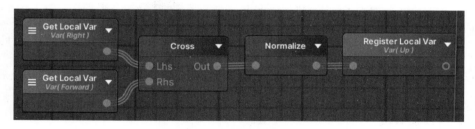

图 14-33 上方向量的节点连接

5. 顶点偏移

得到新坐标系的所有方向向量之后,下面就可以基于这些向量重新计算顶点的坐标了,
计算公式如下:

$$Position = Vertex.x \times Right + Vertex.y \times Up + Vertex.z \times Forward$$

由于面片是没有厚度的,它的顶点坐标的 Z 分量为零,因此在进行节点连接的时候可
以直接省略对于 Z 分量的计算。如图 14-34 所示,将修改之后的顶点坐标连接到 Output 节
点的"Vertex Position"通道上就可以改变面片顶点的位置了。

最后将纹理节点乘上一个名称为"Tint"的颜色节点用于调节纹理的颜色和亮度,乘积
连接到 Output 节点的"Frag Color"通道上。至此,Billboard 的所有节点连接完成。

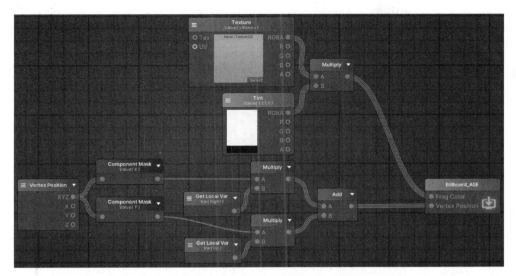

图 14-34　基于新坐标系进行顶点位置的偏移

6. 完整节点连接

为了方便大家查看和学习,下面把完整的节点连接图也展示出来,完整连接如图 14-35 所示。

14.3.3　测试 Shader

在 ASE 中编辑完 Shader 之后,接下来测试 Shader 的效果。

在场景中随意摆放了几个 Unity 内置的 Quad,然后使用新编辑出的 Shader 创建出材质并指定给 Quad,将一张雪花的贴图指定到材质上,效果如图 14-36 所示。在测试的过程中,无论摄像机从什么角度查看,雪花始终朝向视角。

本书由于无法展示测试过程中的动态效果,因此只能将静态截图粘贴于此。在此建议读者一定要亲自编辑 Shader 并进行效果测试,从而真实感受 Shader 效果。

14.3.4　编写 Shader

在 14.3.2 节中已经通过 ASE 实现了 Shader 效果,这一小节就直接进入完整 Shader 代码的讲解。

1. 完整 Shader 代码

```
Shader "Samples/Billboard"
{
    Properties
    {
        [NoScaleOffset] _Tex ("Texture", 2D) = "white" {}
        _Tint ("Tine", Color) = (1, 1, 1, 1)
```

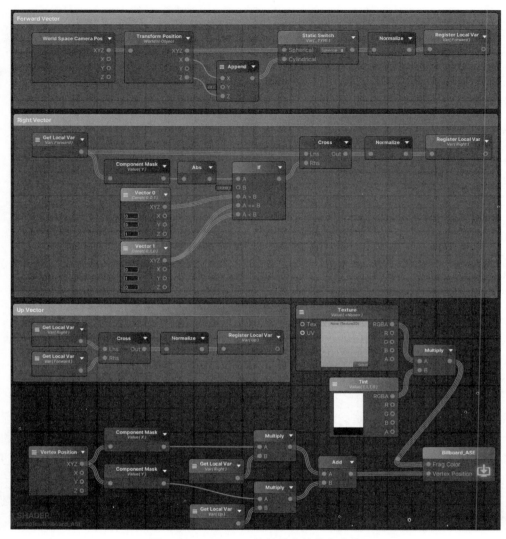

图 14-35　Billboard 效果的完整节点连接

图 14-36　通过 Billboard 实现雪花效果

```
        [KeywordEnum(Spherical, Cylindrical)] _Type ("Type", float) = 0
}
SubShader
{
    Tags
    {
        "RenderType" = "Transparent"
        "Queue" = "Transparent"
        "DisableBatching" = "True"
    }

    Blend OneMinusDstColor One
    ZWrite Off

    Pass
    {
        CGPROGRAM
        #pragma vertex vert
        #pragma fragment frag

        //声明枚举的关键词
        #pragma shader_feature _TYPE_SPHERICAL _TYPE_CYLINDRICAL

        struct appdata
        {
            float4 vertex : POSITION;
            float2 texcoord : TEXCOORD0;
        };

        struct v2f
        {
            float4 vertex : SV_POSITION;
            float2 texcoord : TEXCOORD0;
        };

        sampler2D _Tex;
        fixed4 _Tint;

        v2f vert (appdata v)
        {
            v2f o;

            //计算面片朝向摄像机的前方向量
            float3 forward = mul(unity_WorldToObject,
                             float4(_WorldSpaceCameraPos, 1)).xyz;

            //判断 Billboard 的类型
```

●

```
# if _TYPE_CYLINDRICAL
forward.y = 0;
# endif

forward = normalize(forward);

//当摄像机完全在面片正上方或者正下方的时候，旋转临时的上方向量
float3 up = abs(forward.y) > 0.999 ? float3(0, 0, 1) : float3(0, 1, 0);

float3 right = normalize(cross(forward, up));
up = normalize(cross(right, forward));

//将顶点在新的坐标系上移动位置
float3 vertex = v.vertex.x * right + v.vertex.y * up;

o.vertex = UnityObjectToClipPos(vertex);
o.texcoord = v.texcoord;
return o;
}

float4 frag (v2f i) : SV_Target
{
    return tex2D(_Tex, i.texcoord) * _Tint;
}
ENDCG
}
}
}
```

2. Shader 代码讲解

```
Properties
{
    [NoScaleOffset] _Tex ("Texture", 2D) = "white" {}
    _Tint ("Tine", Color) = (1, 1, 1, 1)
    [KeywordEnum(Spherical, Cylindrical)] _Type ("Type", float) = 0
}
```

Properties 代码块中开放了纹理属性_Tex 和颜色属性_Tint。为了在使用的时候可以根据情况自行选择需要的 Billboard 类型,本案例还开放出一个名称为_Type 的关键词枚举,关键词为 Spherical 和 Cylindrical。

```
Tags
{
    "RenderType" = "Transparent"
    "Queue" = "Transparent"
    "DisableBatching" = "True"
}
```

```
Blend OneMinusDstColor One
ZWrite Off
```

在 SubShader 的标签中,将渲染类型和渲染队列全部设置为 Transparent,然后添加 DisableBatching 标签禁用 Unity 的批量处理。本案例使用"Soft Additive"混合模式,混合指令为 Blend OneMinusDstColor One,并且按照透明 Shader 的惯例要求,将深度写入关闭。

```
#pragma shader_feature _TYPE_SPHERICAL _TYPE_CYLINDRICAL
```

在编译指令中声明了 Billboard 不同类型的关键词。

```
float3 forward = mul(unity_WorldToObject, float4(_WorldSpaceCameraPos, 1)).xyz;
```

在顶点着色器中,使用空间变换矩阵 unity_WorldToObject 将摄像机坐标从世界空间变换到模型空间。在这里同样省略了与坐标原点相减的计算,直接将结果保存为前方向量 forward。

```
#if _TYPE_CYLINDRICAL
forward.y = 0;
#endif
forward = normalize(forward);
```

接下来,在 #if······#endif 之间对 Billboard 的类型进行了判断,当关键词为_TYPE_CYLINDRICAL 的时候,把前方向量的 y 分量修改为 0;其他情况下(也就是关键词为_TYPE_SPHERICAL 的时候)不做任何修改。

得到前方向量之后,还需要一个临时的上方向量用于计算右方向量。在 ASE 中连接节点的时候讲过,当摄像机完全在面片正上方或者正下方的时候需要旋转临时上方向量,在这里就需要用到一个新的条件判断语法了:

```
float3 up = abs(forward.y) > 0.999 ? float3(0, 0, 1) : float3(0, 1, 0);
```

问号之前的部分为判断的条件,后面接两个结果,中间使用冒号间隔开。当条件满足的时候,结果为冒号前的部分;当条件不满足的时候,条件为冒号后的部分。将代码翻译过来的意思就是:当 abs(forward.y) > 0.999 的时候,up=float3(0,0,1);否则 up=float3(0,1,0)。

```
float3 right = normalize(cross(forward, up));
up = normalize(cross(right, forward));
```

得到了临时的上方向量之后就可以与前方向量 forward 叉乘得到右方向量 right 了,在这里一定要谨记左手法则,注意叉乘的顺序。有了右方向量再与前方向量叉乘得到最终所需要的上方向量 up。

```
float3 vertex = v.vertex.x * right + v.vertex.y * up;
o.vertex = UnityObjectToClipPos(vertex);
o.texcoord = v.texcoord;
return o;
```

将顶点在新的坐标系上移动位置，x 分量沿着右方向量移动，y 分量沿着上方向量移动，就可以得到新的顶点坐标了。然后将移动之后的顶点变换到裁切空间之后，就可以传递到片段着色器中使用了。

在片段着色器中的计算非常少，只是进行了纹理采样并将采样结果与 _Tint 颜色属性相乘。

14.4　序列帧动画

不知道读者小时候有没有玩过手翻动画书，如图 14-37 所示的小册子，在每一页上画好图画，然后快速翻页就可以看到连续播放的动画。这种动画的实现方式同样也被广泛应用在游戏当中，它被称为序列帧动画（Sequence Animation），2D 游戏和很多游戏特效也是通过这种方式实现的。本案例就来讲解序列帧动画 Shader。

图 14-37　手翻动画书

14.4.1　实现逻辑

1. 序列帧图的制作方法

在制作序列帧资源的时候，通常会把一段完整动画的所有序列帧按照从上到下、从左到右的顺序整齐地排列在一张图片上，因此最终的序列帧图片会像图 14-38 所示这样。从图中每张序列帧中可以大致看出，这是一段火焰燃烧的动画。图中的序列帧有 4 行 8 列，因此称这张图为 4×8 的序列帧图。

序列帧按照如图 14-39 箭头所示的顺序进行播放，从左上角开始，到右下角结束。

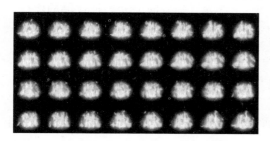

图 14-38　4×8 的火焰序列帧图

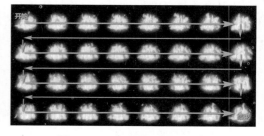

图 14-39　序列帧的播放顺序

2. 序列帧索引与纹理坐标

为了在播放的时候准确定位到这张图上的每一帧序列,可以通过序列帧所在的行索引和列索引进行定义,记作 F_{rc},其中 F 是帧(Frame)的首字母,r 是行索引(row)的首字母,c 是列索引(colum)的首字母。在程序中,索引是从 0 开始的,因此在第 1 行第 1 列位置的第一帧记作 F_{00};在第 4 行第 8 列位置的最后一帧记作 F_{37}。

好了,通过行索引和列索引已经可以准确定位到每一帧序列了,接下来要解决的问题是:序列帧动画每次只会播放其中一张序列帧,如何才能只对其中的一帧序列而不是整张图进行纹理采样呢?

说到纹理采样自然就会想到缩放与偏移纹理坐标。为了将问题简单化处理,下面使用一张简单的 3×3 的序列帧图进行逻辑讲解。

将序列帧图放置到纹理坐标中,如图 14-40 所示,纹理坐标的初始区间为[0,1],左下方为坐标原点(0,0),右上方为(1,1)。这张 3×3 的序列帧图在行和列上将坐标区间同时进行了三等分,每一块的横纵区间都是 1/3,因此将纹理坐标的 x 分量和 y 分量都除以 3 就可以得到其中一帧序列的纹理坐标,然后将这一序列帧的纹理坐标进行偏移,就可以得到其他序列帧的纹理坐标了。

然而这又会导致一个新问题,通过缩放纹理坐标,首先得到的纹理坐标是 F_{20},因此显示出来的第一张序列帧是 7。但是理想状态下应该将"1"作为第一张显示的序列帧,因此需要在最开始的

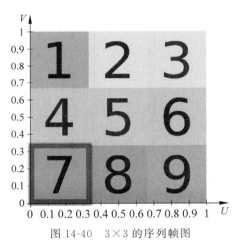

图 14-40 3×3 的序列帧图

时候就把 F_{20} 的纹理坐标向上偏移 2/3,移动过程如图 14-41 所示。对于 Wrap Mode 为 "Repeat"的纹理资源来说,纹理坐标向上偏移 2/3 与向下偏移 1/3 采样的结果是一样的,因为将 2/3 减去 1 等于 −1/3,也就是向下偏移 1/3。因此,F_{00} 的纹理坐标也可以是 $\left(\dfrac{texcoord}{3},\dfrac{texcoord-1}{3}\right)$,基于这个新的纹理坐标继续向右、向下偏移,就可以得到其他序列帧的纹理坐标了。

3. 推导公式

思路有了,接下来就顺着这个思路开始推算序列帧索引与纹理坐标之间的关联公式。首先表示出 F_{00} 的新纹理坐标,这是得到其他序列帧纹理坐标的前提:

$$Texcoord_{F_{00}} = \left(\frac{texcoord_x}{Column},\frac{texcoord_y-1}{Row}\right)$$

公式中代号的含义如下:

(1) $Texcoord$(首字母大写):序列帧的纹理坐标。

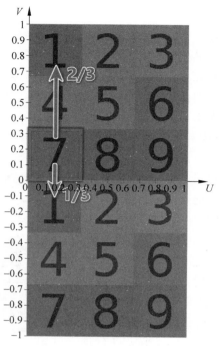

图 14-41　基于 3×3 的序列帧图计算第一张序列帧的纹理坐标

（2）$texcoord$（首字母小写）：初始的纹理坐标。

（3）Row：序列帧图的总行数。

（4）$Column$：序列帧图的总列数。

得到了 F_{00} 的新纹理坐标之后，接下来就基于它推导出其他序列帧的纹理坐标，公式如下：

$$Texcoord_x = \frac{texcoord}{Column} + \frac{colum}{Column}$$

$$Texcoord_y = \frac{texcoord - 1}{Row} - \frac{row}{Row}$$

在公式中又新增了两个代号，表示的含义如下：

（1）row（首字母小写）：序列帧的行索引。

（2）$column$（首字母小写）：序列帧的列索引。

将上述公式中的分子进行合并整理之后，最终的公式如下：

$$Texcoord_x = \frac{texcoord + column}{Column}$$

$$Texcoord_y = \frac{texcoord - 1 - row}{Row}$$

使用公式对上述 3×3 的序列帧图进行检验，结果如表 14-1 所示，经过对比检验可知，最终总结出来的公式是准确无误的。

表 14-1 序列帧索引与纹理坐标的对应关系

序列帧索引	纹理坐标 x 分量	纹理坐标 y 分量	显示序列帧
F_{00}	texcoord/3	texcoord/3$-$1/3	1
F_{01}	texcoord/3$+$1/3	texcoord/3$-$1/3	2
F_{02}	texcoord/3$+$2/3	texcoord/3$-$1/3	3
F_{10}	texcoord/3	texcoord/3$-$2/3	4
F_{11}	texcoord/3$+$1/3	texcoord/3$-$2/3	5
F_{12}	texcoord/3$+$2/3	texcoord/3$-$2/3	6
F_{20}	texcoord/3	texcoord/3$-$1	7
F_{21}	texcoord/3$+$1/3	texcoord/3$-$1	8
F_{22}	texcoord/3$+$2/3	texcoord/3$-$1	9

4. 序列帧之间进行切换

到目前为止,序列帧还是处于静止状态,那么如何才能让序列帧随着时间不断切换呢?一提起时间自然又会想到_Time 变量,凡是动态的效果,从时间变量开始切入准没问题。

首先假设 1 秒钟切换一张序列帧,将时间变量除以序列帧图的列数,商的整数表示切换了多少行,也就是序列帧的行索引;商的余数表示当前序列帧在第几列,也就是序列帧的列索引。得到行和列的索引之后,再根据上述的公式就可以得到动态的序列帧纹理坐标了。如果想要控制序列帧的切换速度,在时间变量上乘上一个属性变量即可。

14.4.2 使用 ASE 实现效果

本书在 14.4.1 节已经详细讲解了序列帧动画的实现逻辑,并且在最后还推导出了纹理坐标的计算公式,本小节就按照所讲解的逻辑和推导的公式在 ASE 中实现序列帧动画。

其实 ASE 已经内置了一个名称为"Flipbook UV Animation"的序列帧动画节点,节点样式如图 14-42 所示,但是本书为了讲解序列帧动画的内在实现逻辑还是决定从零开始实现这个效果。

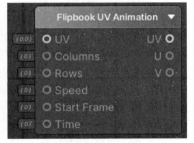

图 14-42 Flipbook UV Animation
节点

1. Shader 设置

本案例将使用本节展示的那张 4×8 的序列帧图实现火焰效果,并且火焰的面片在水平方向上始终朝向摄像机,也就是本书在 14.3 节——Billboard 效果中所讲的 Cylindrical 类型效果。

首先创建一个 ASE Shader 文件,并将文件命名为"Sequence Animation_ASE",然后双击文件进入 ASE 对 Shader 进行设置。

将 Shader 的路径及名称定义为"Samples/Sequence Animation_ASE",由于火焰不需要进行光照计算,因此将 Shader Type 设置为"Legacy/Unit",也就是顶点-片段着色器。而

"Vertex Position"选项继续保持默认的"Relative"即可,后面讲解节点的时候再说明原因。

关于标签和渲染状态的设置与 Billboard 是一样的,需要在 Depth 栏中关闭深度写入,混合模式选择"Soft Additive",将渲染类型和队列全部设置为"Transparent",并且添加"DisableBatching"标签以禁用 Unity 的批量处理功能。

2. 时间变量

如图 14-43 所示,将一个名称为"Animation Rate"的数值节点连接到"Time"节点的 Scale 接口,用于控制时间变量的递增速度。由于序列帧之间的切换是瞬间完成的,不需要出现中间过渡的效果,因此使用"Floor"节点去除时间变量的小数部分,只保留其整数部分。最后使用"Register"节点将结果保存为"Time"变量,准备接下来调用。

图 14-43　控制播放速度的节点连接

3. U 向动态纹理坐标

首先计算纹理坐标的 x 分量,节点连接如图 14-44 所示。将时间变量"Time"与序列帧的列数"Column"相除,获取结果的余数以得到序列帧的列索引。在这一步中使用的是"Simplified Fmod"节点,它与"Fmod"节点的功能类似,只是会在运算的过程中忽略数值的正负号,因此比"Fmod"更高效,但是这完全可以满足本案例的要求。

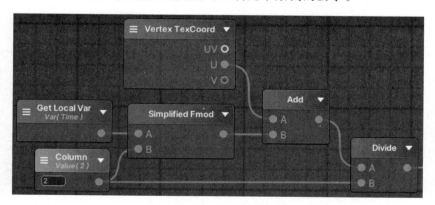

图 14-44　计算 U 向纹理坐标的节点连接

然后 14.4.1 节中推导的公式:$Texcoord_x = \dfrac{texcoord + column}{Column}$,将初始的纹理坐标与列索引相加,得到的和除以序列帧的列数"Colum"就可以得到纹理坐标的 x 分量了。

4. V 向动态纹理坐标

接下来开始计算纹理坐标的 y 分量,节点如图 14-45 所示。使用时间变量除以序

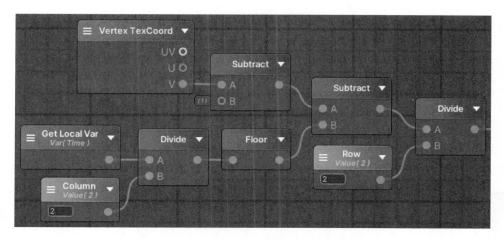

图 14-45　计算 V 向纹理坐标的节点连接

列帧图的列数，然后使用"Floot"节点去除小数部分，保留的整数部分就是序列帧的行索引。

然后按照上一小节中推导的公式：$Texcoord_y = \dfrac{texcoord-1-row}{Row}$，将初始的纹理坐标减去数值 1，再与行索引相减，得到的差除以序列帧的行数"Row"就可以得到纹理坐标的 y 分量了。

5. 纹理采样

如图 14-46 所示，使用"Append"节点将纹理坐标的 x 分量和 y 分量合成二维坐标，然后对序列帧图进行采样。为了控制纹理的颜色，将采样之后的结果又乘上了一个名称为"Tint"的颜色变量，乘积连接到"Output"节点的"Fragment Color"接口上。

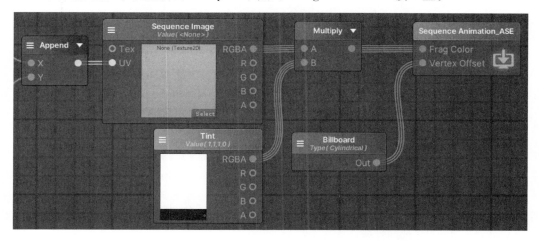

图 14-46　使用纹理坐标对序列帧图进行纹理采样

307

最后,为了实现 Billboard 效果,还需要将 14.3 节案例中关于 Billboard 那一部分节点复制过来连接到 Output 节点的"Vertex Offset"接口上。由于本案例主要讲解的是序列帧动画,因此直接使用了 ASE 内置的"Billboard"节点。但是需要注意的是,内置"Billboard"节点的实现逻辑与 14.3 节讲解的不太相同,它是对顶点坐标进行相对位置的偏移,因此在最初设置 Shader 的时候将"Vertex Position"保持为默认的"Relative"。

6. 完整节点连接

为了方便读者查看和学习,下面把完整的节点连接图展示出来,节点连接如图 14-47 所示。

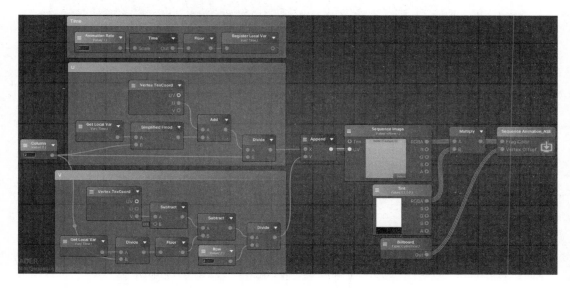

图 14-47　序列帧动画的完整节点连接

14.4.3　测试 Shader

编辑完 ASE Shader 之后,接下来就开始测试 Shader 的效果。本案例准备了一个"中世纪烧烤架"模型,效果如图 14-48 所示。模型来源于 Sketchfab,它是国外一个 3D 模型交流与分享的社区,上面有很多不错的模型可以下载下来用于研究和学习。

本案例最终所实现的火焰效果就是添加在火盆上。

在适当的位置添加一个 Unity 内置的 Quad 模型,然后使用刚才编辑的 Shader 创建出一个材质,并指定给 Quad。在材质属性面板关联上之前的那张火焰序列帧图,设置好行数、列数、动画速率,并开启 Animated Materials 选项之后,最终效果如图 14-49 所示。从图中可以看出,面片已经呈现出火焰效果了。由于在图片中无法呈现 Shader 的动态效果,因此最终的效果还需要读者自行体验。

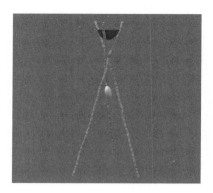

图 14-48　火盆架模型效果

图 14-49　使用序列帧动画实现燃烧效果

14.4.4　编写 Shader

在 14.4.2 节中通过 ASE 实现了序列帧动画效果,下面开始进入完整 Shader 代码的讲解。

1. 完整 Shader 代码

```
Shader "Samples/Sequence Animation"
{
    Properties
    {
        [NoScaleOffset] _Tex ("Sequence Image", 2D) = "white" {}
        _Tint ("Tint", Color) = (1, 1, 1, 1)
        _Row ("Row Amount", float) = 1
        _Column ("Column Amount", float) = 1
        _Rate ("Animation Rate", float) = 1
    }
    SubShader
    {
        Tags
        {
            "RenderType" = "Transparent"
            "Queue" = "Transparent"
            "DisableBatching" = "True"
        }
        Blend OneMinusDstColor One
        ZWrite Off

        Pass
        {
            CGPROGRAM
            #pragma vertex vert
            #pragma fragment frag
```

```
struct appdata
{
    float4 vertex : POSITION;
    float2 texcoord : TEXCOORD0;
};

struct v2f
{
    float4 vertex : SV_POSITION;
    float2 texcoord : TEXCOORD0;
};

sampler2D _Tex;
fixed4 _Tint;
float _Row;
float _Column;
float _Rate;

v2f vert (appdata v)
{
    v2f o;

    // ---------- Billboard 部分 ----------
    float3 forward = mul(unity_WorldToObject,
                        float4(_WorldSpaceCameraPos, 1)).xyz;
    forward.y = 0;
    forward = normalize(forward);

    float3 up = abs(forward.y) > 0.999 ? float3(0, 0, 1) : float3(0, 1, 0);
    float3 right = normalize(cross(forward, up));
    up = normalize(cross(right, forward));

    float3 vertex = v.vertex.x * right + v.vertex.y * up;
    o.vertex = UnityObjectToClipPos(vertex);

    // ---------- 序列帧 部分 ----------

    //计算序列帧的行索引和列索引
    float time = floor(_Time.y * _Rate);
    float row = floor(time / _Column);
    float column = fmod(time, _Column);

    //计算序列帧的纹理坐标
    float texcoordU = (v.texcoord.x + column) / _Column;
    float texcoordV = (v.texcoord.y - 1 - row) / _Row;
    o.texcoord = float2(texcoordU, texcoordV);
```

```
            return o;
        }

        float4 frag (v2f i) : SV_Target
        {
            return tex2D(_Tex, i.texcoord) * _Tint;
        }
        ENDCG
    }
  }
}
```

2. Shader 代码讲解

Properties 代码块中开放出了纹理属性_Tex,由于本案例不需要调节纹理的 Scale 和 Offset,因此在_Tex 之前添加[NoScaleOffset]指令以将其隐藏。然后还开放了颜色属性_Tint、序列帧图行数_Row、序列帧列数_Column,以及序列帧动画播放速率_Rate。

SubShader 的标签和状态设置与 14.3 节——Billboard 效果案例中的代码一样,这里就不再赘述了。

下面进入最重要的部分——顶点着色器。在这里主要实现了两个功能:

(1) 计算 Billboard 顶点坐标。

(2) 计算序列帧纹理坐标。

为了方便读者阅读,代码中已经添加注释将这两部分进行了标识,并且 Billboard 部分的代码也是完全从 14.3 节——Billboard 效果案例中复制过来的,只不过本案例已经明确知道火焰序列帧动画是 Cylindrical 类型的,因此无需再进行类型判断,直接将 0 赋值给了 forward.y。

序列帧纹理坐标是严格按照 14.4.1 节逻辑讲解中的方式进行计算的。有了完整的实现逻辑,再加上 ASE 的节点梳理,在编写 Shader 的过程中思路就会非常清晰,并且出现 Bug 的概率也会降低很多。

```
//计算序列帧的行索引和列索引
float time = floor(_Time.y * _Rate);
float row = floor(time / _Column);
float column = fmod(time, _Column);
```

使用一倍速度的时间变量_Time.y 乘以_Rate 属性,用于控制时间的递增速度,进而控制序列帧动画的播放速率。由于本案例不需要序列帧之间切换的过渡效果,因此使用 floor() 函数对时间变量进行了取整。

将时间变量除以序列帧图的列数,然后使用 floor()函数对商取整得到序列帧的行索引 row;使用 fmod()函数求得商的余数,得到序列帧的列索引 column。

```
//计算序列帧的纹理坐标
```

```
float texcoordU = (v.texcoord.x + column) / _Column;
float texcoordV = (v.texcoord.y - 1 - row) / _Row;
o.texcoord = float2(texcoordU, texcoordV);
```

得到序列帧的行索引和列索引之后,直接套用公式计算纹理坐标,为了方便读者查看,下面再展示一遍公式:

$$Texcoord_x = \frac{texcoord + column}{Column}$$

$$Texcoord_y = \frac{texcoord - 1 - row}{Row}$$

将横纵方向的纹理坐标合成一个二维的纹理坐标,保存到 v2f 结构体中的 texcoord 变量中。

在片段着色器中的操作非常少,使用计算出的纹理坐标对序列帧图进行采样,然后将采样结果与_Tint 属性相乘。

14.5 卡通风格效果

目前市面上有各种各样风格的游戏,这里的风格并不是指 RPG、ACT 这种风格,而是指渲染风格,或者干脆称它为"风格化渲染"。与写实渲染相对,风格化渲染其实就是非真实化渲染,例如:卡通风格、素描风格、水墨风格。

要实现不同风格的渲染,不仅美术资源会有所不同,Shader 效果也要有所改变。对于 Shader 来说,最常用的实现方式是自定义光照模型。本案例就来通过自定义光照模型实现一个初级的卡通风格 Shader。

14.5.1 资源准备

在进行风格化渲染的时候,通常不是直接使用灯光信息进行照明计算的,而是对其进行重新映射,然后使用映射后的信息对物体进行照明计算。而映射过程中的色调来自于制作的渐变色纹理,它有一个非常专业的名称——Ramp(渐变纹理),图 14-50 就是本案例所使用的 Ramp 纹理,图片是通过 Photoshop 的渐变工具制作的。

图 14-50　卡通风格的 Ramp 纹理

14.5.2 使用 ASE 实现效果

由于本案例不涉及很复杂的算法或者逻辑处理,因此直接使用 ASE 编辑 Shader 效果。首先创建一个 ASE Shader 文件,并将文件命名为"Toon_ASE",然后双击文件进入 ASE 进行编辑。

1. Shader 设置

如图 14-51 所示,为了方便在使用的时候可以快速选择到该 Shader,将 Shader 的路径及名称设置为"Samples/Toon_ASE"。

在 ASE 中，自定义光照模型对应的是 Output 节点的"Custom Lighting"接口，但是这个接口在默认状态下是禁用的，因此需要将"Light Model"设置为"Custom Lighting"，从而开启这个接口。

本案例要实现的卡通风格 Shader 需要用到描边效果，不知读者是否还记得本书在13.2 节——描边效果案例中讲解的实现逻辑，案例中通过添加另外一个 Pass 以实现描边效果。在 ASE 中实现这种效果就很简单了，直接在 Shader 设置中开启"Outline"选项即可，ASE 会自动生成描边 Pass，设置面板如图 14-52 所示，Outline 有两种模式：

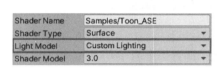

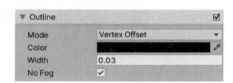

图 14-51　材质设置面板　　　　　　　　图 14-52　描边效果设置面板

（1）Vertex Offset：顶点在法线的方向进行偏移（13.2 节描边效果案例就是按照这种方法实现的）。

（2）Vertex Scale：模型进行整体缩放。

至于下面的设置选项暂时保持默认，ASE 会自动将"Color"和"Width"开放为 Shader属性，在使用的时候再调节即可。

2. Diffuse 部分效果

本案例的表面效果由两部分组成：

（1）正常漫反射部分效果。

（2）边缘高光部分效果。

下面先连接第一部分的节点，如图 14-53 所示。将世界空间法线向量"World Normal"与世界空间灯光方向"World Space Light Dir"进行点乘，得到 Lambert 效果，也就是朝向灯光的部位亮，而侧向灯光的部位暗，然后将点积结果存储为"NdotL"变量，方便后面需要多次调用。

通过"Get"节点获取到"NdotL"变量，它现在的数值区间为[-1,1]，通过"Scale And Offset"节点对数值区间进行重新映射，将 Scale 和 Offset 都设置为 0.5，计算公式如下所示：

$$[-1,1] \times 0.5 + 0.5 = [0,1]$$

于是"NdotL"的数值区间就变成了[0,1]，这里的逻辑类似于 Half-Lambert 光照模型。

使用新数值区间对"Toon Ramp"纹理进行采样，其实就是通过灯光信息对 Ramp 纹理进行重新映射。映射逻辑如图 14-54 所示，灯光亮度暗的部位对应 Ramp 纹理的冷色调（淡

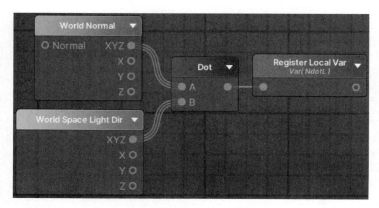

图 14-53　NdotL 节点连接

蓝色)部分；亮的部位对应 Ramp 纹理的暖色调(淡黄色)部分。

　　映射之后的效果如图 14-55 所示，重新映射之后的灯光信息没有了之前的亮度渐变效果，取而代之的是夸张的梯度变化。并且由于 Ramp 纹理只有黄蓝两个梯度，因此映射之后的明暗对比非常弱，这正是卡通渲染风格所需要的。

图 14-54　NdotL 与 Ramp 纹理的映射关系

图 14-55　NdotL 映射为 Ramp 纹理之后的效果

　　得到了映射之后的 Ramp 之后，接下来要混合灯光的颜色。使用"Light Color"节点获取到灯光的颜色数据。这里需要注意，"RGBA"接口对应的才是灯光颜色乘上亮度的结果。

　　按照之前讲光照模型的逻辑，获取到灯光颜色之后本应该乘上灯光衰减，但是这样会导致物体的暗部太暗。为了提高暗部的亮度，本案例先将灯光衰减系数与间接漫反射相加，也就是将"Light Attenuation"节点与"Indirect Diffuse Light"节点相加，之后再与"Light Color"节点相乘。最后，Albedo 纹理乘上重新映射的 Ramp 纹理，再乘上灯光颜色，就可以得到漫反射部分的效果了。

　　后面的节点连接如图 14-56 所示。

3. 测试 Diffuse 部分的效果

　　连接完漫反射部分的节点，接下来先测试这一部分的效果。在这里给读者提个建议，很多人总是习惯整个 Shader 都编写完成之后再测试效果，这样会导致一个问题，假如效果出现错误或者编译失败，排查起来非常麻烦。因此建议写一部分代码就编译测试一部分，当然每一部分的代码肯定都是完整且可运行的。在没问题的代码上不断添加代码，如此一来就

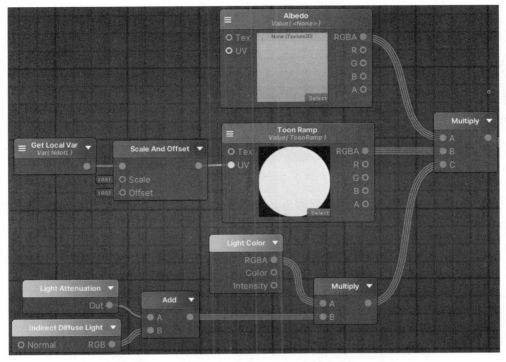

图 14-56　漫反射部分的节点连接

算出现问题,排查起来也很容易。

将漫反射部分的节点连接到"Output"节点的"Custom Lighting"接口上并保存,然后在场景中添加之前一直使用的玩具兔子模型。为了表现卡通风格,本案例使用的是重新制作的 Albedo 贴图。使用新编辑的 Shader 创建出一个材质,并将材质赋予玩具兔子,调节材质参数之后的效果如图 14-57 所示。可以看出,兔子模型有点像是水彩风格的效果了。

图 14-57　描边状态下的
漫反射效果

4. 边缘高光部分效果

漫反射部分效果完成之后,接下来就开始连接第二部分效果——边缘高光,节点如图 14-58 所示。将世界空间法线向量"World Normal"与世界空间视角方向"View Dir"进行点积,使面向摄像机的部分亮,侧向摄像机的部分暗。

点积结果的数值区间为[-1,1],将结果加上一个名称为"Rim Width"的数值节点,使数值大于 1 的区域增大,然后使用"Saturate"节点限制数值的范围,如此一来数值大于 1 的区域都会变成 1。再使用"One Minus"节点将数值反相,于是这一部分区域变成了 0。

调节"Rim Width"节点的数值,然后查看"One Minus"节点的预览图,数值为 0.1、0.3、

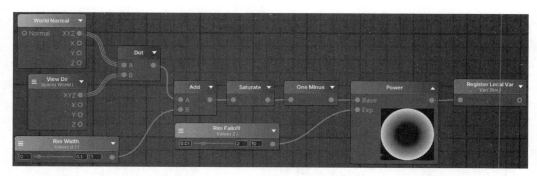

图 14-58　边缘高光部分的节点连接

0.6 时效果如图 14-59 所示。通过观察可知，调节"Rim Width"节点的数值可以控制高光边缘的宽度，数值越大高光边缘的宽度越小。

图 14-59　通过 Rim Width 调节边缘高光效果的宽度

　　将结果连接到"Power"节点，然后使用一个名称为"Rim Falloff"的数值节点控制指数大小，调节数值并查看"Power"节点的预览图，数值为 2、4、8 时候效果如图 14-60 所示。经过观察可以得知，调节"Rim Falloff"节点的数值可以控制高光边缘的衰减速度，数字越大高光边缘的衰减速度越快。将指数运算的结果保存为"Rim"变量，方便后续调用。

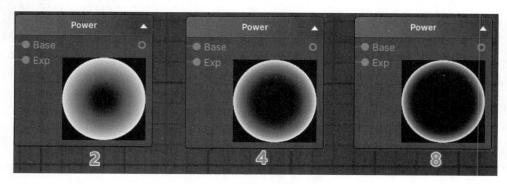

图 14-60　通过 Rim Falloff 调节边缘高光的衰减速度

卡通风格只有被灯光直射的区域才会出现边缘高亮的效果,而不被灯光直射的区域不会出现,因此将"NdotL"变量与"Rim"变量相乘,然后连接到"Saturate"节点再次限制数值范围,将限制范围后的结果与一个名称为"Rim Color"的颜色节点相乘,用于控制边缘高光的颜色。

为了使边缘高光也会受到灯光的影响,于是后面还乘上了灯光颜色"Light Color"和灯光衰减系数"Light Attenuation",最终得到边缘高光部分的效果。这一部分的节点连接如图 14-61 所示。

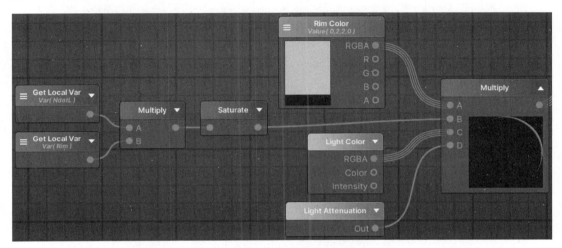

图 14-61　边缘高光效果与漫反射效果进行整合

5. 测试整体效果

连接完边缘高光部分的节点,将其与漫反射部分相加,然后将结果连接到"Custom Lighting"接口上,每一部分的效果以及相加之后的效果如图 14-62 所示。从图中可以看出,玩具兔子迎光面出现了边缘高光的效果。

图 14-62　漫反射效果＋边缘高光效果＝卡通风格效果

6. 完整节点连接

为了方便大家查看和学习,下面把完整的节点图展示出来,节点连接如图 14-63 所示。

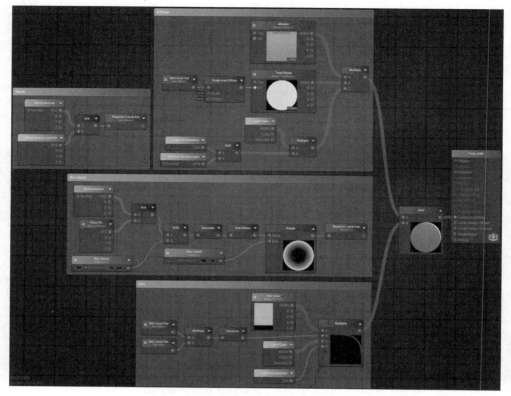

图 14-63　卡通风格效果的完整节点连接

14.5.3　编写 Shader

由于本案例涉及 GI(Global Illumination,全局光照)等高级功能,为了使读者彻底理解计算过程,下面将对每一部分 Shader 进行详细讲解。

1. 开放属性

本案例开放了三部分属性,每部分属性都通过[Header()]和[Space(10)]指令进行了区分。

```
Properties
{
    [Header(Diffuse)]
    [Space(10)] _Albedo ("Albedo", 2D) = "white" {}
    _Ramp ("Toon Ramp", 2D) = "white" {}

    [Header(Rim)]
    [Space(10)][HDR] _RimColor ("Rim Color", Color) = (0,2,2,1)
    _RimWidth ("Rim Width", Range(0,1)) = 0
```

```
    _RimFalloff ("Rim Falloff", Range(0.01,10)) = 1

    [Header(Outline)]
    [Space(10)] _OutlineColor ("Outline Color", Color) = (0,0,0,0)
    _OutlineWidth ("Outline, Width", Float) = 0.02
}
```

（1）漫反射部分开放的属性有纹理贴图_Albedo,渐变映射贴图_Ramp。

（2）边缘高光部分开放的属性有颜色属性_RimColor,边缘宽度_RimWidth,边缘衰减_RimFalloff。

（3）描边部分开放的属性有颜色属性_OutlineColor,描边宽度_OutlineWidth。

2. 描边效果

回顾本书13.2节——描边效果的实现逻辑：首先通过一个专门的 Pass 使顶点沿着法线方向膨胀一段距离,然后将第二个 Pass 绘制的图像覆盖上,最终描边效果得以实现。本节案例中描边效果的实现思路与之大致相同,但详细逻辑略有不同,先看下文代码：

```
Pass
{
    Cull Front

    CGPROGRAM
    #pragma vertex vert
    #pragma fragment frag
    #include "UnityCG.cginc"

    fixed4 _OutlineColor;
    half _OutlineWidth;

    float4 vert (appdata_base v) : SV_POSITION
    {
        v.vertex.xyz += v.normal * _OutlineWidth;
        return UnityObjectToClipPos(v.vertex);
    }

    float4 frag () : SV_Target
    {
        return _OutlineColor;
    }
    ENDCG
}
```

使用 Cull Front 状态指令将物体的正面剔除,于是物体会显示出背面。由于描边 Pass 具有深度值并且参与深度测试,于是就会与后边的 Pass 产生前后的遮挡效果,如此一来,模型上有只要有重叠结构的部分都会出现描边效果,例如眼睛、鼻子部位,如图 14-64 所示。

而13.2节——描边效果的实现思路中,描边Pass显示的是物体正面,并且不会写入深度值,因此模型上有重叠结构的部分会被后边的Pass完全覆盖,并不会出现描边效果,如图14-65所示,这就是区别所在。

图14-64　ASE的描边效果

图14-65　本书在13.2节中实现的描边效果

3. 定义表面函数结构体

由于自定义的光照模型会用到GI,因此表面输出结构体也需要重新定义,先看代码:

```
CGPROGRAM
#pragma surface surf Toon

sampler2D _Albedo;

struct Input
{
    float2 uv_Albedo;
    float3 worldNormal;
    float3 viewDir;
};

struct SurfaceOutputToon
{
    half3 Albedo;
    half3 Normal;
    half3 Emission;
    fixed Alpha;

    Input SurfaceInput;
    UnityGIInput GIdata;
};
```

在编译指令中,定义着色器的编写方式为Surface Shader,然后定义了新的光照模型为Toon。

接下来定义表面函数的输入结构体Input,由于在定义光照函数的时候会用到法线向量和摄像机方向向量,因此在结构体中又声明了worldNormal和viewDir。

自定义的光照模型需要用到其他的一些变量,内置的SurfaceOutput等一系列结构体已经无法存储这些数据了,因此需要重新定义光照函数的输入结构体——也就是表面函数的输出结构体——SurfaceOutputToon。其中Albedo、Normal、Emission和Alpha这四个是必须的变量,缺少任何一个都会导致编译失败。除此之外,还声明了两个结构体 SurfaceInput 和 GIdata,本节接下来会讲解这两个结构体的用途。

4. 表面函数和 GI 函数

下面来讲解 SurfaceInput 和 GIdata 这两个结构体是何用途,先看代码:

```
void surf (Input i, inout SurfaceOutputToon o)
{
    o.SurfaceInput = i;
    o.Albedo = tex2D(_Albedo, i.uv_Albedo);
}
```

在表面函数中只做了两件事:

(1) 在光照函数中才会用到 worldNormal 和 viewDir 这两个变量,因此需要将 Input 结构体原封不动地传递给 SurfaceOutputToon 结构体中的 SurfaceInput,这就是 SurfaceInput 结构体的作用。

(2) 对 Albedo 纹理进行采样,然后保存到 SurfaceOutputToon 结构体中。

至于 SurfaceOutputToon 结构体中 Normal、Emission 等其他变量,Unity 会自动填充默认的数值。

讲完了 SurfaceInput 结构体,还有一个 GIdata 结构体,继续看代码:

```
void LightingToon_GI (inout SurfaceOutputToon s, UnityGIInput GIdata, UnityGI gi)
{
    s.GIdata = GIdata;
}
```

首先调用一个名称为"Lighting+光照模型名称_GI"的函数,然后将 SurfaceOutputToon、UnityGIInput 和 UnityGI 结构体输入到函数中。这个函数只做了一件事,就是将 UnityGIInput 结构体中的数据传递给 SurfaceOutputToon 结构体中的 GIdata。至于这个结构体中到底包含哪些数据,从它的定义文件 UnityGlobalIllumination.cginc 中可以查找到相应的代码,以下为源代码中的比较重要的部分:

```
struct UnityGIInput
{
    float3 worldPos;
    half3 worldViewDir;
    half atten;
    half3 ambient;
    float4 probeHDR[2];
};
```

Unity 在这个结构体中定义了灯光衰减系数 atten、环境光 ambient 等一系列变量,并且这些变量在接下来的光照函数中会用。

如此,经过表面函数和 GI 函数之后,SurfaceInput 和 GIdata 这两个结构体就装满了需要的所有数据了。

5. 光照函数

自定义光照模型所需要的变量都准备完成之后,下面开始定义光照函数,代码如下:

```
half4 LightingToon (SurfaceOutputToon s, UnityGI gi)
{
    ......
}
```

将 SurfaceOutputToon 和 UnityGI 结构体传入光照函数 LightingToon 中,关于 SurfaceOutputToon 结构体所包含的数据,已经在上一小节中做过讲解,下面开始讲解 UnityGI 结构体相关的内容,这个结构体同样是在 UnityGlobalIllumination. cginc 文件中被定义,下面打开这个文件,看看其中有哪些有用的信息,以下为源代码:

```
struct UnityLight
{
    half3 color;
    half3 dir;
};

struct UnityIndirect
{
    half3 diffuse;
    half3 specular;
};

struct UnityGI
{
    UnityLight light;
    UnityIndirect indirect;
};
```

UnityLight 和 UnityIndirect 结构体分别包含了直接照明和间接照明的光照信息,而 UnityGI 结构体又将上两个结构体包了起来,合成了一个完整的结构体。

讲完结构体,下面开始进入正题。在光照函数内做的第一件事就是为 s. SurfaceInput 和 s. GIdata 这两个结构体重新赋值,代码如下:

```
UnityGIInput GIdata = s.GIdata;
Input i = s.SurfaceInput;
```

这么做是为了方便调用其中的变量,例如要调用灯光的衰减变量 atten,如果没有赋值需要使用 s. GIdata. atten 调用,经过赋值之后就可以使用 GIdata. atten 调用,访问路径减少了一级,代码就不会显得冗余了。

接下来调用了 Unity 内置的 UnityGI_Base() 函数,为输入光照函数的 UnityGI 结构体

获取数据,代码如下:

```
gi = UnityGI_Base(GIdata, GIdata.ambient, i.worldNormal);
```

将 UnityGIInput 结构体、环境光 ambient 和法线向量 worldNormal 传入函数,就可以得到全局光照的灯光信息 gi,于是 UnityGI 结构体中就存满了计算光照模型所需要的 GI 信息了。

一切准备就绪之后,剩下的工作就是按照 14.5.2 节中的算法定义光照模型了,先看代码:

```
//将光照转为 Ramp
fixed NdotL = dot(i.worldNormal, gi.light.dir);
fixed2 rampTexcoord = float2(NdotL * 0.5 + 0.5, 0.5);
fixed3 ramp = tex2D(_Ramp, rampTexcoord).rgb;

//计算漫反射
half3 diffuse = s.Albedo * ramp * _LightColor0.rgb * (GIdata.atten + gi.indirect.
diffuse);

//计算边缘高光
fixed NdotV = dot(i.worldNormal , i.viewDir);
fixed rimMask = pow((1.0 - saturate((NdotV + _RimWidth))), _RimFalloff);
half3 rim = saturate(rimMask * NdotL) * _RimColor * _LightColor0.rgb * GIdata.atten;

//输出漫反射与边缘高光的和
return half4(diffuse + rim, 1);
```

使用法线向量 i.worldNormal 点乘灯光方向向量 gi.light.dir 得到变量 NdotL,然后将它的数值区间重新映射到[0,1],并与数值 0.5 合并为一个二维纹理坐标 rampTexcoord。使用这个纹理坐标对 Ramp 纹理进行采样,从而通过灯光信息将 Ramp 纹理重新映射为 ramp 变量。

将 s.Albedo 变量与 ramp 变量相乘,然后又乘上灯光颜色_LightColor0,最后又乘上了灯光衰减系数 GIdata.atten 与间接漫反射照明 gi.indirect.diffuse 的和,从而得到了漫反射部分的效果。

边缘高光部分的计算也很简单,先将法线向量 i.worldNormal 点乘摄像机方向向量 i.viewDir,得到变量 NdotV,然后经过以下计算公式进行计算:

$$rimMask = (1 - saturate(NdotV + \_RimWidth))^{-\_RimFalloff}$$

经过计算之后可以得到可控制宽度和衰减的边缘高光 rimMask 变量。接着将该变量与 NdotL 相乘,使背光的区域不显示边缘高光,然后又乘上颜色属性_RimColor 用于控制边缘高光的颜色。为了使边缘高光也受到灯光影响,将其乘上灯光颜色_LightColor0、灯光衰减系数 GIdata.atten,最终得到边缘高光部分的效果。

最后将漫反射效果与边缘高光效果相加,然后返回给光照函数。至此,Shader 编写完成。

6. 完整 Shader 代码

为了方便读者朋友们阅读和研究，下面把完整的 Shader 代码展示出来，代码如下所示：

```
Shader "Samples/Toon"
{
    Properties
    {
        [Header(Diffuse)]
        [Space(10)] _Albedo ("Albedo", 2D) = "white" {}
        _Ramp ("Toon Ramp", 2D) = "white" {}

        [Header(Rim)]
        [Space(10)][HDR] _RimColor ("Rim Color", Color) = (0,2,2,1)
        _RimWidth ("Rim Width", Range(0,1)) = 0
        _RimFalloff ("Rim Falloff", Range(0.01,10)) = 1

        [Header(Outline)]
        [Space(10)] _OutlineColor ("Outline Color", Color) = (0,0,0,0)
        _OutlineWidth ("Outline, Width", Float) = 0.02

    }
    SubShader
    {
        Tags { "RenderType" = "Opaque" "Queue" = "Geometry" }

        // ---------- Outline 部分 ----------
        Pass
        {
            Cull Front

            CGPROGRAM
            #pragma vertex vert
            #pragma fragment frag
            #include "UnityCG.cginc"

            fixed4 _OutlineColor;
            half _OutlineWidth;

            float4 vert (appdata_base v) : SV_POSITION
            {
                v.vertex.xyz += v.normal * _OutlineWidth;
                return UnityObjectToClipPos(v.vertex);
            }

            float4 frag () : SV_Target
            {
```

```
        return _OutlineColor;
    }
    ENDCG
}


// ---------- Surface 部分 ----------
CGPROGRAM
#pragma surface surf Toon

sampler2D _Albedo;

struct Input
{
    float2 uv_Albedo;
    float3 worldNormal;
    float3 viewDir;
};

//自定义的表面函数输出结构体
struct SurfaceOutputToon
{
    half3 Albedo;
    half3 Normal;
    half3 Emission;
    fixed Alpha;

    //将 Input 结构体包含进来
    Input SurfaceInput;

    //内置的全局照明结构体
    UnityGIInput GIdata;
};

void surf (Input i, inout SurfaceOutputToon o)
{
    o.SurfaceInput = i;
    o.Albedo = tex2D(_Albedo, i.uv_Albedo);
}

void LightingToon_GI (inout SurfaceOutputToon s, UnityGIInput GIdata, UnityGI gi)
{
    s.GIdata = GIdata;
}

sampler2D _Ramp;
half4 _RimColor;
fixed _RimWidth;
```

```
        half _RimFalloff;

        half4 LightingToon (SurfaceOutputToon s, UnityGI gi)
        {
            //重新赋值,方便后续调用结构体内的变量
            UnityGIInput GIdata = s.GIdata;
            Input i = s.SurfaceInput;

            //使用内置的 UnityGI_Base()函数计算 GI
            gi = UnityGI_Base(GIdata, GIdata.ambient, i.worldNormal);

            //将光照转为 Ramp
            fixed NdotL = dot(i.worldNormal, gi.light.dir);
            fixed2 rampTexcoord = float2(NdotL * 0.5 + 0.5, 0.5);
            fixed3 ramp = tex2D(_Ramp, rampTexcoord).rgb;

            //计算漫反射
            half3 diffuse = s.Albedo * ramp * _LightColor0.rgb *
                            (GIdata.atten + gi.indirect.diffuse);

            //计算边缘高光
            fixed NdotV = dot(i.worldNormal , i.viewDir);
            fixed rimMask = pow((1.0 - saturate((NdotV + _RimWidth))), _RimFalloff);
            half3 rim = saturate(rimMask * NdotL) * _RimColor *
                        _LightColor0.rgb * GIdata.atten;

            //输出漫反射与边缘高光的和
            return half4(diffuse + rim, 1);
        }
        ENDCG
    }
    FallBack "Diffuse"
}
```

14.6　夜视仪后期处理

在射击类游戏中经常会有夜视仪这样的道具,当玩家在隧道或者仓库这些比较暗的场景中,使用了夜视仪之后就可以看清楚周围的环境了。只是带上夜视仪之后,画面的色调变化非常大,例如图 14-66 所示效果(以下图片来源于网络),画面整体偏绿,边缘有很深的暗角。像是这种对整个画面产生影响的效果肯定是通过后期处理实现的,本案例就来讲解这种后期处理效果。

图 14-66　夜视仪效果

14.6.1　Shader 讲解

在后期处理的 Shader 中,特效是在原始画面的基础上一层一层不断添加上去的,本案例的夜视仪效果中包含以下几层效果:

(1) 凸透镜的扭曲效果。

(2) 图像颜色的简单调整,例如:亮度、饱和度、对比度、重新着色。

(3) 画面四周的暗角效果(Vignette)。

(4) 画面上不停闪烁的噪点颗粒效果(Noise)。

下面将就针对以上每层效果分开进行讲解,至于开放属性、渲染状态等这些基础的代码,则直接跳过了。

1. 输出结构体及顶点着色器

```
{
    struct v2f
    {
        float4 vertex : SV_POSITION;
        half2 uv : TEXCOORD0;
        half4 screenPos : TEXCOORD1;
    };

    v2f vert (appdata_img v)
    {
        v2f o;

        o.vertex = UnityObjectToClipPos(v.vertex);
        o.uv = v.texcoord;

        //通过裁切空间坐标得到屏幕空间坐标
        o.screenPos = ComputeScreenPos(o.vertex);

        return o;
    }
}
```

在 v2f 结构体中除了声明顶点坐标 vertex 和纹理坐标 uv,还定义了屏幕空间顶点坐标 screenPos。

将包含文件内置的 appdata_img 结构体传入顶点函数。在函数中,使用 UnityObjectToClipPos()将模型空间顶点坐标转变为裁切空间顶点坐标,然后将输入结构体中的 UV 坐标直接保存到输出结构体 v2 中,最后使用 ComputeScreenPos()将裁切空间顶点坐标转变为屏幕空间坐标。

2. 属性

准备好顶点数据之后,接下来需要声明属性变量。除了必需的渲染纹理_MainTex,本案例还声明了以下变量,代码如下:

```
{
    sampler2D _MainTex;
    half _Distortion;              //扭曲强度
    half _Scale;                   //扭曲范围

    fixed _Brightness;             //亮度
    fixed _Saturation;             //饱和度
    fixed _Contrast;               //对比度

    fixed4 _Tint;                  //着色颜色

    half _VignetteFalloff;         //暗角衰减
    half _VignetteIntensity;       //暗角强度

    sampler2D _Noise;              //噪点纹理
    half _NoiseAmount;             //噪点数量
    half _RandomValue;             //随机数值
}
```

其中_RandomValue 变量并不是手动设置的,而是后面通过 C♯脚本随机产生的数值,然后传递给这个变量。

3. 镜头扭曲

所有的属性变量都准备好之后,下面开始编写第一层效果——镜头扭曲,代码如下:

```
{
    fixed2 center = i.uv - 0.5;
    half radius2 = pow(center.x, 2) + pow(center.y, 2);
    half distortion = 1 + sqrt(radius2) * radius2 * _Distortion;

    half2 uvScreen = center * distortion * _Scale  + 0.5;
    fixed4 screen = tex2D(_MainTex, uvScreen);
}
```

这是本人之前在一个国外的视频课程中看到的算法,大概的计算逻辑是:先将纹理坐标的原点位置从左下角移动到了中心,然后经过一系列计算将纹理坐标扭曲,最后将坐标原点从中心位置重新移回到左下角。

得到新的纹理坐标之后,用它对渲染纹理进行采样,最终就可以展现如图 14-67 所示的扭曲效果。

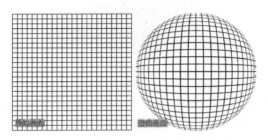

图 14-67　原始画面与扭曲之后的效果

4．亮度、饱和度、对比度、着色

接下来是调节画面的亮度、饱和度、对比度,关于这一部分的代码,本书在 10.3 节——Post-Processing 中已经讲解过,这里就不再赘述了。本案例直接把代码复制过来,然后稍作修改就可以使用了,代码如下:

```
{
    screen += _Brightness;

    fixed4 luminance = Luminance(screen.rgb).xxxx;
    screen = lerp(luminance, screen, _Saturation);

    fixed4 gray = fixed4(0.5,0.5,0.5,1);
    screen = lerp(gray, screen, _Contrast);

    screen *= _Tint;
}
```

经过亮度、饱和度、对比度处理之后,再乘上颜色属性_Tint,就可以为图像重新着色了。一般夜视仪效果都会偏绿色,因此在调节材质参数的时候会把_Tint 属性调成绿色。

5．暗角效果

接下来编写暗角效果,代码如下:

```
{
    half circle = distance(i.screenPos.xy, fixed2(0.5,0.5));
    fixed vignette = 1 - saturate(pow(circle, _VignetteFalloff));
    screen *= pow(vignette, _VignetteIntensity);
}
```

使用 distance() 函数计算屏幕坐标与中心点也就是(0.5,0.5)之间的距离,得到画面中心数值为 0,向四周数值逐渐增大的径向渐变效果,如图 14-68 所示。

图 14-68　屏幕坐标到屏幕中心的距离

使用 pow() 运算,通过_VignetteFalloff 指数控制黑白之间过渡区域的范围,然后使用 saturate() 函数将其数值区间限制到[0,1],最后再进行数值反转,使白色变为黑色、黑色变为白色,从而得到暗角 vignette。

将上一步得到的渲染纹理与暗角 vignette 相乘,就可以得带有暗角效果的画面。如果觉得暗角不够暗,还可以多乘上几遍,计算如下:

$$screen = screen \times vignette \times vignette \times vignette \times \cdots\cdots vignette$$

将乘法运算提升为指数运算,算法如下所示:

$$screen = screen \times vignette^{VignetteIntensity}$$

在使用的时候可以通过_VignetteIntensity 属性控制暗角的相乘次数,也就是暗角效果的强度。

6. 噪点颗粒

最后编写噪点颗粒效果,代码如下:

```
{
    float2 uvNoise = i.uv * _NoiseAmount;
    uvNoise.x += sin(_RandomValue);
    uvNoise.y -= sin(_RandomValue + 1);

    fixed noise = tex2D(_Noise, uvNoise).r;
    screen *= noise;
}
```

将 uv 坐标 i.uv 乘以_NoiseAmount 得到噪点的纹理坐标 uvNoise,于是在使用的时候就可以通过_NoiseAmount 属性控制噪点纹理的平铺数量了。将随机数值_RandomValue 进行正弦运算,使其产生[−1,1]的随机数值,通过这个数值使 uvNoise 在 x 方向和 y 方向上分别产生偏移。为了使 x 方向和 y 方向的偏移值不同,从而产生更多的随机性,本案例做了如下计算:

(1) 将 x 方向的偏移设定为正方向偏移(也就是加法运算),y 方向的偏移设定为负方向偏移(也就是减法运算)。

（2）将 y 方向的随机数值_RandomValue 先加上 1，然后再进行正弦计算。

得到随机偏移的纹理坐标之后，使用这个纹理坐标对噪点纹理_Noise 进行采样，得到随机闪烁的噪点颗粒 noise。

最后将上一步得到的渲染纹理 screen 与 noise 相乘，就可以得到带有噪点颗粒效果的画面了。

14.6.2 完整 Shader 代码

14.6.1 节讲解过程中的代码比较分散，为了方便大家阅读和研究，现在把完整的 Shader 代码展示出来，代码如下：

```
Shader "Hidden/Night Vision"
{
    Properties
    {
        _MainTex ("MainTex", 2D) = "white" {}
    }
    SubShader
    {
        Cull Off ZWrite Off ZTest Always

        Pass
        {
            CGPROGRAM
            #pragma vertex vert
            #pragma fragment frag

            #include "UnityCG.cginc"

            struct v2f
            {
                float4 vertex : SV_POSITION;
                half2 uv : TEXCOORD0;
                half4 screenPos : TEXCOORD1;
            };

            v2f vert (appdata_img v)
            {
                v2f o;

                o.vertex = UnityObjectToClipPos(v.vertex);
                o.uv = v.texcoord;

                //通过裁切空间坐标得到屏幕空间坐标
                o.screenPos = ComputeScreenPos(o.vertex);
```

```
        return o;
    }

    sampler2D _MainTex;
    half _Distortion;
    half _Scale;

    fixed _Brightness;
    fixed _Saturation;
    fixed _Contrast;

    fixed4 _Tint;

    //暗角属性
    half _VignetteFalloff;
    half _VignetteIntensity;

    //噪点属性
    sampler2D _Noise;
    half _NoiseAmount;
    half _RandomValue;

    fixed4 frag (v2f i) : SV_Target
    {
        //镜头扭曲
        fixed2 center = i.uv - 0.5;
        half radius2 = pow(center.x, 2) + pow(center.y, 2);
        half distortion = 1 + sqrt(radius2) * radius2 * _Distortion;

        half2 uvScreen = center * distortion * _Scale  + 0.5;
        fixed4 screen = tex2D(_MainTex, uvScreen);

        //亮度、饱和度、对比度
        screen += _Brightness;

        fixed4 luminance = Luminance(screen.rgb).xxxx;
        screen = lerp(luminance, screen, _Saturation);

        fixed4 gray = fixed4(0.5,0.5,0.5,1);
        screen = lerp(gray, screen, _Contrast);

        //着色
        screen *= _Tint;

        //暗角
        half circle = distance(i.screenPos.xy, fixed2(0.5,0.5));
        fixed vignette = 1 - saturate(pow(circle, _VignetteFalloff));
```

```
        screen *= pow(vignette, _VignetteIntensity);

        //噪点颗粒
        float2 uvNoise = i.uv * _NoiseAmount;
        uvNoise.x += sin(_RandomValue);
        uvNoise.y -= sin(_RandomValue + 1);

        fixed noise = tex2D(_Noise, uvNoise).r;
        screen *= noise;

        return screen;
      }
      ENDCG
    }
  }
}
```

14.6.3 C♯脚本讲解

编写完 Shader 之后,下面开始编写后期处理的 C♯脚本。由于本案例脚本代码比较复杂,本小节会逐步进行讲解,至于其中一些基础的代码则会直接跳过讲解,读者可以在最后的完整代码中进行查看。

1. 开放属性

为了调节 Shader 中的属性变量,需要在脚本中也开放出对应的属性,以下为开放属性相关的代码:

```
{
    public Shader EffectShader;

    [Header("Basic Properties")]
    [Range(-2, 2)] public float Distortion = 0.5f;
    [Range(0.01f, 1)] public float Scale = 0.5f;
    [Range(-1, 1)] public float Brightness = 0;
    [Range(0, 2)] public float Saturation = 1;
    [Range(0, 2)] public float Contrasrt = 1;

    public Color Tint = Color.black;

    [Header("Advanced Properties")]
    [Range(0, 10)] public float VignetteFalloff = 1;
    [Range(0, 100)] public float VignetteIntensity = 1;

    public Texture2D Noise;
    [Range(0, 10)] public float NoiseAmount = 1;
    private float RandomValue;
}
```

添加 $[Header("Basic Properties")]$ 指令为属性添加标题,从而将所有属性分成 Basic Properties 和 Advanced Properties 两大部分。C♯ 中的 Header 指令跟 Shader 中的用法类似,呈现效果也是相同的。

为了调节属性的时候更加方便,在数值属性前添加 $[Range(min, max)]$ 指令,从而将数值属性转变成滑动条。C♯ 中的 Range 指令与 Shader 中的用法类似,呈现效果也是相同的。

2. 通过 Shader 生成材质

接下来就是通过开放的 Shader 资源生成对应的材质,本书在 10.3 节——Post-Processing 中讲解过一个简单的实现方式,本案例中在此基础上进行了优化升级,代码如下所示:

```
private Material currentMaterial;

Material EffectMaterial
{
    get
    {
        if (currentMaterial == null)
        {
            currentMaterial = new Material(EffectShader)
            {
                hideFlags = HideFlags.HideAndDontSave
            };
        }
        return currentMaterial;
    }
}
```

代码的大概逻辑为:先检测是否有 currentMaterial 材质;如果没有,就基于 Shader 创建出一个材质,然后返回这个材质。

3. 往材质中传递参数

创建出材质之后就可以往材质中传递参数了,代码如下:

```
private void OnRenderImage(RenderTexture source, RenderTexture destination)
{
    if (EffectMaterial != null)
    {
        EffectMaterial.SetFloat("_Distortion", Distortion);
        EffectMaterial.SetFloat("_Scale", Scale);

        EffectMaterial.SetFloat("_Brightness", Brightness);
        EffectMaterial.SetFloat("_Saturation", Saturation);
        EffectMaterial.SetFloat("_Contrast", Contrasrt);
```

```
EffectMaterial.SetColor("_Tint", Tint);

EffectMaterial.SetFloat("_VignetteFalloff", VignetteFalloff);
EffectMaterial.SetFloat("_VignetteIntensity", VignetteIntensity);

if (Noise != null)
{
    EffectMaterial.SetTexture("_Noise", Noise);
    EffectMaterial.SetFloat("_NoiseAmount", NoiseAmount);
    EffectMaterial.SetFloat("_RandomValue", RandomValue);
}

Graphics.Blit(source, destination, EffectMaterial);
}
else Graphics.Blit(source, destination);
}
```

在 OnRenderImage() 函数中进行了两次判断：

第一次，当 EffectMaterial 材质不为空的时候才会传递一部分参数，并进行渲染图像的处理。那么什么时候 EffectMaterial 才不为空呢，那就是当脚本关联上 Shader 资源的时候。

第二次，当 Noise 纹理不为空的时候，也就是当脚本关联上 Noise 纹理的时候，才会传递 Noise 效果相关的参数。

4. 生成随机数值

生成随机数值是调用了 C♯ 中的 Random.Range(min,max) 函数，在运行的过程中，脚本每帧都会从区间[min,max]中产生一个随机的数值，代码如下：

```
private void Update()
{
    RandomValue = Random.Range( - 3.14f, 3.14f);
}
```

本案例将随机数值的区间设置为[−3.14,3.14]，也就是[−π,π]的近似区间。由于随机数值最终会被传递到 Shader 中进行正弦运算，正弦运算的函数曲线如图 14-69 所示，而数值区间[−π,π]刚好可以完成一个变换周期，从而得到区间[−1,1]范围内的数值。

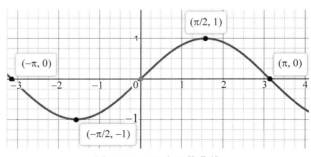

图 14-69　正弦函数曲线

14.6.4　完整脚本代码

为了方便读者研究和学习，下面将完整的脚本代码展示出来，代码如下：

```
using System.Collections;
using System.Collections.Generic;
using UnityEngine;

[RequireComponent(typeof(Camera))]
[ExecuteInEditMode]
public class NightVision : MonoBehaviour
{
    public Shader EffectShader;

    [Header("Basic Properties")]
    [Range(-2, 2)] public float Distortion = 0.5f;
    [Range(0.01f, 1)] public float Scale = 0.5f;
    [Range(-1, 1)] public float Brightness = 0;
    [Range(0, 2)] public float Saturation = 1;
    [Range(0, 2)] public float Contrasrt = 1;

    public Color Tint = Color.black;

    [Header("Advanced Properties")]
    [Range(0, 10)] public float VignetteFalloff = 1;
    [Range(0, 100)] public float VignetteIntensity = 1;

    public Texture2D Noise;
    [Range(0, 10)] public float NoiseAmount = 1;
    private float RandomValue;

    private Material currentMaterial;

    Material EffectMaterial
    {
        get
        {
            if (currentMaterial == null)
            {
                currentMaterial = new Material(EffectShader)
                {
                    hideFlags = HideFlags.HideAndDontSave
                };
            }
            return currentMaterial;
        }
```

```
}

private void OnRenderImage(RenderTexture source, RenderTexture destination)
{
    if (EffectMaterial != null)
    {
        EffectMaterial.SetFloat("_Distortion", Distortion);
        EffectMaterial.SetFloat("_Scale", Scale);

        EffectMaterial.SetFloat("_Brightness", Brightness);
        EffectMaterial.SetFloat("_Saturation", Saturation);
        EffectMaterial.SetFloat("_Contrast", Contrasrt);

        EffectMaterial.SetColor("_Tint", Tint);

        EffectMaterial.SetFloat("_VignetteFalloff", VignetteFalloff);
        EffectMaterial.SetFloat("_VignetteIntensity", VignetteIntensity);

        if (Noise != null)
        {
            EffectMaterial.SetTexture("_Noise", Noise);
            EffectMaterial.SetFloat("_NoiseAmount", NoiseAmount);
            EffectMaterial.SetFloat("_RandomValue", RandomValue);
        }

        Graphics.Blit(source, destination, EffectMaterial);
    }
    else Graphics.Blit(source, destination);
}

private void Update()
{
    //随机生成范围中的数值
    RandomValue = Random.Range(-3.14f, 3.14f);
}
}
```

14.6.5 测试最终效果

编写完 Shader 和 C♯脚本之后,下面开始测试效果。首先需要准备一张 Noise 纹理贴图,如图 14-70 所示。

然后将单击游戏《古墓丽影》中的一张截图放在场景中用做效果演示,摆好摄像机的位置之后,查看 Game 窗口的效果,如图 14-71 所示。

一切准备就绪之后,在摄像机上添加上 C♯脚本,然后把 Shader 和 Noise 纹理贴图关联到脚本上,并将脚本上所有的参数按照图 14-72 所示进行设置。

图 14-70　Noise 纹理贴图

图 14-71　古墓丽影游戏截图

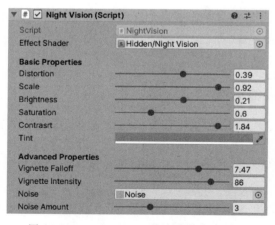

图 14-72　Night Vision 脚本参数设置面板

最终的效果如图 14-73 所示,可以看到屏幕已经显示出了夜视仪效果了。

图 14-73　夜视仪后期处理的最终渲染效果

需要注意的是,随机数值只有在运行的时候才会生成,因此在编辑状态看到的噪点颗粒是静态的。

14.6.6　使用 ASE 编辑后期处理 Shader

虽然本书的案例讲解是都是先使用 ASE 梳理逻辑并实现对应的效果,然而本案例的实现逻辑比较简单,其实根本不需要用到 ASE。但是考虑到本书讲解内容的完整性,毕竟本书还没有提到过如何使用 ASE 编辑后期处理 Shader,因此下面将使用 ASE 实现本案例的后期处理效果,顺便补充 ASE 后期处理的实现流程。

1. Shader 设置

如图 14-74 所示,按照如下菜单路径直接创建出一个基于 Post Process 模板的 ASE Shader。

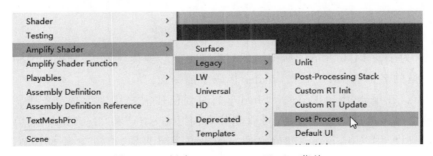

图 14-74　创建 Post Process Shader 菜单

或者也可以基于其他 ASE Shader 重新设置 Post Process Shader,设置方式如图 14-75 所示,将 Shader 的路径及名称设置为"Hidden/Night Vision_ASE",然后将 Shader Type 选

择为"Post Process"。

同时还需要注意 Shader 的渲染状态是否设置正确,设置如图 14-76 所示,需要关闭几何体的剔除功能和深度写入功能,并且确保深度测试总是通过。设置完这些选项之后,就可以开始连接节点了。

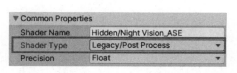

图 14-75　Shader 设置面板

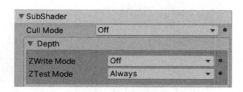

图 14-76　SubShader 设置面板

2. 镜头扭曲效果节点

镜头扭曲效果的节点完全按照 14.6.1 节中 Shader 代码中的算法进行连接,这里就不再重复讲解了。在这里讲一些其他知识点:

第一点,在 ASE 中获取渲染纹理需要用到"Template Parameter"节点,这个节点的功能比较多,它会基于不同的 Shader 模板而获取不同的数据,在 Post Process 模板中,这个节点的默认设置为"Screen"节点,它可以获取到 Buffer 中的渲染纹理,使用方式如图 14-77 所示。对于"Template Parameter"节点获取的渲染纹理同样也可以使用"Texture Sample"节点进行采样,因此把它当成一张普通的纹理资源处理即可。

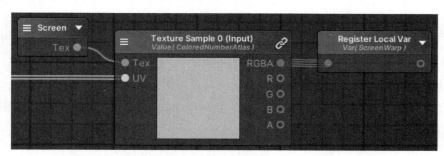

图 14-77　对 Template Parameter 采样

第二点,为了使 14.6.3 节中所编写的 C♯ 脚本能够继续生效,必须确保 ASE Shader 中所有属性变量的名称与 14.6.1 节 Shader 代码中的一致。

最后一点,在编辑 Post Process Shader 的时候往往需要用到大量节点进行图像处理,为了保持整个编辑区域的干净整洁,可以充分利用"Register"和"Get"节点以切断非常长的节点连接,然后使用"Comment"进行整理。如果读者感兴趣,可以参考本案例最后展示出来的完整节点连接图。

3. 图像处理节点

关于图像亮度、饱和度等效果的处理,同样也可以按照 Shader 代码中的思路进行节点连接,但是 ASE 做得非常好的一点,就是它已经把很多图像处理的算法封装成了节点,例如灰度处理、对比度处理等,使用现成的节点可以减少很多工作量。

使用内置图像处理节点之后,亮度、饱和度、对比度的节点连接如图 14-78 所示,使用"Grayscale"节点对渲染纹理进行灰度处理,它有以下三种算法:

(1) Luminance:使用 Unity 内置的算法计算,本案例中就是使用这一选项。

(2) Natural Classic:将输入点乘(0.299,0.587,0.114)。

(3) Old School:将输入的 R、G、B 三个通道相加,然后取平均值。

至于图像的对比度处理,可以直接使用内置的"Simple Contrast"节点。

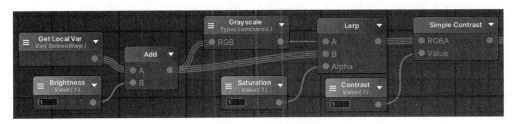

图 14-78　图像处理节点连接

4. 暗角效果节点

暗角效果完全按照 Shader 代码中的算法进行节点连接即可,不过这里有一个可以"投机取巧"的地方,如图 14-79 所示。在 14.6.1 节中的 Shader 代码中是将裁切空间的顶点坐标输入到 ComputeScreenPos()函数中,从而得到了屏幕空间的顶点坐标,而在 ASE 中可以直接使用"Screen Position"节点获取到屏幕空间的顶点坐标,因此就不需要再连接"Vertex Position""Object To Clip Pos"和"Compute Screen Pos"这一串节点了。

图 14-79　暗角效果节点连接

5. 完整节点连接

为了方便读者参考学习,下面将本案例的完整节点连接图展示出来,如图 14-80 和图 14-81 所示,本案例根据实现效果将整个 Shader 分成了四大部分,不同效果之间使用"Register"和"Get"节点连接,然后通过"Comment"进行了分类。

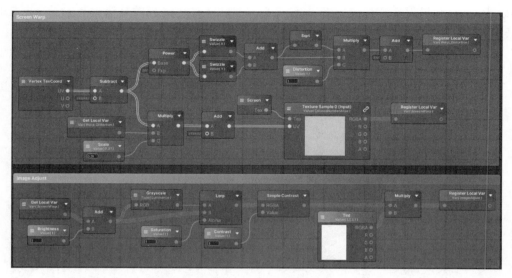

图 14-80　夜视仪后期处理完整节点连接第一部分

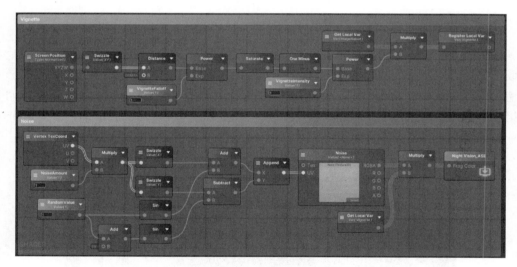

图 14-81　夜视仪后期处理完整节点连接第二部分

写 在 最 后

本着"帮助对 Unity Shader 感兴趣的读者快速入门 Unity Shader"的信念编写了本书,这也是本人的第一次写书经历,并且迫切希望最终出版之后能够实现本人的最初目的。

如果你从本书的开始一直读到这里,并且已经掌握了本书的大部分知识点,那么恭喜你,你已经成功入门 Unity Shader 了,并且还学会了 Amplify Shader Editor 这个强大的工具。相信现在看懂别人写的 Shader 或者自己写一些效果已经易如反掌了。

后续建议

但是需要再次声明的是:本书作为一本入门工具书,它的定位是帮助那些毫无 Shader 基础的人快速入门而编写的。所以,本书是你学习 Unity Shader 的起点,而非终点。在学习完本书之后,建议再去阅读一遍 Unity 的官方文档。该文档虽是英文,但是借助合适的翻译工具,相信看懂并不是很难。

时代在发展,技术也是不断地在进步。可能当你看完本书的时候会发现有些函数或者变量已经不再适用,但是不必担心,Shader 效果的实现逻辑是不会变的,你只需要在官方文档里找到最新的变量或者函数填到代码中即可。

本人并不希望大家只是强行背下了某些效果的 Shader 代码,而是希望读者能够彻底理解 Shader 的工作机制,然后培养自己主动思考效果实现逻辑的能力。如果读者在读完这本书之后能够做到这些,那就是本书最大的价值所在。

参 考 文 献

［1］ 同济大学数学系.工程的数学：线性代数[M].6版.北京：高等教育出版社，2014.

［2］ Dunn F,Parberry I. 3D 数学基础：图形与游戏开发[M].北京：清华大学出版社,2005.

［3］ 康玉之.GPU 编程与 CG 语言之阳春白雪下里巴人[EB/OL].（2009-9）[2020-06-05].

［4］ GLUMPY. Modern OpenGL[EB/OL].[2020-06-05]. https：//glumpy. github. io/modern-gl. html♯.

［5］ Unity User Manual. Graphics/Graphics Reference/Shader Reference[EB/OL].（2019.3）.[2020-06-05]. https：//docs. unity3d. com/Manual/SL-Reference. html.

［6］ Microsoft. Intrinsic Functions[EB/OL].[2020-06-05]. https：//docs. microsoft. com/zh-cn/windows/win32/direct3dhlsl/dx-graphics-hlsl-intrinsic-functions.

［7］ NVIDIA. Appendix E. Cg Standard Library Functions[EB/OL].[2020-06-05]. https：//developer. download. nvidia. cn/CgTutorial/cg_tutorial_appendix_e. html.

［8］ Unity Documentation. Scripting API/Mathf[EB/OL].（2019-2）[2020-06-05]. https：//docs. unity3d. com/ScriptReference/Mathf. html.

［9］ Unity. Writing Custom Effects[EB/OL].[2020-06-05]. https：//docs. unity3d. com/Packages/com. unity. postprocessing@2. 2/manual/index. html.

［10］ Unity Documentation. Scripting API/MaterialPropertyDrawer[EB/OL].（2019-2）[2020-06-05]. https：//docs. unity3d. com/ScriptReference/MaterialPropertyDrawer. html.

［11］ 妈妈说女孩子要自立自强. Unity Shader 自定义材质面板的小技巧[EB/OL].（2016-05-15）[2020-06-05]. https：//blog. csdn. net/candycat1992/article/details/51417965,2016. 05. 15.

［12］ Amplify Shader Editor. Manual[EB/OL].[2020-06-05]. http：//wiki. amplify. pt/index. php? title＝Unity_Products：Amplify_Shader_Editor/Manual.

［13］ 孔杰.billboard 效果的实现以及延伸（空间变换、批处理）[EB/OL].（2017-09-11）[2020-06-05]. https：//zhuanlan. zhihu. com/p/29072964.

［14］ 占宏来.Unity 着色器和屏幕特效开发秘籍[M].2 版.北京：机械工业出版社，2017.

［15］ 淡波亮作. Repository[EB/OL].[2020-06-05]. http：//awa. newday-newlife. com/blog/about/repository/.

图 书 资 源 支 持

感谢您一直以来对清华大学出版社图书的支持和爱护。为了配合本书的使用，本书提供配套的资源，有需求的读者请扫描下方的"书圈"微信公众号二维码，在图书专区下载，也可以拨打电话或发送电子邮件咨询。

如果您在使用本书的过程中遇到了什么问题，或者有相关图书出版计划，也请您发邮件告诉我们，以便我们更好地为您服务。

我们的联系方式：

地　　址：北京市海淀区双清路学研大厦 A 座 701

邮　　编：100084

电　　话：010-83470236　010-83470237

资源下载：http://www.tup.com.cn

客服邮箱：tupjsj@vip.163.com

QQ：2301891038（请写明您的单位和姓名）

教学资源·教学样书·新书信息

人工智能科学与技术
人工智能|电子通信|自动控制

资料下载·样书申请

书圈

用微信扫一扫右边的二维码,即可关注清华大学出版社公众号。